普通高等教育“十二五”规划教材

# 电子设计基础

主编　曹　文
参编　刘春梅　黎　恒

机 械 工 业 出 版 社

本书讲述了从电路设计与仿真、电路原理图绘制、印制电路板(PCB)设计、PCB制作、元器件识别,到电路组装、电路焊接、电路调试的电子设计的完整流程。本书没有写成一本手册性的资料,而是本着“实用”、“够用”、“好用”的基本原则,结合工程实践背景,将上述知识要点有机地串联起来,力图让读者能够跟随作者的讲述思路,循序渐进地学习并掌握电子设计的基本流程。待基础夯实之后,再进行有针对性的深入学习。

全书分为6章,分别为:电子设计概论;Multisim电路仿真;印制电路板的设计;PCB制作工艺;电子元器件;电路的装配、焊接与调试。

本书可以作为普通高等院校、高职学院以及各类职业培训学校的电子、通信、自动化、测控技术等专业的教学用书,对于广大的电子爱好者也具有一定的参考价值。


**图书在版编目(CIP)数据**

电子设计基础/曹文主编.—北京:机械工业出版社,2011.12(2013.2重印)

普通高等教育“十二五”规划教材

ISBN 978-7-111-35869-5

Ⅰ.①电… Ⅱ.①曹… Ⅲ.①电子电路-电路设计-高等学校-教材 Ⅳ.①TN702

中国版本图书馆CIP数据核字(2011)第229473号

机械工业出版社(北京市百万庄大街22号 邮政编码100037)

策划编辑:贡克勤 责任编辑:贡克勤 王保家 版式设计:张世琴

责任校对:张 媛 封面设计:路恩中 责任印制:乔 宇

北京机工印刷厂印刷(三河市南杨庄国丰装订厂装订)

2013年2月第1版第2次印刷

184mm×260mm·12印张·293千字

标准书号:ISBN 978-7-111-35869-5

定价:24.00元

凡购本书,如有缺页、倒页、脱页,由本社发行部调换

| 电话服务 | 网络服务 |
|---|---|
| 社服务中心:(010)88361066 | 门户网:http://www.cmpbook.com |
| 销售一部:(010)68326294 | |
| 销售二部:(010)88379649 | 教材网:http://www.cmpedu.com |
| 读者购书热线:(010)88379203 | **封面无防伪标均为盗版** |

# 前　　言

21世纪以来，社会对人才的需求发生了根本性的转变，我国高等教育也紧跟社会发展的步伐不断调整培养方案。目前很多高校在培养方案中都逐渐形成了适当压缩理论学时，加大实验、实训等实践环节学时的共识，以适应对大学生工程实践能力的综合、全面培养。

电子技术实训环节有别于传统的电子技术实验，强调与工程实践的紧密结合，是电类、近电类专业学生进行工程技能培训的重要实践性环节。通过电子技术实训类课程的开展，学生能够在进一步熟悉基本实验仪器与实验手段的基础上，对电子电路的设计与仿真技术、PCB的设计与制作、基本元器件常识、电路焊接与组装技术、电路调试技术进行全面的培训与锻炼，达到拓展知识面，提高工程实践能力的综合目的。

本书第1、5、6章由曹文编写，第2、3章由刘春梅编写，第4章由曹文和黎恒共同编写。彭仁明、胡莉、胡捷、罗亮、刘泾、胥学金、刘刚、段守付对本书的编写提出了大量建议，在此深表感谢。全书由尚丽平教授主审。

为了追求通俗易懂，本书在编写过程中广泛参阅了相关的许多文献资料，但限于篇幅无法一一列出，特别是一些生动的图片和资料经过多次传播已经无法获悉原作者及出处，在此特向本书引用的所有资料原作者表示深深的敬意与感谢。

电子行业近年来的高速发展有目共睹，加之编者水平和经验有限，书中存在的错误和不足之处还恳请读者批评指正。对本书的任何意见和建议，请发邮件至：venvenc@126.com，以便我们及时改进。

编　者

# 目　　录

# 第1章　电子设计概论

电子设计是一项复杂的工作，它按照一定的规则和方法设计符合任务要求的电路系统。电子设计包含了电路设计、电路仿真、PCB设计、PCB加工、元器件组装、电路焊接、电路调试等多项密切相关的工作内容。

对于一个由多人参与的大型电子设计项目而言，项目需要一个总设计师，负责将设计工作落实、分解到参与项目的具体个人，并监督和控制设计进度，协调相关工作的有序衔接。参与项目的每个成员除了负责自己分担的具体工作之外，还需要与项目中的其他相关人员进行方案沟通、协同工作以及联合调试等。

对于一些微型的电子设计项目（如：电子技术的课程设计）而言，“麻雀虽小，五脏俱全”，可能需要设计者独立参与并完成从电路设计到电路调试的所有环节，以进行全方位的训练。

## 1.1　电子设计的工作流程

电子设计的基本工作流程如图1-1所示。

下面以一个实际的设计题目为例，简要介绍电子设计的一般流程与步骤。

**【例1】**　某传感器输出随机交流正弦脉冲信号，脉冲信号的幅值在3～5mV之间。传感器每分钟输出脉冲的数量随传感器所处环境不同而存在明显差异。正常工作情况下，传感器输出脉冲个数较少，每分钟不超过30个；当传感器所处工作环境受到严重干扰时，每分钟输出的脉冲个数将激增至200个以上。根据传感器的工作特性设计一套检测电路，要求完成以下工作任务：

1）记录传感器每分钟的输出脉冲个数，用3位数码管实时显示。

2）传感器每分钟的脉冲输出个数超过报警阈值35时，产生光声报警信号输出。

3）报警阈值可以自行设定。

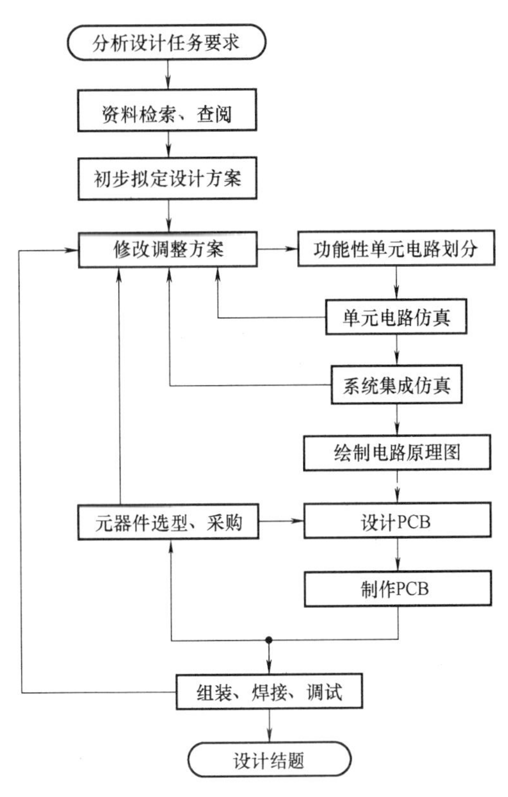

图1-1　电子设计的基本工作流程

## 1.2　设计任务分解

分解设计任务是一个“破题”的过程，

首先需要设计者明确设计任务，再通过对相关资料进行检索和查阅，寻求实现该任务的可行性方案并作方案对比，然后根据较为合理的设计方案绘制出总的设计框图。设计总框图中包括有功能相互独立的多个单元电路。

对例1而言，设计的核心是一个受定时时间控制的3位加法计数器（单元电路1），计数值采用3位译码显示电路（单元电路2）进行实时显示；定时（倒计时）时间可以用60进制的减法计数器（单元电路3）在秒脉冲输出电路（单元电路4）的控制下实现；加法计数器的计数结果在数值比较器（单元电路5）中与设定的报警阈值（单元电路6）进行比较，当计数结果超过阈值时，系统控制报警电路（单元电路7）产生光声报警信号输出。

此外，由于传感器输出的正弦信号幅值只有3～5mV，因此还需要对该信号进行放大（单元电路8）、整形（单元电路9）处理，使之能够被数字电路识别。

根据上述分析过程所得出的总体设计框图如图1-2所示。

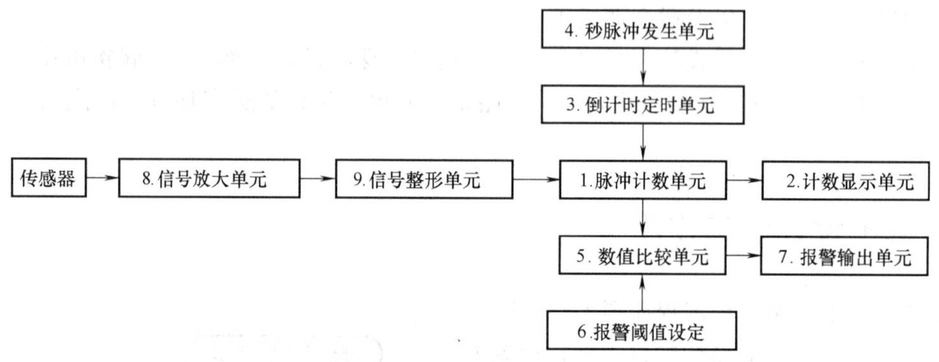


图1-2　例1的总体设计框图

## 1.3　单元电路仿真

传统的设计工程师一般是根据经验或者参考电路进行设计，然后制作测试电路进行调试，再根据实际的测试情况再返回设计部分进行修改、调整，工作较为繁重。

随着计算机软件仿真技术的发展，特别是20世纪70年代美国加州大学伯克利分校pSpice系列仿真软件开发成功后，设计工程师的工作重心发生了较大的转移。他们首先借助仿真软件对电子元器件进行数学建模，然后通过计算机强大的数据运算与存储功能对电路的工作状态、工作趋势进行精确仿真，最终得到近似于实际结果的数据和波形。

电路仿真技术的出现可以排除大多数的设计缺陷，使设计师的主要精力集中到设计这一块，减少了测试工作量，大大提高了电子设计的效率。

Multisim系列软件是加拿大IIT（Interactive Image Technologies）公司推出的一款基于Windows平台的仿真工具，经过多次完善后，推出了Multisim 8.3.30的稳定版本。随后，IIT公司并入NI（美国国家仪器公司），并推出了Multisim 9、Multisim 10与Multisim 11，后续版本与Multisim 8.3.30相比，最大的改进在于丰富了单片机仿真与虚拟仪器方面的内容，在模拟电路与数字电路方面的变化则比较小。

设计者可以使用Multisim 8.3.30创建模拟电路、数字电路的仿真图，并利用虚拟的仪器仪表进行混合信号的仿真与测试，完成从理论到设计再到仿真的综合设计流程。Multisim

8.3.30 仿真软件的基本体系结构如图1-3所示。

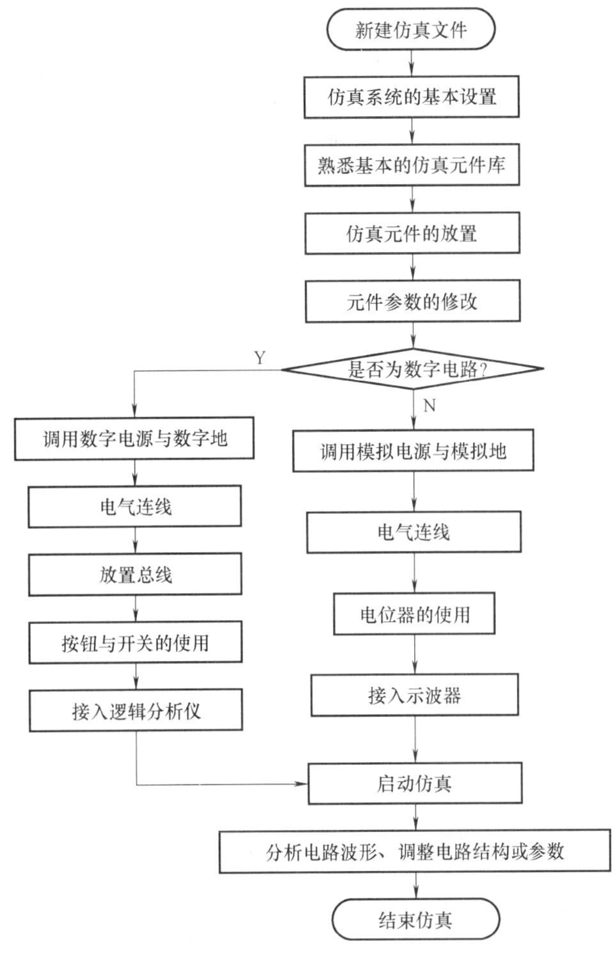


图1-3　Multisim 8.3.30 的基本体系结构

如果各个单元电路之间只存在信号的单向流动，那么将设计完成的各个单元电路组合在一起即可形成一个完整的系统。但是当各个单元电路之间还存在复杂的反馈或信号的相互影响时，则需要对组合后的电路进行仿真测试。

## 1.4　印制电路板设计

Protel 设计软件是由澳大利亚 Protel Technology 公司（2001年以后更名为 Altium）所推出基于 DOS 版本的 TANGO 设计软件演变而来的，Protel 99SE 是 Protel 99 软件的升级版（Second Edition）。

在 Protel 99SE 之后，Altium 公司推出了 Protel DXP 2004，该版本增加了 VHDL 的设计单元，但核心功能与 Protel 99SE 相比，变化并不是太大，使用者也没有明显的增加。再后来 Altium 公司推出了功能更强大的 Altium Designer 09，集成了更加丰富的功能，但是操作起来相对也更加繁琐。对于初学者而言，小巧、精悍的 Protel 99SE 操作反而更加方便，学习起来也更容易上手。有了 Protel 99SE 的基础，再去学习 Altium Designer 09 就会比较轻松了。

根据 Multisim 8.3.30 完成的仿真图，接下来可在 Protel 99 SE 软件中进行电路原理图的整体绘制；另外，也可以直接将 Multisim 8.3.30 生成的网络表传递给 Protel 99 SE 进行使用。无论采用哪种方式，都要注意修改、补充出 Multisim 8.3.30 软件与 Protel 99 SE 软件不完全一致的元器件（如接插件、数码管的显示译码电路等）。

完成电路原理图的绘制之后，即可创建该原理图所对应的网络表，然后在 Protel 99SE 软件的 PCB（Printed Circuit Board，印制电路板）设计环境中，将网络表转化为封装图形和电气连接关系；通过移动、调整元器件的位置、相邻关系后得到系统电路的电气布局图；利用软件提供的自动布线功能生成初步的 PCB 草图；最后通过手工修改、调整，得到正确、完备的 PCB 图。

Protel 99SE 的基本知识体系结构如图 1-4 所示。

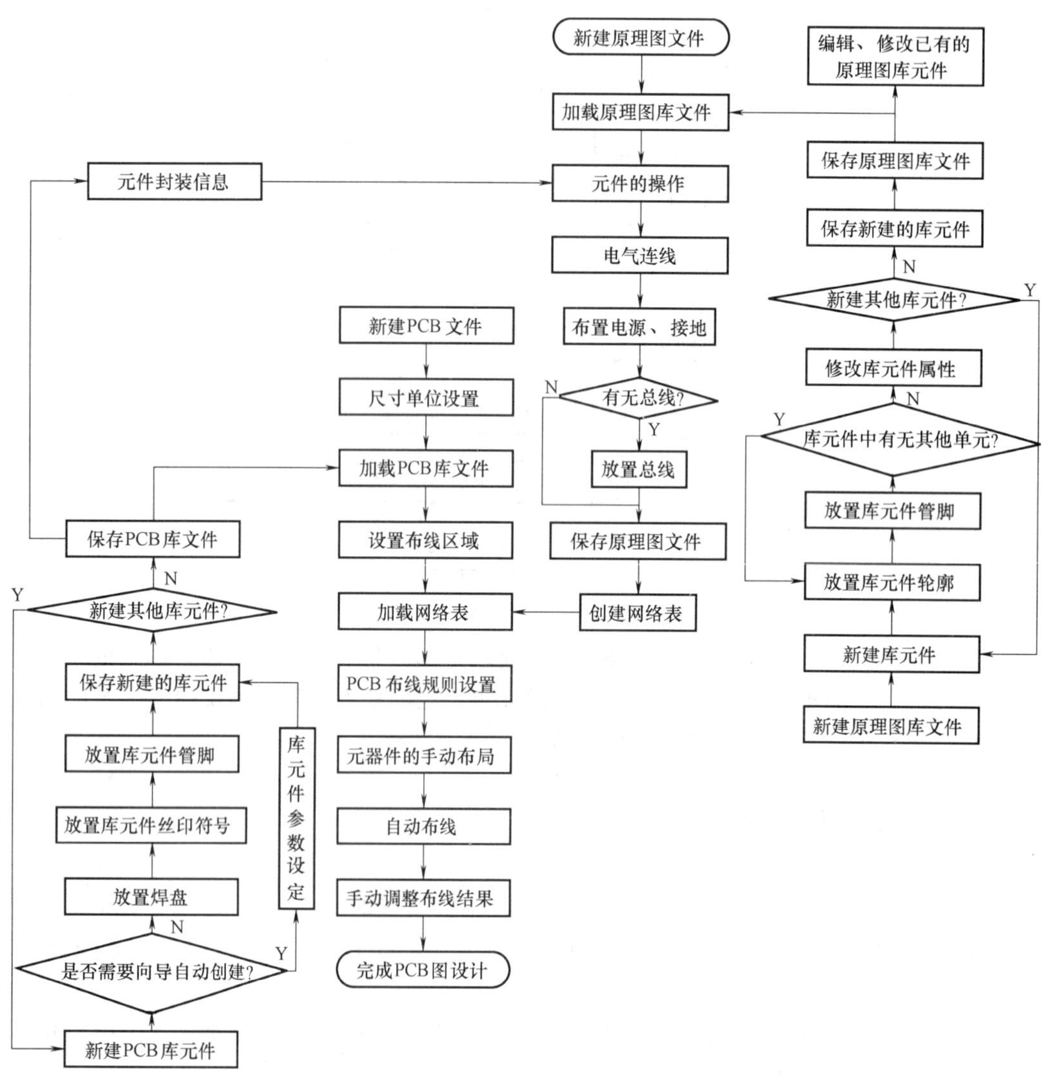


图 1-4 Protel 99SE 的基本知识体系结构

Protel 99SE 包含的功能很多，初学者没有必要一次性掌握所有的内容，可以按照“够用”、“实用”、“好用”的原则，根据基本的软件操作流程进行 PCB 图的设计。

## 1.5　印制电路板加工

在 Protel 99SE 中完成的 PCB 图可以委托专门的印制电路板生产厂家进行印制电路板的加工与制作，也可以在实验室中利用热转印工艺、曝光工艺或者雕刻工艺等方式进行印制电路板的加工。

## 1.6　元器件选型

只有对常用电子元器件的参数及性能有了初步认识，设计者才能对元器件进行正确的型号、参数选择。

准确地讲，电路设计时所涉及的各类元器件应该在电路仿真时就要进行科学的选型，避免选择已经停产或者难以购买的生僻元器件。在进行 PCB 图的设计时，还需要关注器件的封装参数，确保能够在市场上以合适的价格进行采购。很多芯片生产厂家正在逐步停产 DIP（双列直插封装）或者 PLCC（塑料有引脚四边封装）等较大体积的芯片，转而采用 TSSOP（双列表面收缩型封装）或 TQFP（薄塑封四角扁平封装）等较小体积的封装形式。

为了避免元器件型号与数量的遗漏，一般做法是根据 Protel 99SE 生成的元器件清单（包含元器件的型号、数量、封装等重要信息）准备电路图中的所有元器件，为下一步的焊接、组装做好准备。对于每一种元器件，均需要按照一定比例适当增加采购数量，以满足调试过程的需要。

## 1.7　电路组装、焊接与调试

印制电路板加工完毕、元器件采购到位之后，接下来就将进入关键的电路组装、焊接与调试阶段。在这个阶段，建议打印出清晰的电路原理图以及 PCB 图的丝印层，以便于元器件的准确插装与正确焊接。

除了技术上已经成熟并实现了批量化生产的电子产品外，很少有将电子元器件一次性装配完毕后再进行通电调试的。科学的调试步骤是将元器件按照功能单元进行划分，对每个单元电路分别调试无误后，再进行系统的整机联调。

电路调试的关键在于电路故障的分析与排除。

# 第 2 章　Multisim 电路仿真

Multisim 软件拥有功能强大的虚拟仪器和规模庞大的仿真器件库，同时提供了 19 种仿真分析方法，能够较好地对模拟电路和数字电路进行仿真。通过对仿真波形的测试及其相关参数的分析，便于使用者发现电路设计中存在的问题，并实现电路参数的优化。

Multisim 软件的 Ultiboard 模块提供了印制电路板设计功能，与 Protel 99SE 的 PCB 图设计基本类似。

## 2.1　模块化电路仿真的思路

对一个完整的电路系统进行设计、仿真时，除非电路非常简单，一般都不提倡将所有元器件集中在一个仿真文件下运行。合理的做法是：

1）将电路系统划分为功能、结构相对独立的多个子模块。

2）对各个子模块分别进行仿真。

3）根据各个单元之间的连接关系决定是否需要进行合成仿真。

如果各个子模块之间不存在复杂的信号反馈关系，将仿真结果正确的子模块电路组合在一起基本就能够作为最终的系统电路使用。如果电路中存在反馈通道，则必须进行模块间的合成仿真，以确定整个系统的工作能否满足设计要求。

## 2.2　初识 Multisim 8.3.30

Multisim 8.3.30 是 Multisim 8 系列软件的最终版本，操作非常简单，初学者上手容易。Multisim 8.3.30 的仿真单元包含输入模块、器件模型处理模块、分析模块、虚拟仪器模块和后续处理模块。其中，输入模块让使用者以图形方式输入仿真电路，虚拟仪器模块则给使用者提供了图形化的仿真结果显示模式，直观且生动。

### 2.2.1　软件使用前的注意事项

Multisim 8.3.30 将新建仿真文件的默认存储路径设置在该软件的安装目录下，为了避免计算机系统故障引起仿真文件丢失或损坏，同时也便于使用者能够方便、快速地调出自己设计的仿真文件，建议使用者把对每次新建的仿真文件另存到计算机硬盘数据分区（如 E 盘、F 盘）的某个专用文件夹下。一个完整仿真系统所包含的各个单元仿真文件最好保存到同一个文件夹。

Multisim 8.3.30 在运行仿真的过程中，对整个计算机系统的 CPU 与内存资源占用较多，如果在进行电路仿真的过程中同时打开或运行过多程序，则可能造成计算机系统运行缓慢甚至出现死机故障。

同时打开多个仿真文件时，系统只能对其中的一个文件进行仿真。如果在仿真过程中发现系统的仿真运行按钮　　为灰色的无效状态时，应首先找到正在运行的仿真文件并关闭。

## 2.2.2　仿真软件的基本界面

Multisim 8.3.30 的主窗口类似于一个电子实验平台，使用者可以在该平台下完成从电路搭建、参数调整、仪器仪表的连接与测试等基本操作，与传统意义上的电子实验并没有太大的区别。

运行 Multisim 8.3.30 仿真软件，出现如图 2-1 所示的主界面。主界面包括主菜单栏、工具栏、元器件栏、虚拟仪器栏、设计工具箱及电路绘图区域等部分。

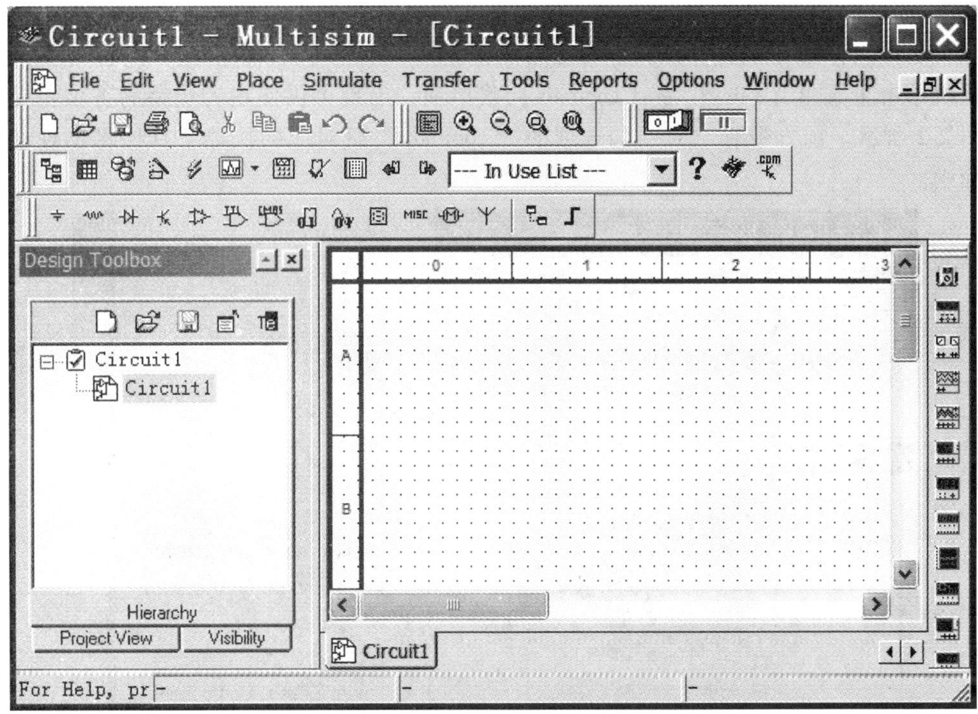


图 2-1　Multisim 8.3.30 的主界面

Multisim 8.3.30 的菜单命令共有 11 项，其中较为常用的菜单项如表 2-1 所示。

**表 2-1　Multisim 8.3.30 的常用菜单项**

| 主菜单项 | 主要功能 |
|---|---|
| File（文件） | 对文件进行存取、输入输出等系统操作 |
| Edit（编辑） | 对文件内容进行复制、粘贴、删除等操作 |
| View（视图） | 对快捷窗口的管理 |
| Place（放置） | 放置元器件、节点、连线及创建子电路等 |
| Simulate（仿真） | 电路运行、停止；虚拟仪器选择及仿真参数设定 |
| Tools（工具） | 提供设计向导等辅助功能 |
| Options（配置） | 系统的参数设置 |
| Help（帮助） | 帮助信息 |

快捷工具栏右下方的电路绘图区域是系统提供的仿真电路绘制窗口，很像一张实际的图样。用鼠标单击电路绘图空白区域，拨动鼠标滚轮即可放大或缩小电路图的显示比例；此外，使用者还可以根据实际需要对图样大小、背景颜色、网格显示等状态进行设置。

快捷工具栏左下方的“Design Toolbox”（设计工具箱），类似于 Windows 操作系统中的资源管理器，如果需要增加仿真电路的显示幅面，可以单击“Design Toolbox”右上角的关闭按钮将设计工具箱关掉。

### 2.2.3 快捷工具栏

Multisim 8.3.30 提供了 21 个浮动型的快捷工具栏，这些工具栏可以根据需要进行添加或删除，也可以停泊在主窗口界面中的任意位置。

依次单击主菜单【View】→【Toolbars】菜单项，出现可供使用者选择的各项快捷工具栏如图 2-2 所示。前方带有“√”勾选项的“Toolbars”所对应的快捷工具栏将出现在主窗口界面中。

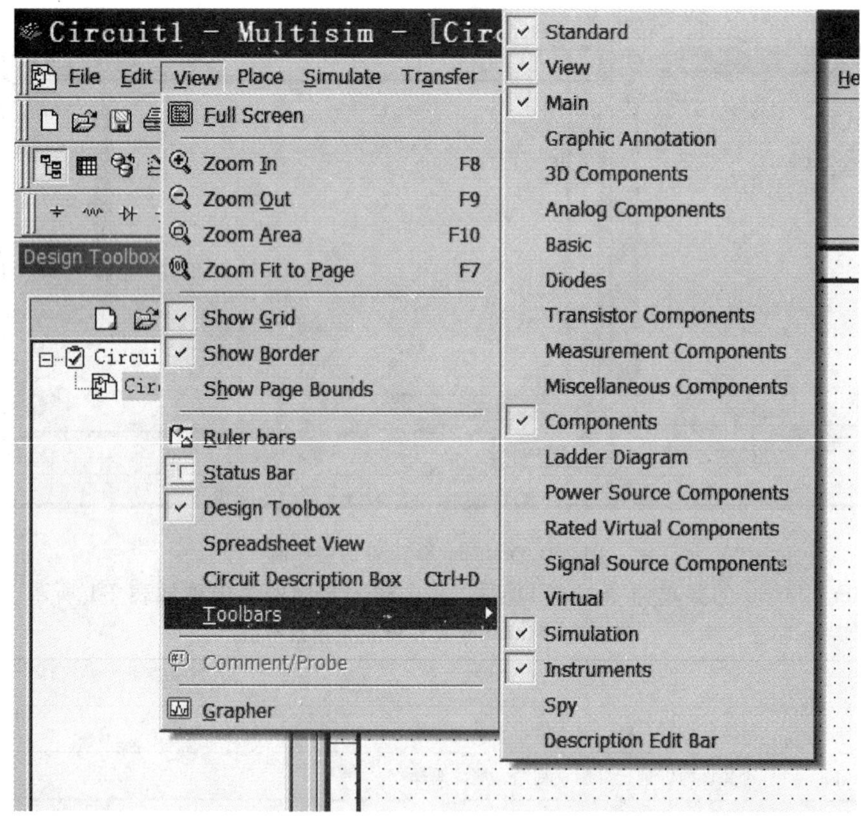


图 2-2 “Toolbars”（快捷工具栏）的选择

系统常用的快捷工具栏如表 2-2 所示，强烈建议使用者予以保留。

表 2-2 中常用快捷工具栏的功能简要说明如下：

1）“Standard”快捷工具栏主要是针对仿真文件进行基于 Windows 操作系统的操作。

2）“View”快捷工具栏主要用来调整电路图显示比例。

3）“Simulation”快捷工具栏用来启动和停止仿真。

表 2-2　Multisim 8. 3. 30 的常用快捷工具栏

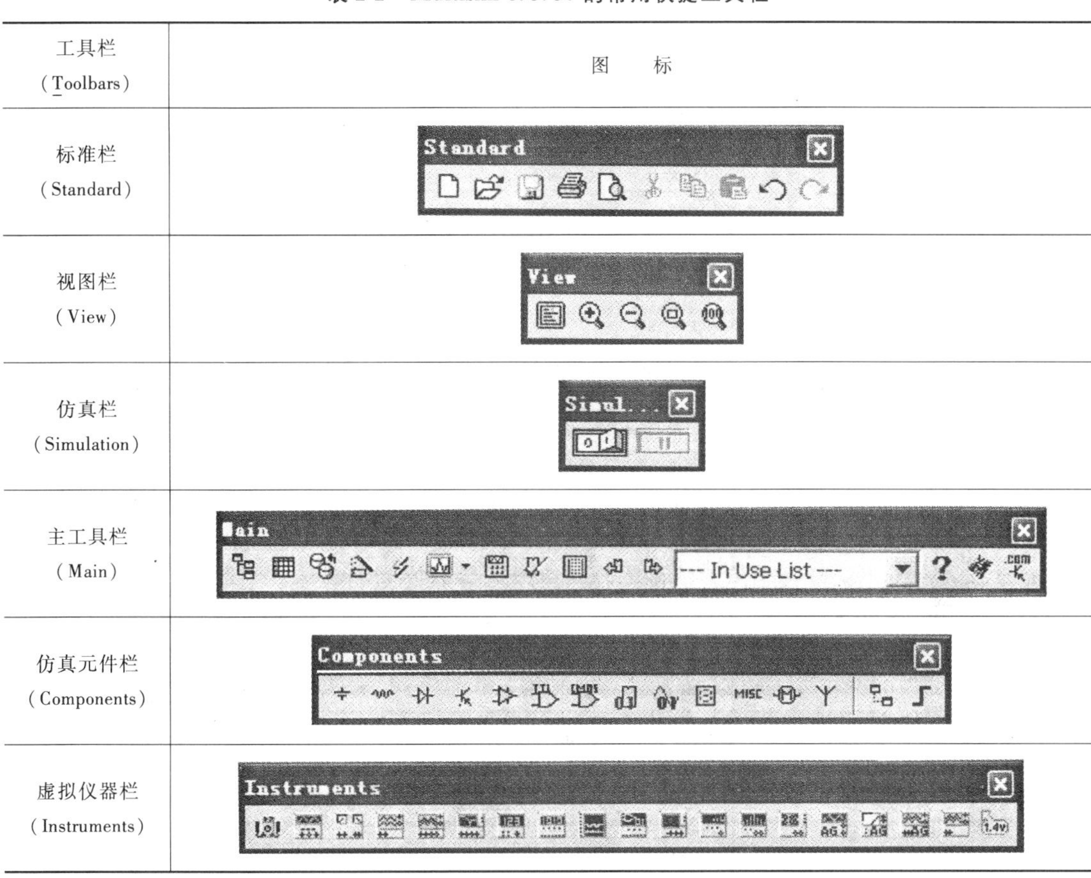

| 工具栏 (Toolbars) | 图　标 |
| --- | --- |
| 标准栏 (Standard) | Standard |
| 视图栏 (View) | View |
| 仿真栏 (Simulation) | Simul... |
| 主工具栏 (Main) | Main --- In Use List --- |
| 仿真元件栏 (Components) | Components MISC |
| 虚拟仪器栏 (Instruments) | Instruments |

4）“Main” 快捷工具栏集成了一些具有特殊功能的快捷按钮，从左到右依次为：打开/关闭设计工具箱、打开/关闭层次电子数据表格、数据库管理、仿真元器件编辑与管理、启动/停止仿真、记录/图形分析器、后处理、电气规则检查、3D 虚拟实验板、修改 Ultiboard 注释文件、创建 Ultiboard 注释文件、使用中的元器件列表、帮助信息、EWB 教育网页信息、链接到 EDAparts. com 网页。

5）“Components” 快捷工具栏提供了仿真用的所有元器件。

6）“Instruments” 快捷工具栏提供了仿真用的虚拟测试仪器。

对于初学者而言，“Components”（仿真元件栏）与 “Instruments”（虚拟仪器栏）是最为重要的，接下来分别进行介绍。

## 2. 2. 4　仿真元器件库

Multisim 8. 3. 30 的 “Components” 快捷工具栏总共包含 13 个元器件分类库，提供了常见的各类仿真元器件，如图 2-3 所示。

图 2-3 中用分隔符隔开的最后两项分别为电路模块放置和总线放置两种功能。

**1. 库元器件的调用**

Multisim 8. 3. 30 的仿真元器件库基本涵盖了所有的常用元器件。搭建仿真电路时，需要将元器件从不同的库中调出。

电源库 无源元件库 二极管库 晶体管库 模拟器件库 TTL 器件库 CMOS 器件库 其他数字器件 数模混合器件 指示器件库 杂项元器件库 机电元件库 射频元器件库

图 2-3 仿真元器件库

如果需要显示 NPN 型晶体管，应该单击图 2-3 中的工具栏，出现如图 2-4 所示的 “Select a Component”（元器件选择）窗口。

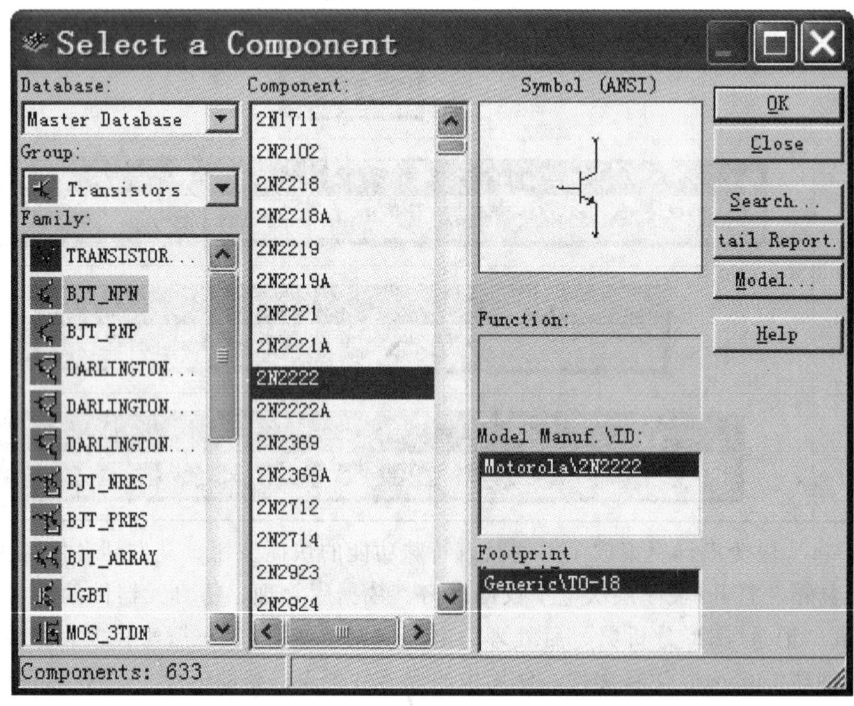


图 2-4 “Select a Component”（元器件选择）窗口

图 2-4 左侧的 “Group”（群组）下拉列表框显示目前选中的是 “Transistors”（晶体管库），“Family”（系列）下拉列表框显示了 “Transistors” 库中所包含的各类晶体管，其中较为常用的晶体管系列如表 2-3 所示。

**表 2-3 常用的晶体管系列**

| 晶体管系列 | 类别说明 |
|---|---|
| TRANSISTORS_ VIRTUAL | 理想晶体管 |
| BJT_ NPN/PNP | NPN/PNP 型晶体管 |
| DARLINGTON_ NPN/PNP | NPN/PNP 型复合管（达林顿管） |
| BJT_ NRES/ PRES | NPN/PNP 型带阻晶体管 |
| MOS_ 3TEN/TEP | N 沟道/P 沟道增强型 MOS 管 |
| MOS_ 3TDN | N 沟道耗尽型 MOS 管 |

（续）

| 晶体管系列 | 类别说明 |
|---|---|
| JFET_N/P | N 沟道/P 沟道耗尽型 JFET 管 |
| POWER_MOS_N/P | N 沟道/P 沟道功率型 MOS 管 |
| UJT | 单结晶体管 |
| IGBT | 绝缘栅双极型晶体管 |

图 2-4 中的“BJT_NPN”为阴影显示，表明目前该系列的晶体管处于选中状态。窗口第二列的“Component”（元器件）下拉列表框中显示了“BJT_NPN”系列中的所有元器件。窗口第三列显示了当前选中元器件“2N2222”对应的美标符号“Sybol（ANSI）”、功能描述“Function”、仿真模型制作商“Model Manuf. \ ID”、封装参数“Footprint”等相关信息。

注意：元器件库“Family”下拉列表框中，绿色衬底代表理想元器件系列，其参数可随意更改；灰色衬底代表非理想元器件系列，其性能参数和真实元器件更接近，参数值固定，不能随意更改。

**2. 元器件的放置及调整**

在图 2-4 所示窗口中选择低噪声小功率晶体管 2N2222，单击窗口右侧的【OK】按钮，将 2N2222 调入电路绘图区域。用鼠标右键单击 2N2222，出现右键快捷菜单，如图 2-5 所示。

在右键快捷菜单中可以完成被选中元器件的剪切（Cut）、复制（Copy）、粘贴（Paste）、删除（Delete）、水平翻转（Flip Horizontal）、垂直翻转（Flip Vertical）、90°顺时针旋转（90 Clockwise）、90°逆时针旋转（90 CounterCW）、属性（Properties）等基本操作。

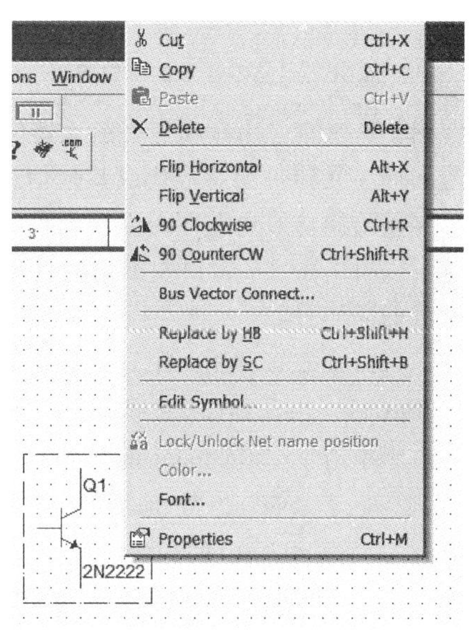


图 2-5　仿真元器件的右键快捷菜单

**3. 元器件参数的设定**

用鼠标左键双击绘图区域的元器件 2N2222，弹出该元器件“BJT_NPN”（NPN 型晶体管）的属性窗口，如图 2-6 所示。

在“Value”（参数值）标签页中显示了 2N2222 的“Value”（型号或参数）、“Footprint”（封装）、“Manufacture”（制造商）、“Function”（功能说明）等内容，所有内容均为灰色，表明上述参数不能直接修改。

图 2-6 所示元器件属性窗口中部的【Edit Component in DB】、【Save Component to DB】、【Edit FootPrint】和【Edit Model】4 个按钮可以对该元器件的模型库、封装、仿真模型进行修改与保存。

Multisim 8. 3. 30 是基于 pSpice 内核的仿真软件，如果要对仿真模型等内容进行修改，则必须具备一定的 pSpice 编程基础。这部分的学习难度相对较大，因此不建议初学者直接编辑元器件，以避免破坏原始的仿真模型。如果确实需要制作某些 Multisim 软件库中没有的仿真元器件时，可以采用先复制系统自带的某个类似元器件的仿真模型，然后对该模型进行适当修改后得到新元器件的方法，具体操作步骤参考文献［3］。

选择图 2-6 中的“Label”标签页，可以对元器件的序号进行修改，如图 2-7 所示。

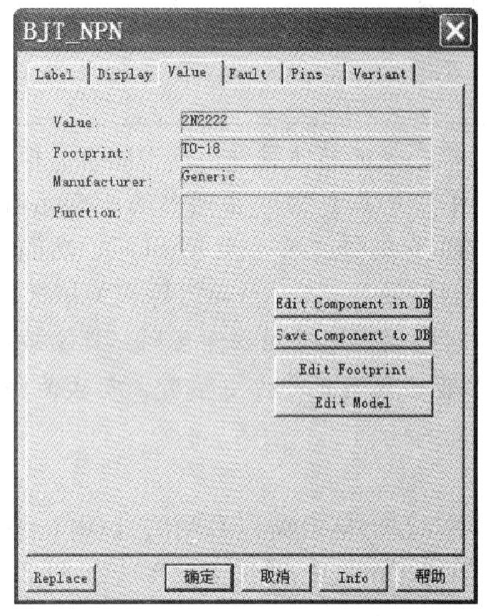


图 2-6 元器件“BJT_NPN”（NPN 型晶体管）的属性窗口

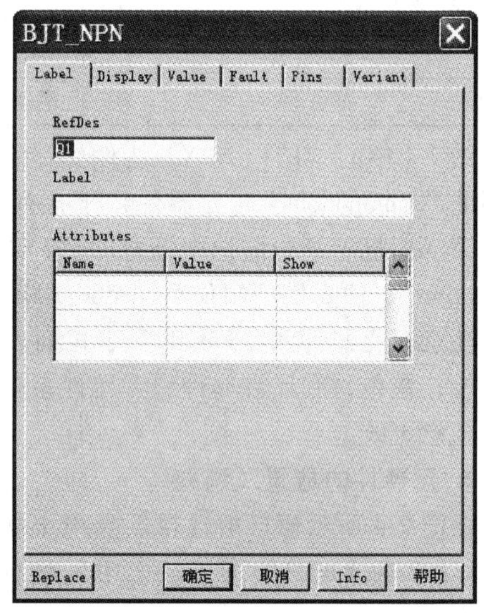


图 2-7 仿真元器件属性的“Label”窗口

图 2-7 中的“RefDes”表示元器件的编号，注意不要对元器件进行重复编号。“Label”可用来标注元器件的参数值或其他信息。

如果绘制仿真电路图时发现器件 2N2222 选择不合适，需要更换为其他 NPN 型晶体管型号，可以单击图 2-7 窗口左下角的【Replace】按钮，打开如图 2-4 所示的窗口，重新选择其他型号的晶体管。

如果需要放置常用的阻容元件，则单击“Components”（元器件）快捷工具栏的第二项 ∿∿ （Basic），出现如图 2-8 所示的“Select a Component”（元器件选择）窗口。

由于单击了“Components”快捷工具栏的第二项 ∿∿ （Basic），故元器件选择窗口中“Group”（群组）中的内容变为了“Basic”，包含有“RESISTOR”（电阻）、“CAPACITOR”（电容）、“INDUCTOR”（电感）、“TRANSFORMER”（变压器）、“SWITCH”（开关）、“CONNECTORS”（接插件）以及“BASIC_VIRTUAL”（虚拟元器件）等一系列的无源元件系列（Family）。

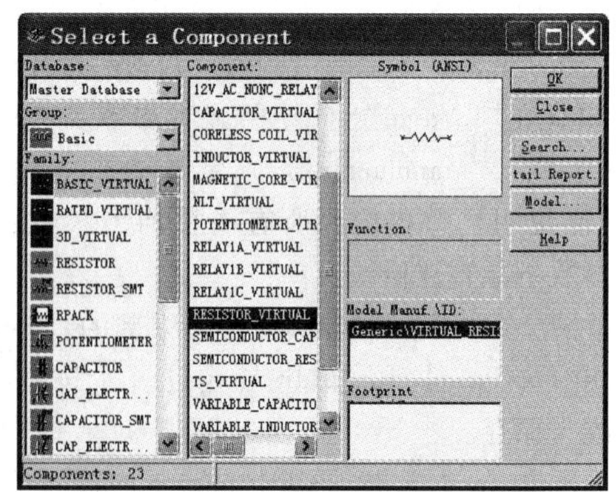


图 2-8 “Basic”型元器件的选择窗口

为了能够快捷地修改元器件参数，建议对仿真电路中可能涉及的电阻、电容、电感、电位器等无源元件直接选用“BASIC_VIRTUAL”（虚拟元件）系列中的“RESISTOR_VIRTU-

AL”（虚拟电阻）、“CAPACITOR_VIRTUAL”（虚拟电容）、“POTENTIOMETER_VIRTUAL”（虚拟电位器）、“INDUCTOR_VIRTUAL”（虚拟电感）等。

**4. 元器件的连续放置**

在元器件放置过程中，系统默认为非连续放置模式，当需要连续放置多个相同元器件时显得尤为不便，建议修改该项系统默认值。

依次单击主菜单【Options】→【Global Preferences…】菜单项，弹出如图 2-9 所示的“Preference”（优选项）窗口。

在图 2-9 的“Parts”标签页中，将“Place component mode”（元器件放置模式）选定为第三项“Continuous placement（ESC to cancel)”（连续放置，按 ESC 键取消）。在后续的元器件放置过程中，系统均默认为连续放置模式。

在元器件的连续放置过程中，单击鼠标右键或者按下键盘中的“Esc”键后，系统会终止元器件的连续放置。

“Parts”标签页中“Symbol standard”（符号标准）单选按钮中，“ANSI”单选项代表美国国家标准，“DIN”单选项代表德国国家标准（基本代表现行的欧洲标准 ENS）。考虑到元器件符号的广泛性与通用性，建议使用“ANSI”（美标），只是电阻符号 -\/\/\/- 可能会让国内使用者稍微有点不习惯。

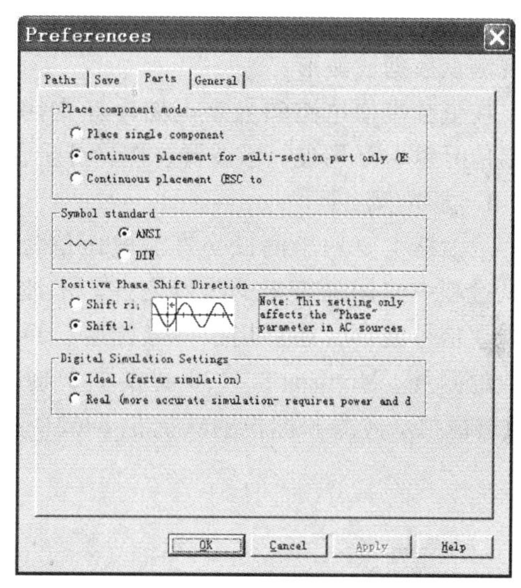


图 2-9　“Preference”（优选项）窗口

## 2.2.5　虚拟仪器库

虚拟仪器是一种用软件模拟实际仪器功能的操作及显示界面，Multisim 8.3.30 提供了万用表、示波器、信号源、逻辑分析仪等 19 类常用虚拟测试仪器，虚拟仪器工具栏习惯被放置在电路绘图区工作台的右侧。虚拟仪器图标及功能如图 2-10 所示。

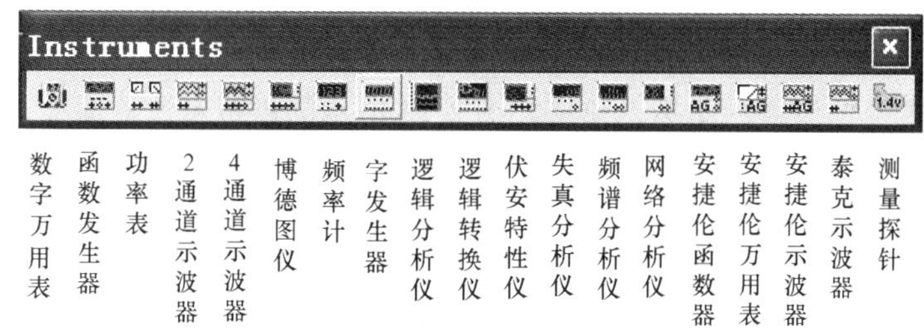


图 2-10　虚拟仪器图标及功能

调用虚拟仪器的基本方法是：用鼠标单击虚拟仪器库中需要用到的仪器图标，虚拟仪器的图标即附在鼠标上跟随移动，将虚拟仪器图标拖放到电路绘图区域合适的位置后单击鼠标左键即可完成调用；然后使用者可根据虚拟仪器的类型、实际的测试方案，连接虚拟仪器的输入（输出）端到仿真电路的测试节点。

电路绘图区域的虚拟仪器以图标方式显示。用鼠标右键单击虚拟仪器图标，弹出虚拟仪器的右键快捷菜单，如图 2-11 所示。

右键快捷菜单可以快速完成虚拟仪器的剪切、复制、粘贴、删除、翻转、旋转、总线连接、字体设置等功能。

用鼠标双击虚拟仪器图标即可打开仪器面板，并可设置有关的仪器参数。开始运行仿真后，仪器面板上将出现测试数据或波形。

在低频模拟电路和数字电路中经常用到的虚拟仪器包括信号源、万用表、示波器、逻辑分析仪等。

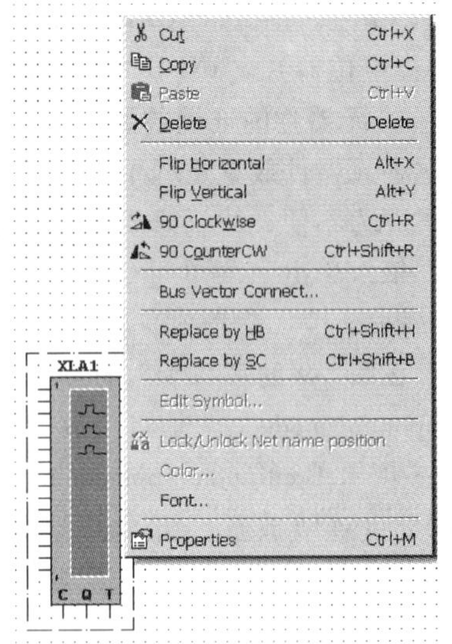


图 2-11　虚拟逻辑分析仪的右键快捷菜单

**1. 虚拟示波器**

示波器主要用于测试交直流电压信号，是模拟电路调试过程中使用最频繁的仪器之一。示波器除了可以直观观察信号波形，还可用于信号幅度、频率（周期）等参数的测量。Multisim 8. 3. 30 提供了 2 通道虚拟示波器、4 通道虚拟示波器和虚拟的安捷伦 5462D 型 100M 示波器，对应图标分别如图 2-12a、b、c 所示。

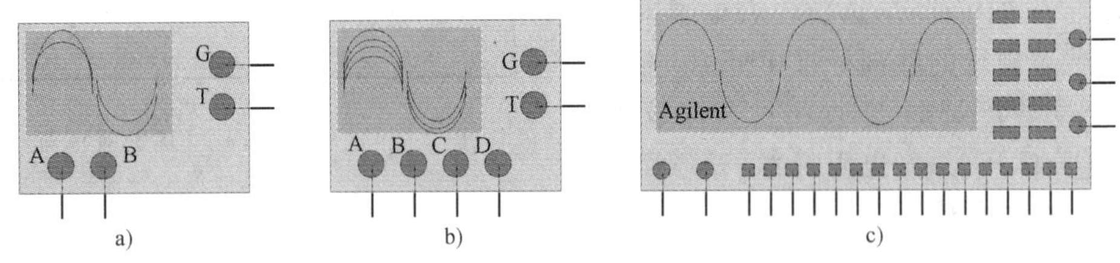


图 2-12　虚拟示波器在电路绘图区域的图标

a）2 通道虚拟示波器　b）4 通道虚拟示波器　c）虚拟安捷伦示波器

图 2-12a 中的 2 通道虚拟示波器共有 A、B 两路测试通道，分别用一根导线与电路测试节点相连，即可测量该点对“地”的波形。G 是接地端，需接地，但是如果电路绘图区域中已有接地符号，G 端可以悬空；T 是外触发端，与外部触发的输入信号相连，如果没有使用外触发信号则需要悬空 T 端。

双击 2 通道虚拟示波器的图标，弹出如图 2-13 所示的虚拟示波器面板。

虚拟示波器面板大致按功能划分为波形显示区、数据列表、Timebase（时基区）、Channel A、Channel B、Trigger（触发区）、按钮区等多个区域。

（1）波形显示区

2 通道虚拟示波器面板上方为波形显示区，系统默认的显示背景为黑色，但是为了便于观察，可以单击示波器面板中部的【Reverse】按钮，将波形的显示背景更换为白色。

（2）Timebase（时基区）

Timebase（时基区）用来设置 X 轴方向时间基线的扫描时间，用来调整波形在示波器显示区的水平（X 轴）显示比例及位置。

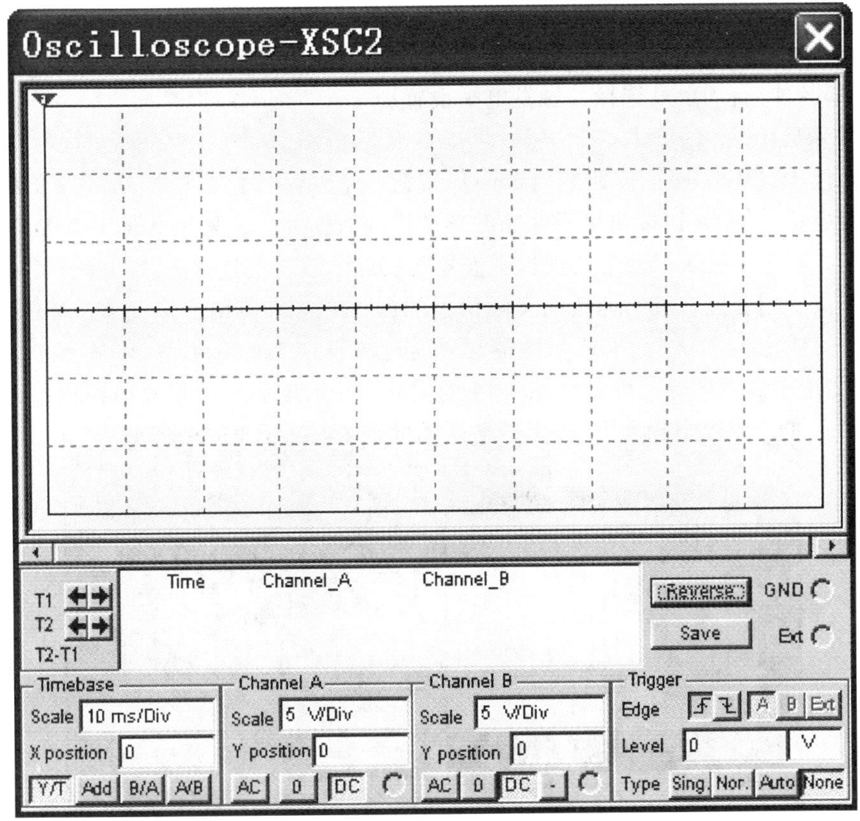


图 2-13　2 通道虚拟示波器面板

（3）数据列表

波形显示区的左侧有两条可以左右移动的读数游标，游标上方有倒三角形标志。刚启动示波器时重叠在一起，可以用鼠标左键拖动游标左右移动，以读取对应点波形的幅值，而通过两根游标之间的宽度可以对波形的周期、脉宽进行读数。

上述数据均显示在波形显示区下方的读数显示表中。数据列表的内容及含义如表 2-4 所示。

**表 2-4　虚拟示波器面板数据列表的格式及含义**

| 游标 | Time | Channel_A | Channel_B |
|---|---|---|---|
| T1 | 游标 1 所处的水平位置 | 游标 1 测出 A 通道波形的电压瞬时值 | 游标 1 测出 B 通道波形的电压瞬时值 |
| T2 | 游标 2 所处的水平位置 | 游标 2 测出 A 通道波形的电压瞬时值 | 游标 2 测出 B 通道波形的电压瞬时值 |
| T2-T1 | 游标 1、2 之间的时间宽度 | A 通道波形在游标 2 与游标 1 之间的电压差 | B 通道波形在游标 2 与游标 1 之间的电压差 |

（4）Channel A、Channel B

Channel A 与 Channel B 分别用来设置示波器垂直方向（Y 轴）A 通道与 B 通道的波形显示比例及位置。

（5） Trigger（触发区）

Trigger（触发区）用来设置示波器的触发方式，如：上升沿/下降沿触发方式的选择、单脉冲/外部脉冲/自动触发选择、触发电平设置。

（6） 按钮区

按钮区包含【Reverse】按钮和【Save】按钮。【Reverse】按钮控制波形显示区为正常显示或反白显示，【Save】按钮用于存储波形的详细数据信息，采用 ASCII 码格式存储。

显然，2 通道（包含 4 通道）虚拟示波器与实际示波器的连接方式、操作均存在较大的不同，为了让使用者能够真实地按照实际仪器的操作方法来使用虚拟仪器，Multisim 8. 3. 30 特别提供了安捷伦 5462D 型 100M 示波器与 4 通道的泰克 TDS2024 型 200M 示波器。双击图 2-12c 的安捷伦示波器图标，弹出如图 2-14 的实际面板，与真实的仪器面板相差无几。

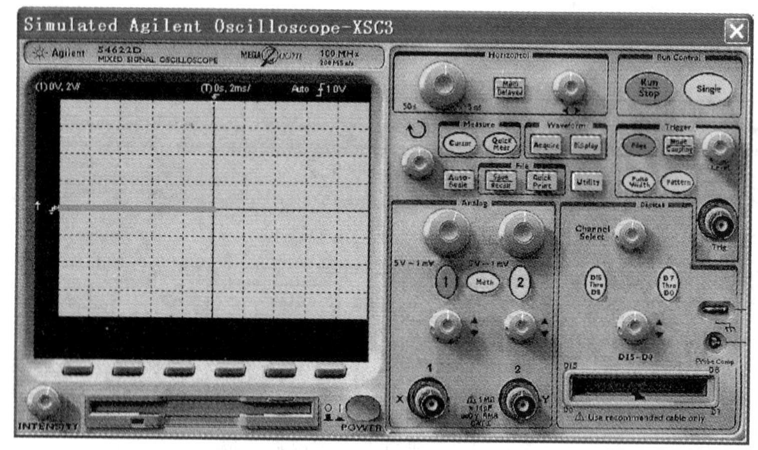


图 2-14　安捷伦 5462D 型 100M 示波器面板

用鼠标操作虚拟仪器旋钮与用手调节真实安捷伦示波器旋钮方法基本一致。

**2. 虚拟逻辑分析仪**

数字电路中一般具有较多的信号输入与输出端，每个端子通常只有高电平“1”和低电平“0”两种状态。示波器最多只能提供 4 个观察通道，对于具有较多输入输出端的数字电路有些无能为力。对于数字电路的仿真、测试与分析多采用虚拟逻辑分析仪。

在虚拟仪表快捷工具栏中单击虚拟逻辑分析仪的图标，将虚拟逻辑分析仪放置到 Multisim 8. 3. 30 的电路绘图区，其图标如图 2-15 所示。

Multisim 8. 3. 30 提供了 16 通道的虚拟逻辑分析仪，双击虚拟逻辑分析仪的图标，弹出如图 2-16 所示的虚拟逻辑分析仪面板。

虚拟逻辑分析仪的面板按功能可划分为波形显示区、数据列表、Clock（时钟）设置区、Trigger（触发区）、按钮区等多个区域。

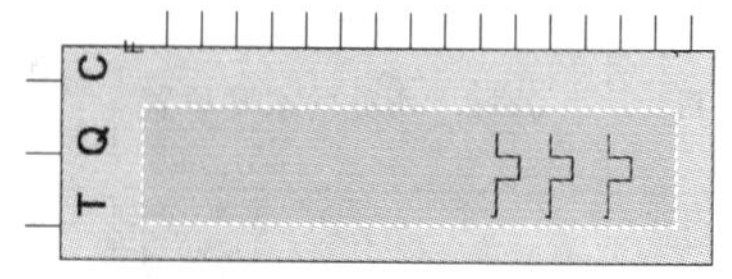


图 2-15　虚拟逻辑分析仪在电路绘图区的图标

虚拟逻辑分析仪每个通道的默认名称为“Term ××”，建议根据实际仿真过程中所观测的数据节点进行适当的名称修改。与虚拟示波器类似，虚拟逻辑分析仪的波形显示区同样有两条可左右移动的读数游标。

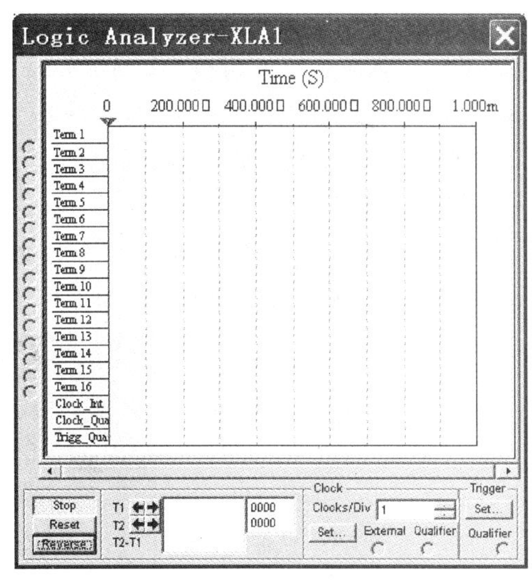


图 2-16　虚拟逻辑分析仪的面板

虚拟逻辑分析仪的数据列表反映了两根游标在时间轴上所处的位置，通过计算时间差“T2 - T1”可以换算出信号的周期、脉宽、占空比等重要数据。由于每根游标均覆盖了 16 个通道的波形数据，系统将 16 个通道对应的数据以 16 进制的形式（0000-FFFF）在数据列表的右侧显示，便于使用者对某个时间节点的逻辑状态进行准确读数。

为了在一个屏幕下尽可能观察更丰富的波形内容，可调节 Clock（时钟）设置区的分频系数按钮【Clocks/Div】，通过单击下拉列表框的“增/减”按钮，调节逻辑分析仪的水平时间分度，直至出现较为完整的波形。

单击 Trigger（触发区）的【Set...】按钮，可以设定波形的触发方式为上升沿触发、下降沿触发或跳变沿触发。

按钮区包含有【Stop】、【Reset】、【Reverse】三个按钮，分别用来停止仿真进程、复位仿真结果、调整波形显示区的显示模式为正常或者反白。

**3. 虚拟万用表**

Multisim 8.3.30 提供的虚拟万用表主要用来测试电阻与交直流电压、电流值，也可以用 dB（分贝）的形式显示电压和电流参数，其图标如图 2-17a 所示。

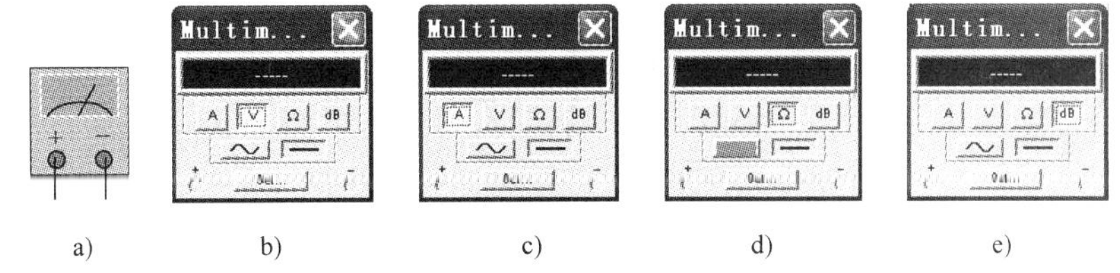


图 2-17　虚拟万用表的图标及不同功能下的面板图

a）虚拟万用表图标　b）虚拟电压表　c）虚拟电流表　d）虚拟电阻表　e）虚拟电平表

单击不同的功能按钮可以将万用表设置为电压表、电流表、电阻表、电平（“dB”、分贝）表，可实现交直流电压、交直流电流、电阻、电平变化的测试，其面板如图 2-17b、c、d、e 所示。

虚拟万用表在使用时遵循和实际数字万用表一样的连接规则：串入回路测电流、并入回路测电压或电阻。单击虚拟万用表面板中的【Set...】按钮，进入“Multimeter Settings”（万用表设置）窗口，如图 2-18 所示。

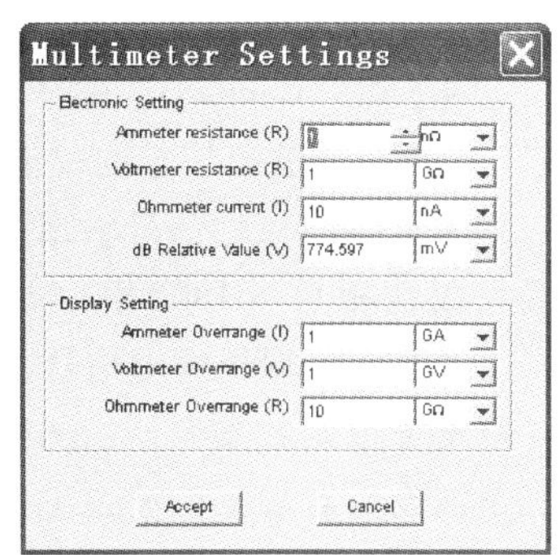


图 2-18　“Multimeter Settings”（万用表设置）窗口

图 2-18 所示窗口的“Electronic Settings”（电气设置）列表窗中可以对“Ammeter resistance”（电流表内阻）、“Voltmeter resistance”（电压表内阻）、“Ohmmeter current”

（电阻表电流）和“dB relative value”（电平相对值）分别进行设置。在“Display Settings”（显示设置）列表窗中，可以对“Ammeter Overrange”（电流表超量程值）、“Voltmeter Overrange”（电压表超量程值）、“Ohmmeter Overrange”（电阻表超量程值）进行设定。

虚拟数字万用表测量交流成分时，其测量结果为真有效值（RMS）；测量直流成分时，测量结果为平均值。

Multisim 8.3.30 还提供了一款 6 位半的虚拟数字万用表，操作上与安捷伦的 34401A 万用表非常类似。这款虚拟万用表的图标如图 2-19a 所示，其面板图如图 2-19b 所示。

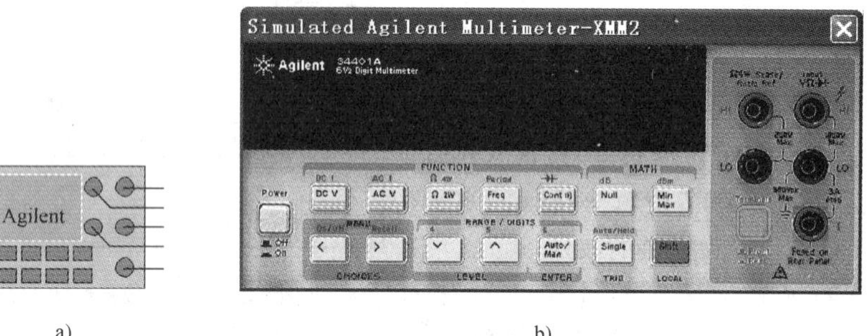


a)　　b)

图 2-19　虚拟安捷伦 34401A 万用表的图标及面板图

a）图标　b）面板图

**4. 虚拟函数发生器**

虚拟函数发生器的图标如图 2-20a 所示，可提供正弦波、矩形波和三角波三种信号。

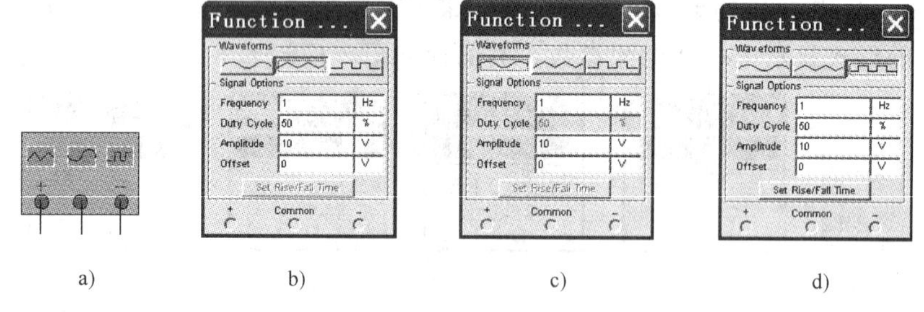


a)　　b)　　c)　　d)

图 2-20　虚拟函数发生器的图标和三种面板图

a）图标　b）三角波面板图　c）正弦波面板图　d）方波面板图

虚拟函数发生器的图标中有“+”、“Common”和“-”三个接线端子。如果连接“+”端子和“Common”端子，函数发生器可输出正极性的信号。如果连接“+”端子和“-”端子，则输出信号的幅值比连接“+”端子和“Common”端子时增大 1 倍。

如果需要负极性信号输出，可连接“-”端子和“Common”端子。如果需要输出幅值相等、极性相反（180°相位差）的两路信号，则可以将“Common”端子接地，同时从“+”和“-”端子输出信号。

双击虚拟函数发生器的图标，可能会出现如图 2-20b、c、d 所示的三种面板图，分别对应三角波发生器、正弦波发生器和矩形波发生器。

在图 2-20c 中，虚拟函数发生器输出正弦波信号，可以对信号的“Frequency”（频率）、“Amplitude”（幅值）和“Offset”（直流偏移电压值）三项参数进行设定，缺点是无法设定初相位。

在图 2-20b 中，虚拟函数信号发生器输出三角波，除了对信号的“Frequency”（频率）、“Amplitude”（幅值）和“Offset”（直流偏移电压值）三项参数进行设定外，还能够设定三角波的“Duty Cycle”（占空比）。当“Duty Cycle”（占空比）被设置为 1%（最小值）或 99%（最大值）时，虚拟函数信号输出近似的锯齿波。

在图 2-20d 中，虚拟函数发生器输出矩形波，基本参数设定与三角波类似，另外还增加了一个【Set Rise/Fall Time】（设置脉冲跳变沿的上升/下降时间）按钮项，单击后弹出如图 2-21 所示的“Set Rise/Fall Time”窗口。

图 2-21　“Set Rise/Fall Time”（脉冲上升/下降时间）设定窗口

虚拟函数信号发生器与商品化信号源的操作存在较大差别，因而 Multisim 8.3.30 提供了虚拟的 15M 函数/任意波形发生器，与安捷伦 33120A 函数信号发生器的操作基本一致。其图标、面板如图 2-22 所示。

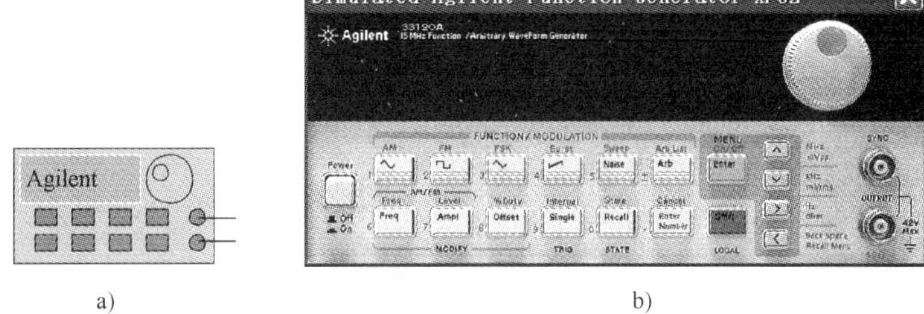


图 2-22　虚拟 15M 安捷伦 33120A 函数/任意波形发生器的图标和面板图
a）图标　b）面板图

## 2.3　模拟电路的仿真

模拟电路的主要功能是进行信号的处理，主要的核心元器件包括晶体管、场效应晶体管、运算放大器等，常用的测试仪表为示波器和万用表。

本节以图 2-23[⊖] 所示的单电源晶体管共射放大电路为例，讲述模拟电路的基本仿真步骤。

### 2.3.1　仿真电路的电气连线

根据图 2-23 所示的电路，将所有元器件调入电路绘图区，调整好合适的位置、方向，然后进行电气连线。

移动鼠标到元器件引脚末端时，鼠标变成一个中间有黑点的小十字图标，表示该点目前可以进行电气连线。单击鼠标左键进入连线状态，拖动鼠标即会出现一根实线跟随鼠标的位置发生移动。将鼠标移动到下一个连接点时再次单击鼠标左键，即可完成一根电气连线的绘制。Multisim 将根据元器件引脚的相对位置确定电气连线的轨迹，为了让电气连线的结果整齐、美观，建议将元器件的距离适当拉开一些，否则会出现如图 2-24 所示的不合理电气连

⊖ Multisim 软件生成的电路图中 uF 表示 μF，后不再一一注出。

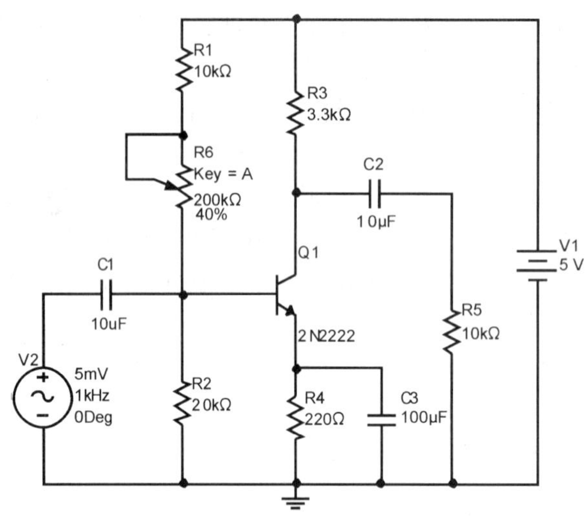


图 2-23　单电源晶体管共射放大电路

线效果。

如果系统未能自动产生所需的节点，可以依次单击主菜单【Place】→【Junction】菜单项，将鼠标移动到需要添加节点的位置单击鼠标左键即可放置一个电气节点。

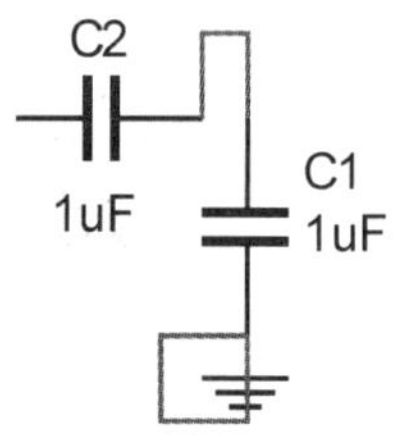


图 2-24　系统自动创建的不合理电气连线

如果需要删除不合适的电气连线，用鼠标单击连线，连线上将出现蓝色的方块，接着按下键盘上的【Delete】键即可删除，如图 2-25a 所示。

也可以直接用右键单击需要删除的电气连线，弹出如图 2-25b 所示的右键快捷菜单，选择“Delete”项即可完成电气连线的删除。

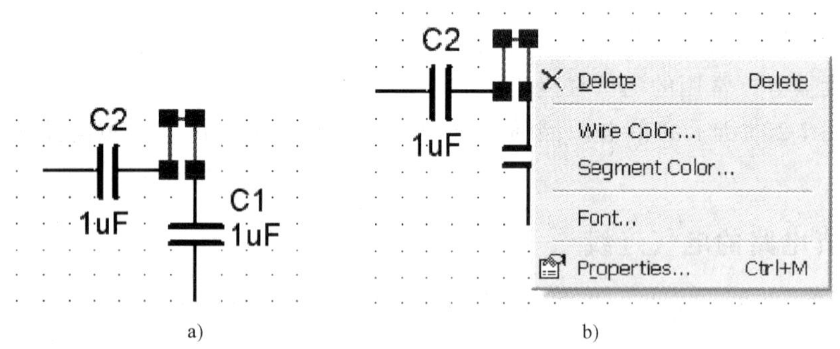


图 2-25　删除电气连线

a）用键盘上的【Delete】键删除　b）用连线右键快捷菜单删除

## 2.3.2　电源与信号源的使用

基本的电气连线完成后，接下来需要在仿真电路中放置参考地、电源及信号源。单击“Components”（元器件）快捷工具栏的第一项 ÷ “Source”，弹出如图 2-26 所示的元器件选择窗口。

图 2-26 所示的 “Family” （系列）下拉列表框中，第一项 “POWER_SOURCES” （电源）与第二项 “SINGNAL_VOLTAGE_SOURCES”（信号源）最为常用。

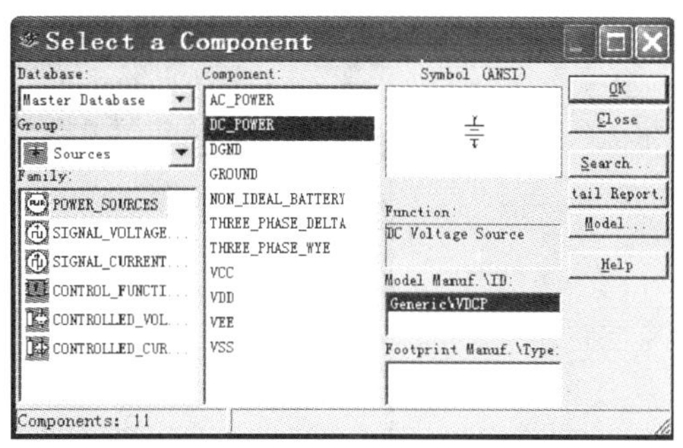


图 2-26　“Source”（源）选择窗口

**1. 参考地的放置**

所有的仿真电路都必须放置一个参考“地”，作为仿真时的基准零电位。在图 2-26 中选择 “POWER_SOURCES” （电源）后，单击 “Component” （元器件）下拉列表框中的 “GROUND” 可设定一个模拟电路的参考地，单击 “DGND” 则建立起一个数字电路的参考地。

模拟地与数字地在仿真时有一定的区别，不要将两者混用。

**2. 直流电压源的放置**

“Component”（元器件）下拉列表框中的 “DC_POWER” 主要用于模拟电路的直流电压源，“AC_POWER” 则用于模拟电路的交流电压源。

依次选中 “Component” （元器件）列表框中的 “GROUND” 与 “DC_POWER”，将其放置在电路绘图区。双击 “DC_POWER”，弹出直流电源的属性窗口，如图 2-27 所示。

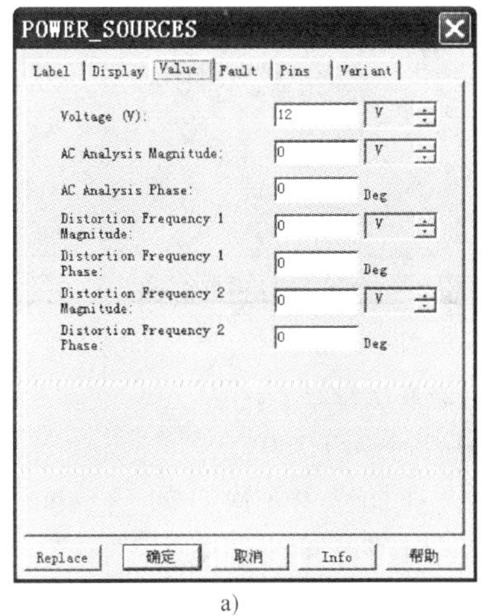


a)

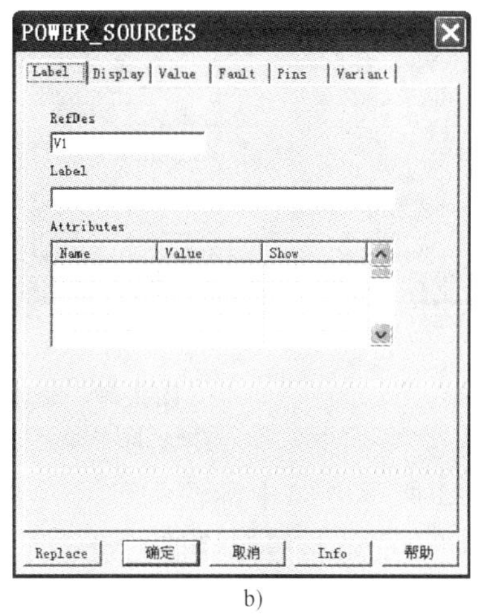


b)

图 2-27　“DC_POWER”（直流电源）的属性窗口

a）“Value” 标签页　b）“Label” 标签页

在图 2-27a 所示的 “Value” 标签页中，将 “Voltage（V）:”（电源电压值）修改为 5V；在图 2-27b 所示的 “Label” 标签页中，将 “RefDes” （电源编号）修改为 V1。

**3. 交流电压源的放置**

选择图 2-26 所示窗口 “Family” 下拉列表框中的 “SINGNAL_VOLTAGE_SOURCES”（信号源），切换到信号源系列，如图 2-28 所示。

在 “Component” 下拉列表框中，“AC_VOLTAGE” （交流电压源）主要被用于模拟电路的信号源，而 “CLOCK_VOLTAGE”（时钟信号源）则用于数字电路的时钟脉冲源，与前一节所述的虚拟信号发生器功能类似。

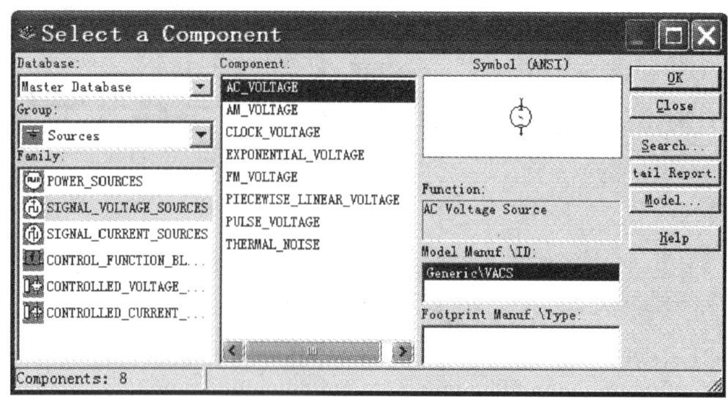


图 2-28　信号源选择窗口

选中“Component”（元器件）列表框中的“AC_VOLTAGE”并放置在电路绘图区。双击“AC_VOLTAGE”，弹出交流信号源的属性窗口，如图 2-29 所示。

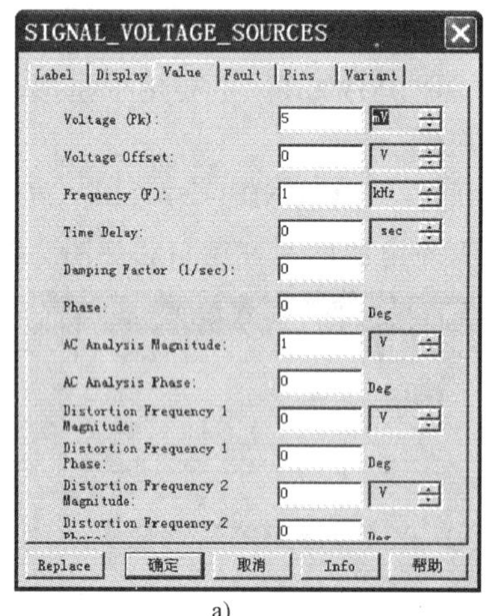


a)

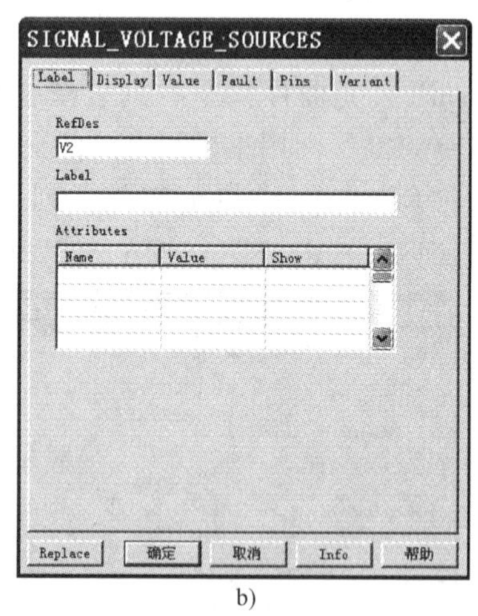


b)

图 2-29　交流信号源属性窗口

a）“Value”标签页　b）“Label”标签页

根据图 2-23 所示电路中标注的信号源参数，在图 2-29a 窗口的“Value”标签页中将“Voltage（PK）”（交流信号源峰值）设定为 5，同时将其单位调整为“mV”。如果信号源输出的是纯交流信号，则图中“Voltage Offset”（直流漂移）应设定为 0V。将 Frequency（信号频率）设定为 1kHz。

切换到图 2-29b 的“Label”标签页中，将“RefDes”（电源编号）修改为 V2。

在图 2-29a 窗口“Value”标签页中，“Voltage（PK）”为交流信号的峰值 $V_P$，并不是常用的“峰峰值”（$V_{P\text{-}P}$）。单位“mV”表示毫伏，而“MV”表示幅值很高的兆伏，不要混淆。Phase（相位）可以对交流信号源的初相位进行设定，单位是“Deg”（度）。

## 2.3.3　调用虚拟示波器

在完成的仿真电路中接入 Multisim8.3.30 提供的虚拟仿真仪器，以便观察电路的工作状态。

模拟电路主要采用“Oscilloscope”（示波器）观察电路的工作波形。在虚拟仪器快捷工具栏中单击示波器图标，将虚拟示波器放置到电路绘图区。虚拟示波器在电路中的连接如图 2-30 所示。

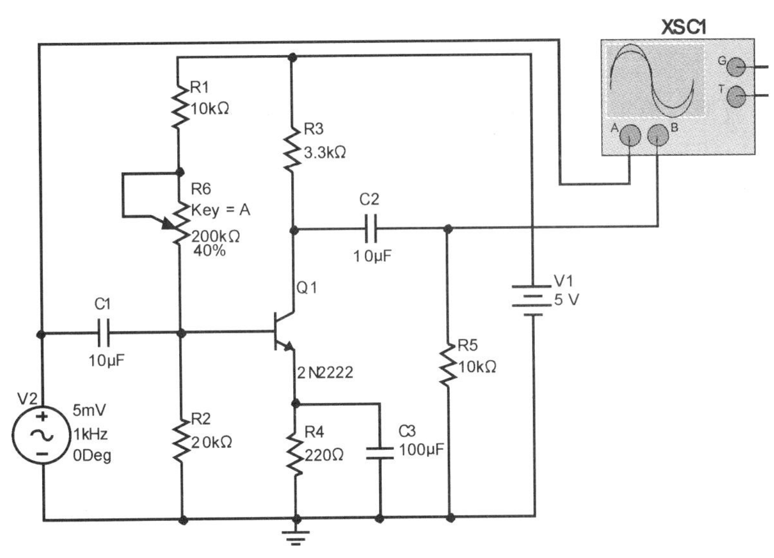


图 2-30　虚拟示波器在电路中的连接

将示波器的 A 通道连接至信号源的输出端；B 通道连接到放大器的负载电阻 R5 和电容 C2 之间。系统默认示波器各个通道的电路连线颜色为红色，因而无法快速区分波形所对应的通道，故建议使用者对不同通道连线的显示颜色进行修改。用鼠标右键单击 B 通道的连线，出现如图 2-31 所示的右键快捷菜单。

选择右键快捷菜单中的第二项 “Wire Color...” （连线颜色），出现图 2-32 所示的 “Colors”（调色）窗口。

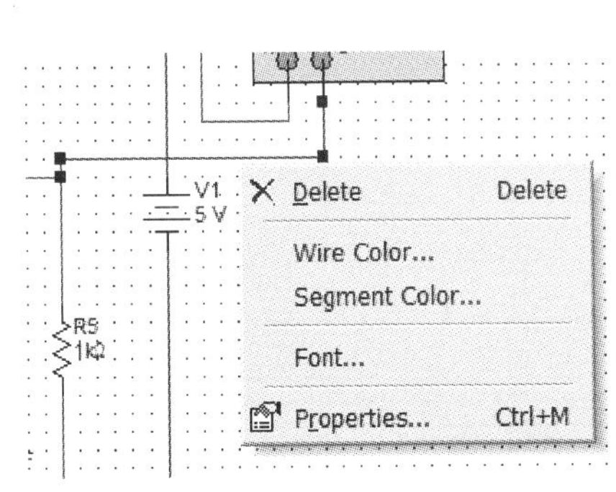


图 2-31　电气连线的右键快捷菜单

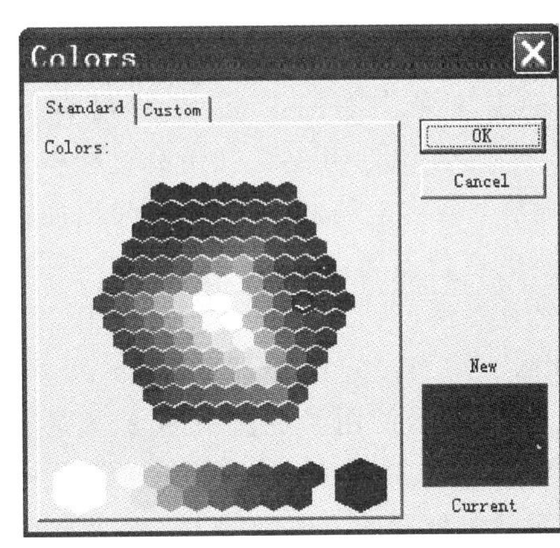


图 2-32　“Colors”（调色）窗口

选择 “蓝色-红色”、“红色-绿色” 等具有强烈对比效果的色系时波形显示效果较好，便于观察。

### 2.3.4　运行模拟电路的仿真

电路检查无误后即可开始仿真。单击快捷工具栏中的 按钮，系统进入仿真状态。

双击电路绘图区域的示波器图标，即可在示波器的波形显示区观测到放大器输入波形与输出波形，如图2-33所示。

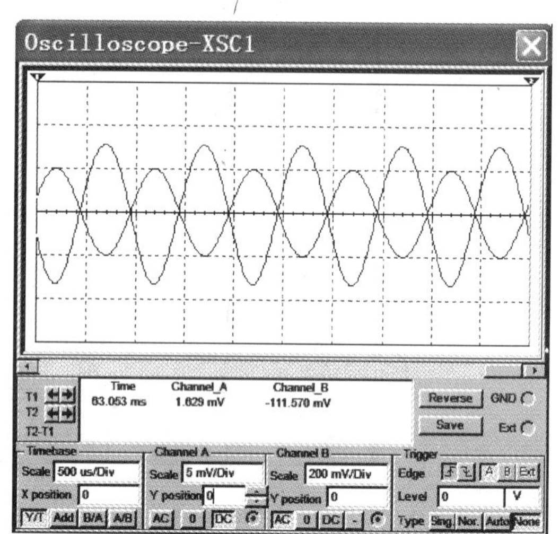


图2-33　运行仿真时的示波器面板窗口

初次打开示波器面板窗口可能观测不到如图2-33所示的波形效果，还需要调整示波器X轴与Y轴的显示比例，调节波形的显示效果。具体操作步骤为：

1）在“Timebase”（时间轴）列表窗中的“Scale”（显示比例）设置为500μs/Div（示波器背景方格X轴单位宽度为500μs）。

2）将“Channel A”（A通道）的“Scale”（显示比例）设置为5mV/Div（示波器A通道背景方格的Y轴单位高度为5mV）。

3）将“Channel B”（B通道）的“Scale”（显示比例）设置为200mV/Div。

从图2-33可以看出，输入信号的幅值为5mV，输出信号的峰峰值（$V_{P-P}$）约为300mV，对应的幅值约为150mV，说明该放大器具有约30倍的放大能力；输出波形与输入波形的相位相反。

图中“Channel A”与“Channel B”两只波形的坐标高度（Y position）都设定为0，容易造成两只波形出现明显的重叠。为了直观地比较各波形之间的关系，可以通过修改示波器面板中“Channel A”与“Channel B”各自的坐标高度（Y position），分别将两个波形向上（Y position >0）和向下（Y position <0）移动，调整后的显示效果如图2-34所示。

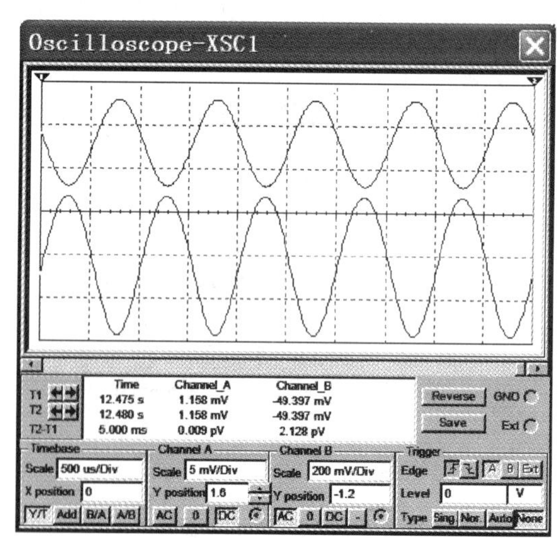


图2-34　调整“Y position”（坐标高度）值后的波形显示效果

在图2-30中有一个重要的可调元器件——电位器R6，其参数在仿真过程中可以进行调节。双击电路图中的R6，弹出如图2-35所示的电位器属性窗口。

在图2-35a的“Value”标签页中，第一项“Key”用来设定电位器的调节按键，图中的“A”表示使用了键盘中的A键进行电位器阻值的正向调整，每次按下键盘中的“A”键，电位器的阻值将增大；按下键盘中的“Shift+A”的组合键则使电位器的阻值减小，进行负向调整。

如果按下电位器的调节按键后，其参数并没有发生改变，首先应检查目前的Multisim 8.3.30 是否已经退出了中文输入状态。接下来需要检查需要调节的电位器是否被选中，如果没有选中，则需要用鼠标左键单击该元器件进行选中操作。

图 2-35a 的“Value”标签页中，“Increment”（增量）选项表示每次按下调节按键后电位器阻值的变化率，系统默认为 5%，可以设定的最小步进为 1%。选择 5% 或 10% 的步进幅度适合用于粗调，以观察电路的工作趋势，1% 的步进幅度则适用于细微变化的观测，如静态工作点的调节等。“Resistance”项为电位器两端的电阻值，可以根据需要进行修改。

如果电路中存在多个需要使用键盘按键进行调整的元器件（如电位器、开关等）时，应该给每个元器件指定不同的按键而避免重复；否则，当按键按下时所有元器件将会同时动作，引起系统工作状态的紊乱。

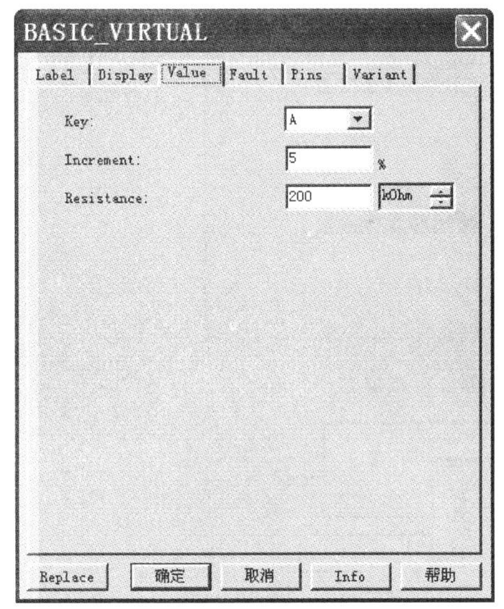


a)

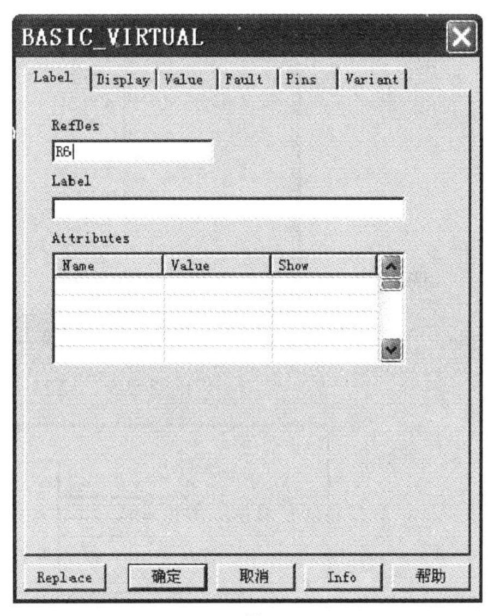


b)

图 2-35　电位器属性窗口

a）“Value”标签页　b）“Label”标签页

## 2.4　数字电路的仿真与技巧

仿真数字电路常用的虚拟仪器为测试通道数较多、只能识别高电平或低电平的逻辑分析仪，而较少采用示波器。

本节以十进制同步计数器芯片 74LS160D 为核心搭建的十进制计数电路为例，讲解数字电路的仿真步骤。

选择仿真元器件库快捷工具栏中的“TTL”图标，弹出“Select a Component”（元器件选择）窗口，如图 2-36 所示。

依次在“Family”（系列）列表框中选择“74LS”系列，在“Component”（元器件）列表框中选择“74LS160D”，单击【OK】按钮，将 74LS160D 放置在电路绘图区，如图 2-37 所示。

74LS160D 处于自由计数状态时，将在时钟脉冲的控制下完成 10 进制的同步循环加法计

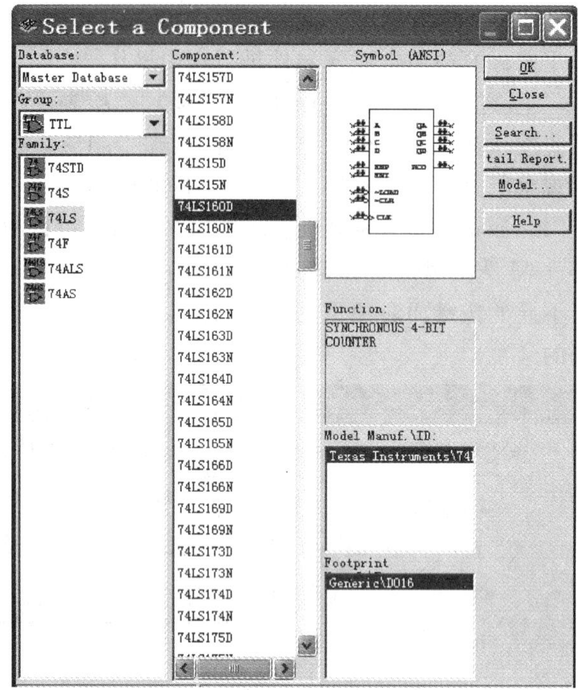


图 2-36 TTL 元器件的选择窗口

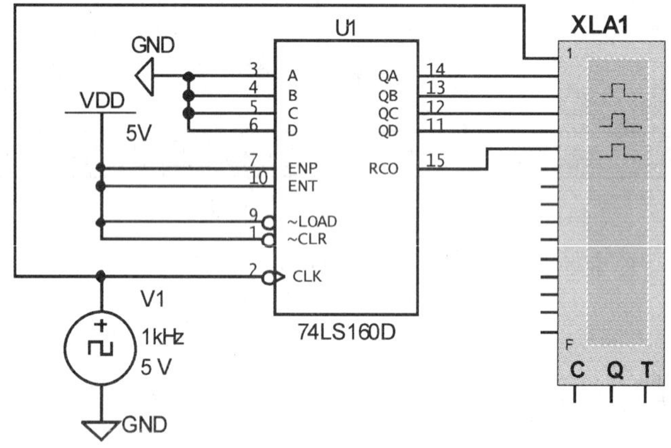


图 2-37 十进制同步计数器电路

数，其状态转换图如图 2-38 所示。

在图 2-36 的“Component”（元器件）列表框中，还有一个与“74LS160D”非常接近的“74LS160N”，仿真时两者可互换，主要的区别在于“74LS160D”为直插式封装，“74LS160N”为贴片封装。

## 2.4.1 放置时钟源、电源及数字地

74LS160D 能够使用的时钟信号源频率范围很宽，但如果输入小于 100Hz 的低频时钟信号，系统的仿真速度将非常慢，观察一段完整的波形需要消耗较长的时间。对于功能较为简单的数字电路，更需要关注的是其逻辑功能是否正确，与信号源频率高低并没有太直接的联

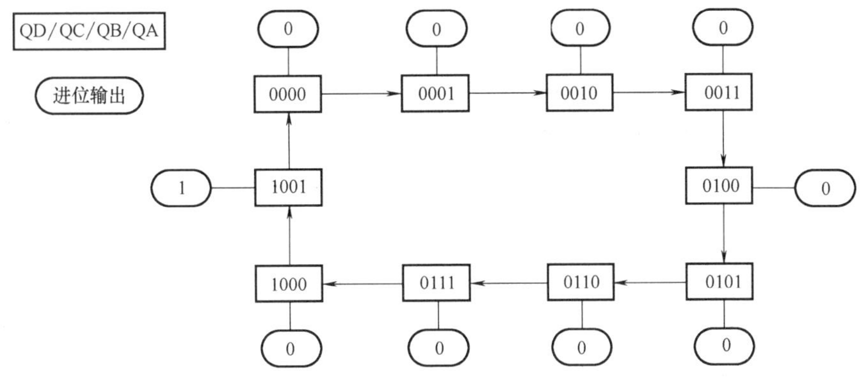


图 2-38　74LS160D 构成 10 进制计数器的状态转换图

系。即使系统要求使用较低的信号频率，但为了加快仿真进程，在仿真时仍然可以采用较高频率（如 1kHz、10kHz 等）的时钟信号源进行逻辑功能的验证。

**1. 放置时钟源**

单击仿真元器件快捷工具栏的信号源 ÷ 图标，弹出如图 2-39 所示的信号源选择窗口。

依次在 “Family”（系列）中选择 “SIGNAL_VOLTAGE”（信号源）、在 “Component”（元器件）中选择 “CLOCK_VOLTAGE”（时钟源），单击【OK】按钮，将时钟源 V1 放入电路绘图区。

双击时钟源 V1，弹出如图 2-40 所示的时钟源属性窗口。

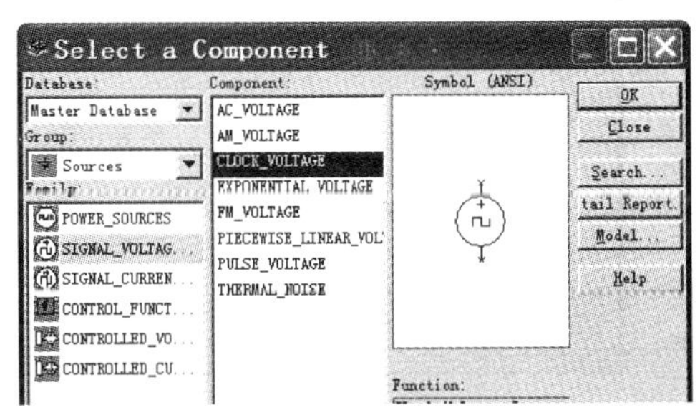


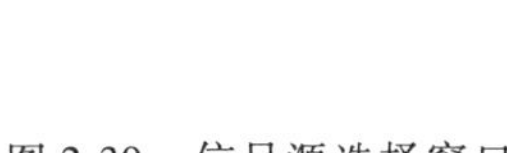
图 2-39　信号源选择窗口

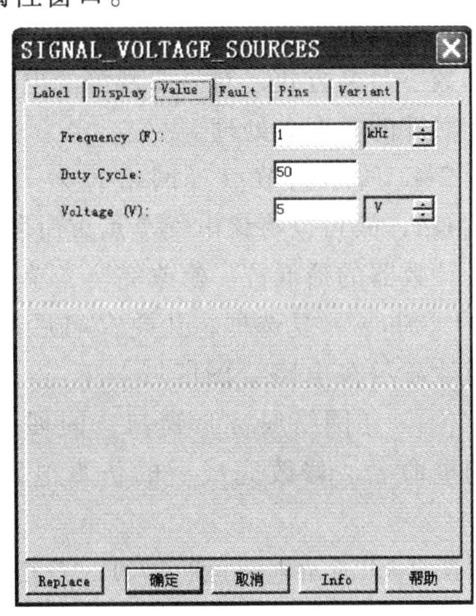


图 2-40　时钟源属性窗口

在时钟源属性窗口的 “Value” 标签页中，将 “Frequency (F):”（频率）设定为 1kHz，将 “Duty Cycle”（占空比）设定为 50（即：标准方波，高电平占一个方波周期的 50%），将 “Voltage”（方波幅度）设定为 5V（标准 TTL 电平）。

**2. 放置电源与数字地**

在图 2-39 所示窗口中选择 “Family”（系列）中的 “POWER_SOURCES”（电源），在 “Components”（元器件）列表框中选择 “DGNG”（数字地），单击【OK】按钮后将数字地放置在电路绘图区。数字地的三角形符号如图 2-41a 所示，与图 2-41b 所示模拟地的外形明显不同。

“Components”（元器件）列表框中的“VCC”、“VDD”、“VEE”及“VSS”均为数字电路的供电电源，对应的图标分别如图2-41c、d、e、f所示。

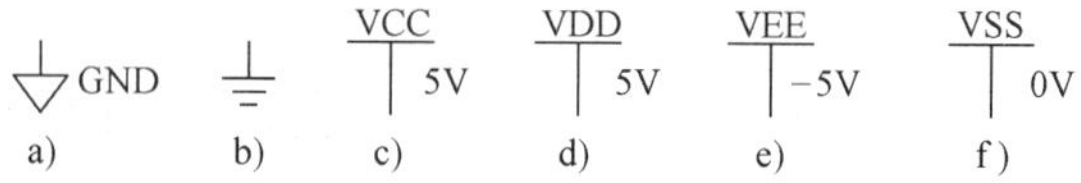


图2-41 数字电路的电源、数字地及模拟地图标对比

a）数字地 b）模拟地 c）VCC电源 d）VDD电源 e）VEE电源 f）VSS电源

“VCC”用于给TTL电路供电，“VDD”用于给CMOS电路供电，“VEE”是“Digital”（数字电路）的负电源，“VSS”为CMOS电路的零电源，所有电源的电压值均可以手动调整。

### 2.4.2 调用逻辑分析仪进行仿真

在虚拟仪表快捷工具栏中单击图标，将虚拟逻辑分析仪放置到Multisim 8.3.30的电路绘图区，同时将计数器的时钟输入端、计数输出端、进位端依次接入虚拟逻辑分析仪的“Term 1”～“Term 6”通道，完成的电路连接（见图2-37）。

双击74LS160D的输出端“QA”（注意：只是该输出端，而不是74LS160D器件的本体），弹出如图2-42所示的“Net”（网络属性）窗口。

“Net name”（网络名或节点名）被系统自动命名为“2”。为了能够在虚拟逻辑分析仪中有效识别出各个波形的对应的端子，建议不要使用系统默认的数字命名方式，对需要观测的电气节点应进行有针对性的重命名处理。

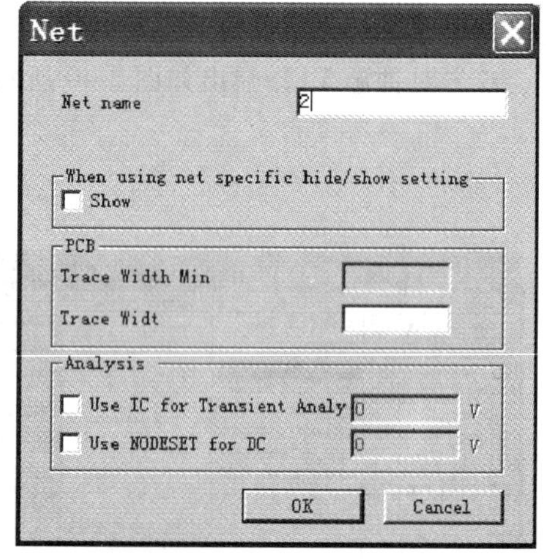


图2-42 “Net”（网络属性）窗口

图2-42所示的节点（网络）为74LS160D的输出端QA，故可以将该电气节点重命名为“QA”，表示是计数器的最低位。修改完毕，单击选中图2-42中的“Show”复选框，让重命名后的节点名能够直观地显示在电路绘图区域。单击【OK】按钮关闭“Net”（网络属性）窗口；同理，完成其他节点的重命名。修改完成后的仿真电路如图2-43所示。

对图2-43所示电路运行仿真，双击虚拟逻辑分析仪的图标，仿真波形如图2-44所示。

在图2-44所示的波形窗口中，第1行为“CLK”时钟波形，反映了信号源输出的1kHz方波，接下来第2～5行依次为74LS160D的4位计数输出波形“QA”、“QB”、“QC”、“QD”，第6行“RCO”为74LS160D的进位脉冲波形。

初次运行图2-43所示的电路，虚拟逻辑分析仪输出的波形可能与图2-44的显示效果有所不同，无法观察到完整的波形周期，此时需要增大图2-44中的“Clock/Div”（分频系数）值，直至观察到理想的波形状态。

如果仿真电路存在错误，74LS160D的输出可能会不正常，相应地，“QA”、“QB”、“QC”、“QD”以及“RCO”的输出波形与图2-44所示的波形将有所不同。针对不同的错误结果，可以关掉逻辑分析仪的波形显示窗口，返回电路绘图区域进行检查和修改。

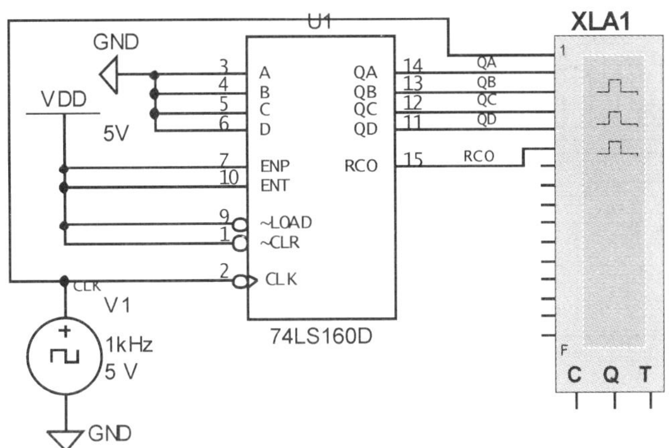


图 2-43　电气节点重命名后的仿真电路

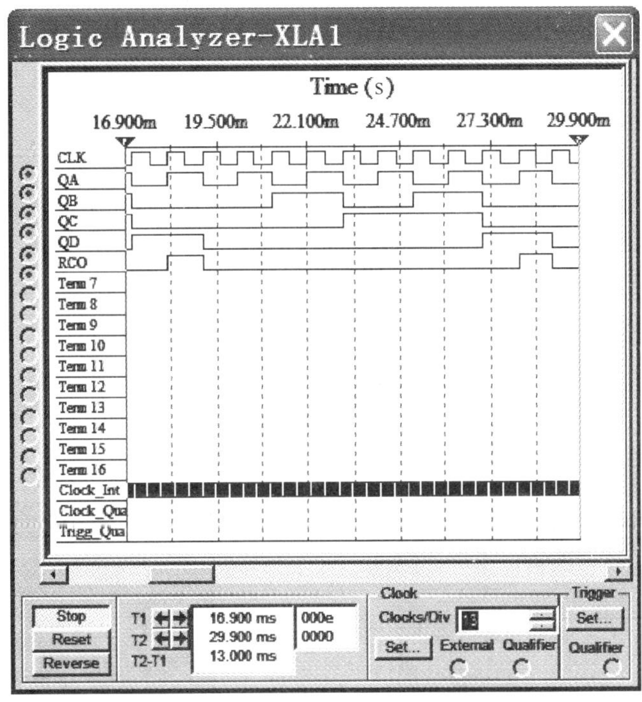


图 2-44　虚拟逻辑分析仪的仿真波形窗口

### 2.4.3　总线的绘制

电路中的电气连线较多且连接关系复杂时，如果仍采用传统的逐点连线方式，会影响电路的可读性与图面的显示效果。对此，建议采用总线连接方式，使电路图面简洁、直观。

下面以图 2-45 所示的计数及报警电路为例，讲述总线的绘制步骤。

1）依次单击主菜单【Place】→【Bus】菜单项，鼠标光标变为带粗黑点的小十字形状，在电路绘图区域合适的位置单击鼠标左键开始总线的绘制。

2）为了与普通的电气连线区别，总线拐弯时不宜使用直角形状，建议调整为 45°的转角。每次总线拐弯以前，单击鼠标左键一次即可。

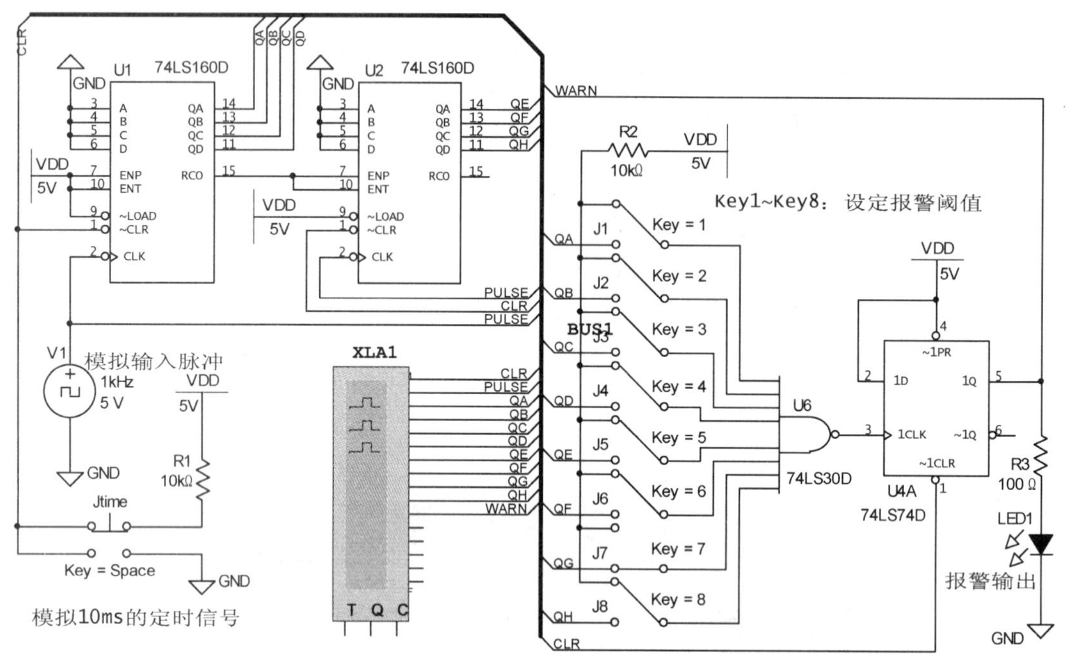


图 2-45 采用总线方式的计数及报警电路示例

3）结束总线绘制时，首先需要单击左键以确定好总线末端的位置，然后单击右键退出总线绘制状态。

4）用鼠标左键双击已经放置好的总线，将弹出如图 2-46 所示的“Bus Properties”（总线属性）窗口，在“Bus Name:”框中可以修改总线的名称。

单击图 2-46 中【Add…】按钮，弹出“Add Buslines”（添加总线分支）窗口，如图 2-47 所示。

图 2-46 “Bus Properties” 总线属性窗口

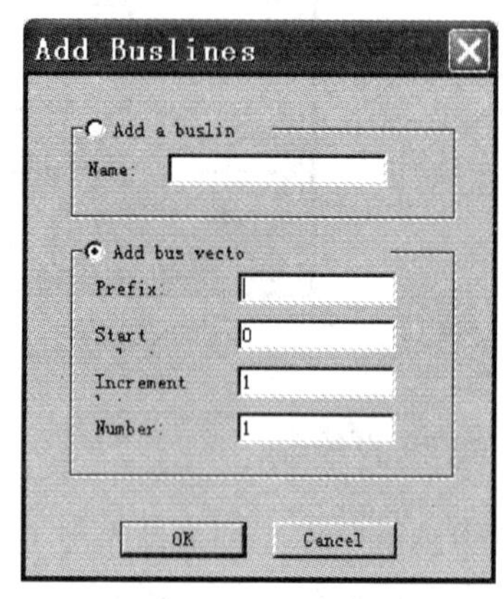


图 2-47 “Add Buslines”（添加总线分支）窗口

图 2-45 所示电路涉及到的总线分支包括 8 位计数输出 QA、QB、QC、QD、QE、QF、QG、QH，同步时钟信号源 PULSE，定时信号 CLR，报警输出 WARN。

在图 2-47 中选择“Add a Busline”（添加总线分支）单选项后，在“Name:”框中输入 QA，单击【OK】按钮即可将 QA 添加入总线，其余总线分支的添加方法与此类似。

添加总线分支完成后，图 2-46 的总线属性窗口如图 2-48 所示。

5）将需要连接的电气节点连线至总线，当电气连线在距离总线仅一个栅格的距离时，系统将自动生成一个呈 45°倾斜角的总线分支连接到总线上，单击鼠标左键确认后，Multisim 8.3.30 将弹出如图 2-49 所示的“Bus Entry Connection”（连接总线分支）窗口。

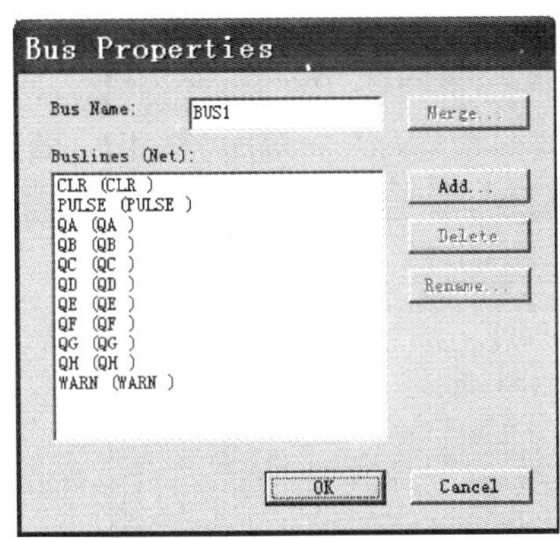


图 2-48　添加总线分支完成后的总线属性窗口

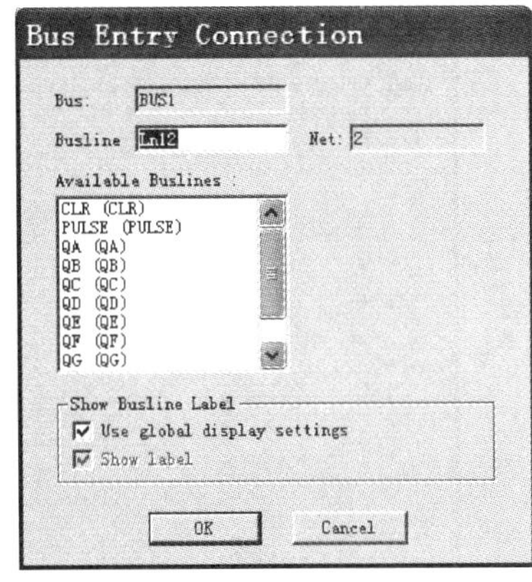


图 2-49　“Bus Entry Connection”（连接总线分支）窗口

在“Available Buslines:”（可使用总线分支）下拉列表框中，选择对应的总线分支，单击【OK】按钮，系统将自动完成总线分支的放置。

### 2.4.4　按钮与开关的使用

在设计数字电路系统时，一般会用到自复位按钮、单刀单掷开关、单刀双掷开关等不同类型的开关或按钮。无论是哪一种按钮或开关，Multisim 8.3.30 均没考虑按键抖动，而是按理想元器件进行仿真。在利用仿真结果进行实际电路设计时，必须进行按键的消抖处理，以避免出现按键状态的不定。常用的按键消抖电路可用 RS 触发器、施密特触发器实现。

**1. 自复位按钮**

自复位按钮是数字电路系统中使用较广泛的一种开关。自复位按钮的特点是按下按钮后将产生某个状态的跳变（暂稳态），松手后按钮在弹簧或者簧片的作用下将自动恢复至原位（稳态），等待下一次的按键动作。手机键盘、计算机键盘、计算机机箱上的启动键与复位键都是典型的自复位按钮。

图 2-45 中使用了一只自复位按钮 Jtime 进行一个定时信号的模拟。每隔一定的时间间隔，点动按钮 Jtime，结束本轮计数，重新开始新一轮的计数。

单击仿真元器件快捷工具栏的 （Basic）图标，弹出如图 2-50 所示元器件选择窗口。

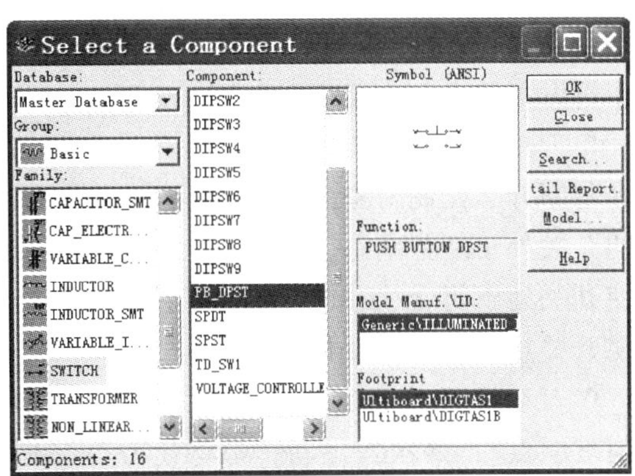


图 2-50　自复位按钮选择窗口

依次在“Family”（系列）列表框中选择“Switch”（开关），在“Component”（元器件）列表框中选择“PB_DPST”（自复位按钮)，单击【OK】按钮，将自复位按钮放置在电路绘图区域。

自复位按钮处于稳态时，连通按钮上方的一组触点；被按下时则与按钮下方的另外一组触点连接，进入暂稳态；松开按钮后，按钮自动弹回稳态。双击自复位按钮，弹出该按钮的属性窗口，如图 2-51 所示。

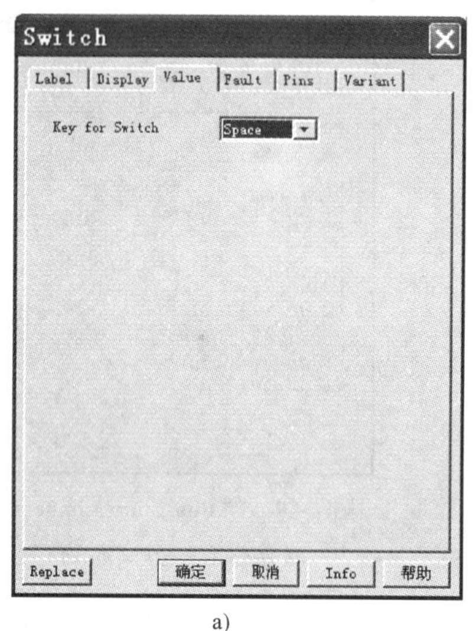


a)

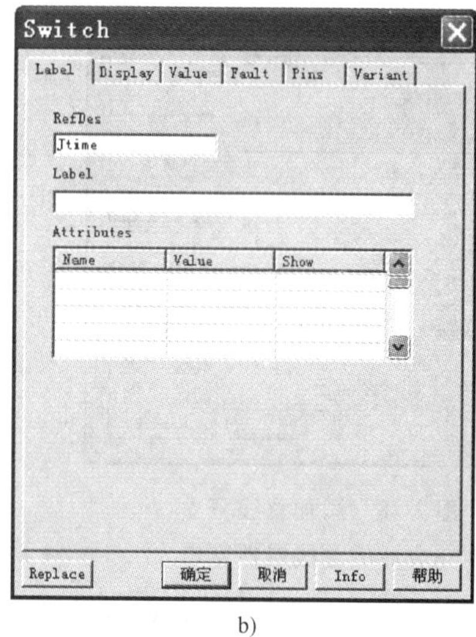


b)

图 2-51　自复位按钮属性窗口

a）“Value”标签页　b）“Label”标签页

在“Value”标签页的“Key for Switch”下拉列表框中选择合适的按键作为自复位按钮在仿真时的控制键。在图 2-51b 的“Label”标签页中定义自复位按钮的编号。

自复位按钮的 4 只引脚尽量不要悬空，一般可以通过接入上拉电阻、下拉电阻以明确各只引脚的高/低电平值。

**2. 单刀单掷/双掷开关**

单击仿真元器件快捷工具栏的 (Basic) 图标，在如图 2-52 所示的元器件选择窗口中，依次在“Family”（系列）列表框中选择“Switch”（开关），在“Component”（元器件）列表框中选择“SPDT”或“SPST”后，单击【OK】按钮，即可将单刀双掷开关或单刀单掷开关放置到电路绘图区域。

单刀单掷开关主要用于实现信号或电源的闭合与断开、控制对象的启动或停止，如果当前的开关处于断开状态，则第一次的按键动作将使开关处于闭合状态，第二次的按键动作又将使开关重新回到断开状态。

单刀双掷开关具有两个输出端口（上触点与下触点），每次按键动作都将使刀口（输入信号）在两个输出端口之间切换。

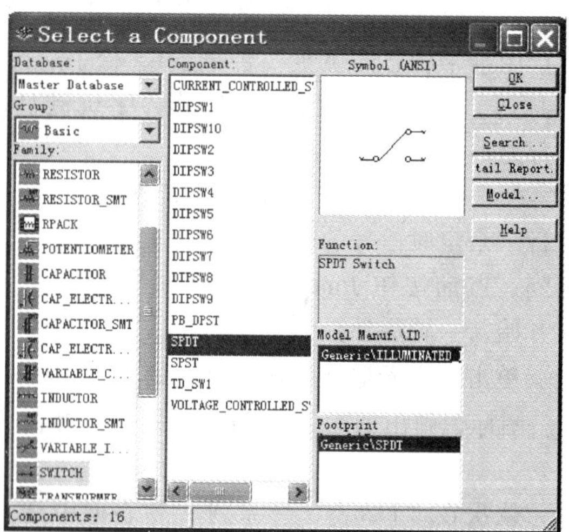


图 2-52　单刀单/双掷开关的选择窗口

### 2.4.5 设计向导的使用

Multisim 8.3.30 提供了一些常用电路的设计向导（Wizard），如“555 Timer Wizard”（555 定时器设计）、“Filter Wizard”（滤波器设计）、“CE BJT Amplifier Wizard”（晶体管共射放大电路设计），能够让设计者根据设计任务与指标，快捷地创建电路结构、选择元器件的参数。

数字电路中常常需要使用时钟脉冲源，在仿真时可直接调用软件自带的时钟源，但是在实际电路产品中，往往需要自行设计时钟源。

数字电路中常用以下两种方法获得时钟脉冲源：

1）将晶振与数字电路配合产生方波信号，经过多级的分频后得到不同频率的输出信号。采用晶振获得的秒脉冲信号精度较高，但输出脉冲频率并不连续，不容易实现频率参数的连续可调。

2）利用 555 集成电路配合适当的阻容元件实现。这种方法的优点在于输出频率参数能够实现连续可调，电路成本较低；缺点则是频率精度及稳定性不如晶振电路高。

555 集成电路是一款功能强大的通用定时芯片，只需外接少量的阻容元件即可构成单稳态电路、无稳态电路（即：多谐振荡器）、施密特触发器等电路形式，成本低廉、性能可靠，被广泛应用在信号的产生、变换、控制等环节中。Multisim 专门为此设置了 555 集成电路的设计向导，让使用者很方便地完成 555 集成电路的设计。

依次单击主菜单【Tools】→【555 Timer Wizard】菜单项，系统弹出“555 Timer Wizard”（555 定时器设计向导）窗口，如图 2-53 所示。

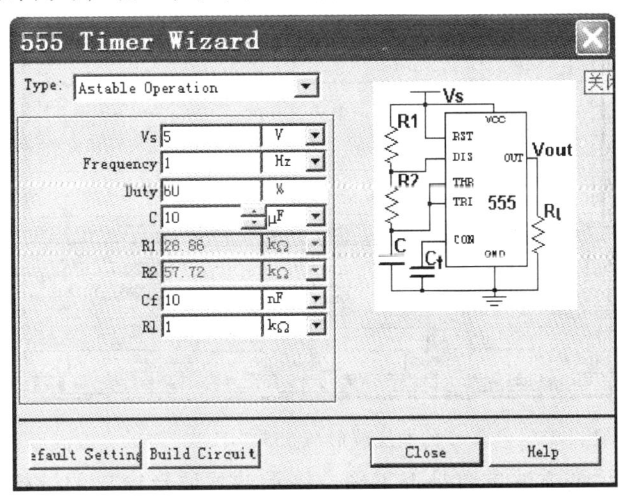


图 2-53 555 定时器的设计向导窗口

“Type:”下拉列表框包含“Astable Operation”（无稳态电路，即多谐振荡器）、“Monostable Operation”（单稳态电路）两种设计结构。

选择“Astable Operation”，图 2-53 右侧出现无稳态的电路结构，使用者应根据需要调节 555 集成电路的“Vs”（电源电压）、“Frequency”（输出方波的频率）、“Duty”（占空比）、“C”（充放电电容的容量），“Rl”（负载电阻的阻值）、“Cf”（滤波电容的容量，该项取默认值即可）。上述参数设定完毕后，单击【Build Circuit】按钮，Multisim 8.3.30 将自动创建一个秒脉冲发生器电路，如图 2-54 所示。

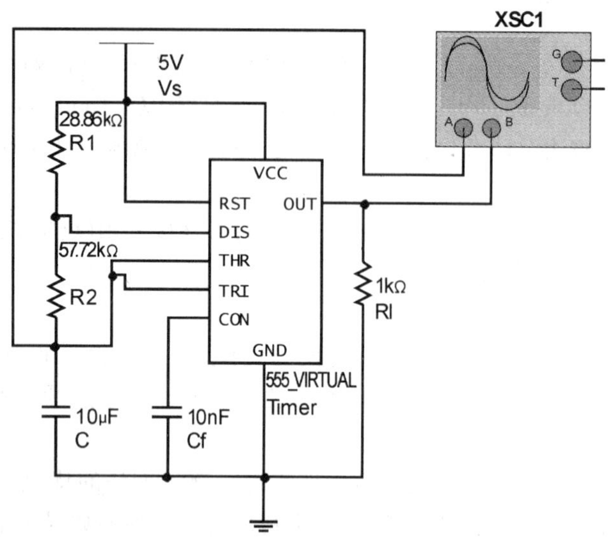


图 2-54 555 定时器构成的秒脉冲发生器电路

用示波器观察充放电电容 C 两端电压波形（通道 A）与 555 集成电路“OUT”端的方波波形（通道 B），如图 2-55 所示。

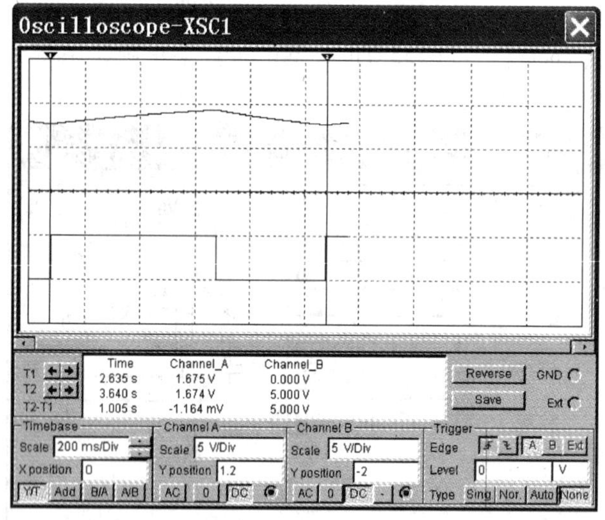


图 2-55 电容 C 的电压波形与 555“OUT”端的方波波形

为了验证电路产生的方波参数是否正确，将示波器波形窗口的游标拖动到如图 2-55 所示的波形观察点，观察点对应的数据将显示在波形窗口正下方的数据列表中，具体的数据内容如表 2-5 所示。

由于图 2-55 中的两只游标 T1 与 T2 分别处于一个完整方波的起点与终点，所对应的波形周期数据在表中可以读出：T2 - T1 = 1.005s。这与 B 通道 1Hz 理想方波信号的周期值 1.000s 相差甚微，证明了电路设计方案的正确。

从“Channel_B”（B 通道）的数据可看出，方波的高电平为 5.000V、低电平为 0.000V，符合 TTL 电平的参数特征。

表 2-5　数据列表中波形的数据

| 游标 | Time（时间）/s | Channel_A（A 通道）/V | Channel_B（B 通道）/V |
|---|---|---|---|
| T1 | 2.635 | 1.675 | 0.000 |
| T2 | 3.640 | 1.674 | 5.000 |
| T2 - T1 | 1.005 | -1.164 | 5.000 |

## 2.5　子电路的创建

在较复杂的数字系统中，往往存在部分功能、结构几乎一致的单元电路，如果直接放在电路绘图区域，将造成电路图过于杂乱而不便于识读。这种情况下，可利用“Subcircuit”（子电路）对电路进行简化。

“Subcircuit”（子电路）是由用户自己定义的一个电路，可存放在自定义元器件库中供电路设计时反复调用。利用子电路可使大型、复杂系统的设计模块化、层次化，从而提高设计效率与电路文档的可读性，并实现设计的重用，缩短产品的开发周期。

这里以前一节图 2-54 所示 555 定时器构成的秒脉冲发生器电路为例，构建对应的子电路，具体操作步骤如下：

**1. 创建子电路**

依次单击主菜单【Place】→【New Subcircuit ...】菜单项，弹出如图 2-56 所示的“Subcircuit Name”（子电路名称）窗口。

输入子电路的名称“CLK_OUT”，单击【OK】按钮后，鼠标上将附着一个矩形框跟随移动。在电路绘图区域的某个合适位置单击鼠标左键即可放置一个子电路图标，Multisim 同时将创建一个新的电路绘图页面，新页面的卷标名为“CLK_OUT（X1）”，如图 2-57 所示。

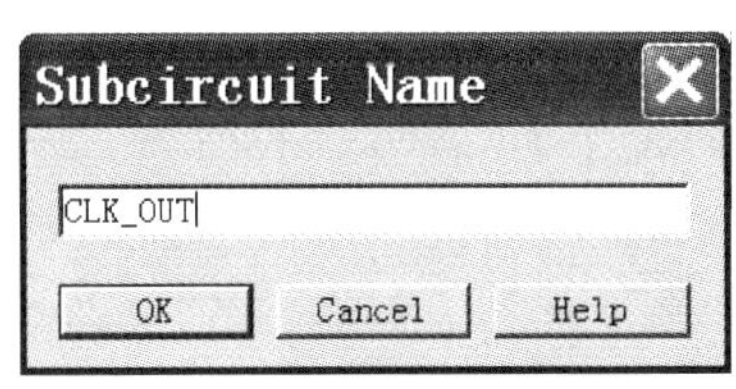


图 2-56　设定子电路名称

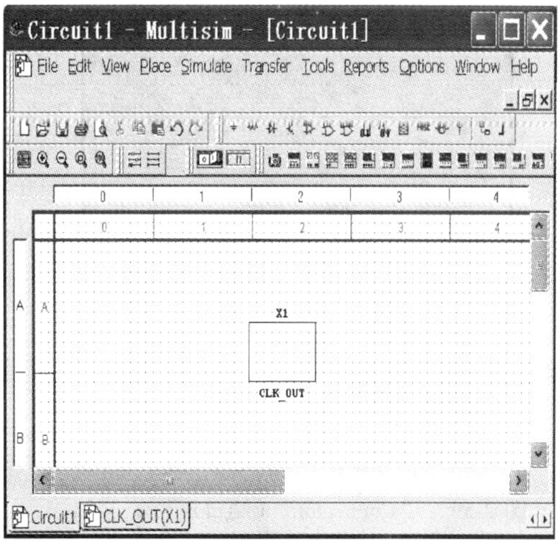

图 2-57　子电路图标及新的电路绘图区

**2. 搭建子电路**

子电路内部的电路结构必须通过仿真进行功能验证，只有功能正确的子电路才能被其他电路调用。

切换到新建的“CLK_OUT（X1）”文档电路绘图区域，直接使用 Multisim 8.3.30 提供的复制、粘贴功能，将图 2-54 所示的秒脉冲发生器电路复制到子电路绘图区域。

**3. 设置子电路的端口**

子电路搭建完毕后，接下来开始设置子电路的输入、输出端口。

依次单击主菜单【Place】→【New Subcircuit...】菜单项→【HB/SC Connector】，跟随鼠标出现一个 I/O 图标，在电路绘图区域合适的位置单击鼠标左键放置该图标。

对于放置在电路绘图区域的 I/O 端子到底是输入还是输出，主要看该端子和电路的具体连接关系。如果 I/O 端子和电路中集成电路的输入端相连，则其自动定义为输入端；如果 I/O 端子和电路中集成电路的输出端相连，则其自动定义为输出端。

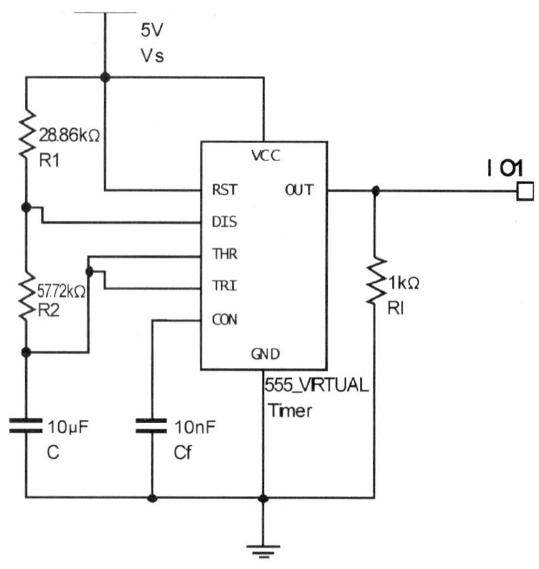


图 2-58 子电路的端口连接

由于秒脉冲发生器只有一个输出端，没有输入端，因而把 I/O 图标直接连到 555 集成定时器的输出端即可，如图 2-58 所示。

双击 I/O 端口，弹出如图 2-59 所示的“Connector”（端口属性）窗口。

将“RefDes”选项由默认的“IO1”设定为“1Hz”后单击【确定】按钮退出，此时的 CLK_OUT 子电路图标如图 2-60 所示。

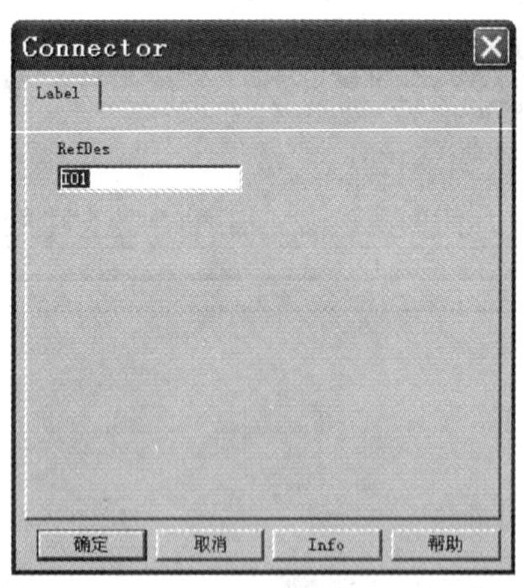


图 2-59 “Connector”（端口属性）窗口

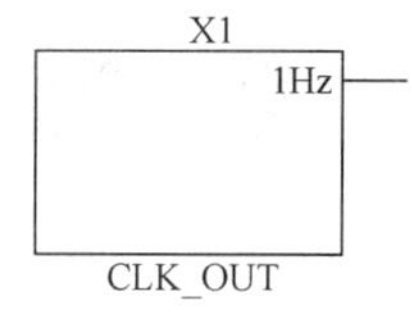


图 2-60 添加了内部电路的 CLK_OUT 子电路图标

**4. 子电路的调用**

保存 CLK_OUT 子电路后，就可以在电路的绘图区域将“CLK_OUT”作为一个元器件以复制、粘贴等方式重复调用，该模块具有 1Hz 秒脉冲输出的功能。

## 习 题

2-1 Multisim 8.3.30 提供了多少种数据库？如何向数据库添加一个 22Ω 的电阻？

2-2　如何修改连线的颜色?

2-3　在 Multisim 8.3.30 环境中，创建如图 2-61 所示的电路，输入信号 $u_i = 5\sin\omega t$ mV，由函数发生器提供，要求:

1）借助万用表调试电路静态工作点。

2）用示波器观察输入与输出信号的波形，估算电路的放大倍数。

3）逐步增大输入信号用失真分析仪观察其失真度。

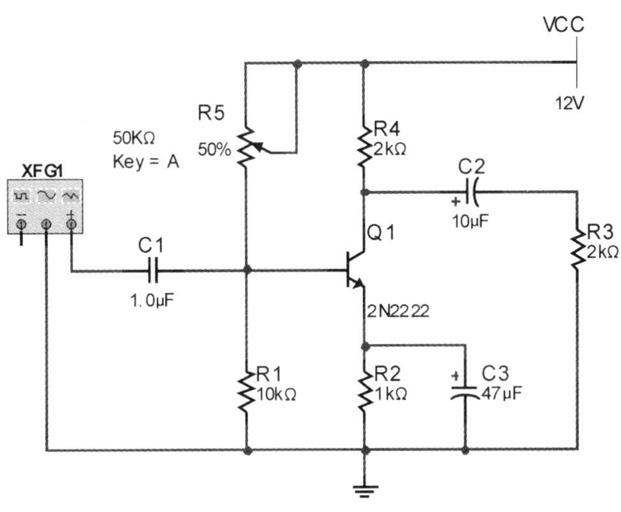


图 2-61　习题 2-3 电路图

2-4　在 Multisim 环境中，创建如图 2-62 所示的电路，要求:

1）用逻辑分析仪观察输入信号和计数器输出端的波形。

2）分析该电路为多少进制的计数器。

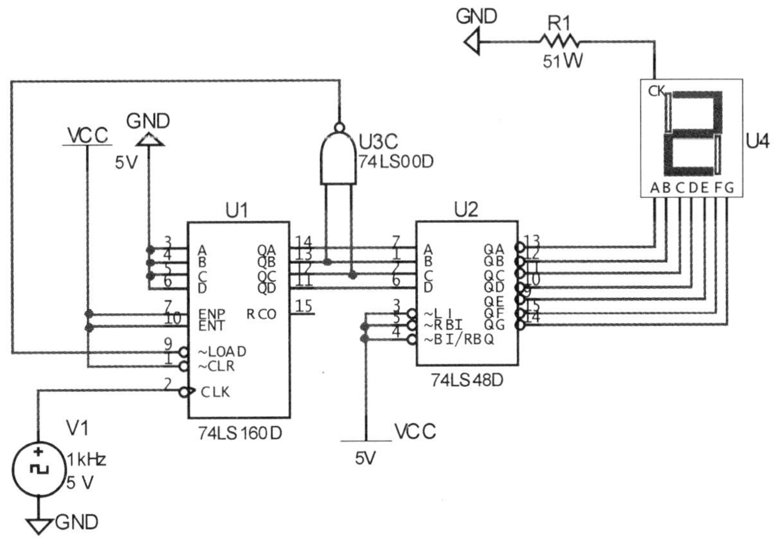


图 2-62　习题 2-4 电路图

# 第3章　印制电路板的设计

Protel 99SE 是一款稳定、小巧、功能强大的电路 PCB 设计软件，在 Windows 2000/XP 下均能完美运行。Protel 99SE 可完成包括电路原理图绘制、电路 PCB 图设计、电路波形仿真、PLD（可编程逻辑器件）设计在内的丰富功能。

使用 Protel 99SE 进行 PCB 设计的一般流程为：

1）绘制电路原理图。

2）生成网络表文件。

3）设计电路 PCB 图。

本章主要讲述利用 Protel 99SE 设计电路原理图和电路 PCB 图的基本步骤，以及原理图库元器件、PCB 库元器件封装的设计方法。

## 3.1　编辑电路原理图

初次打开 Protel 99SE 软件，主菜单一般只有【File】、【View】、【Help】三项，如图 3-1 所示。

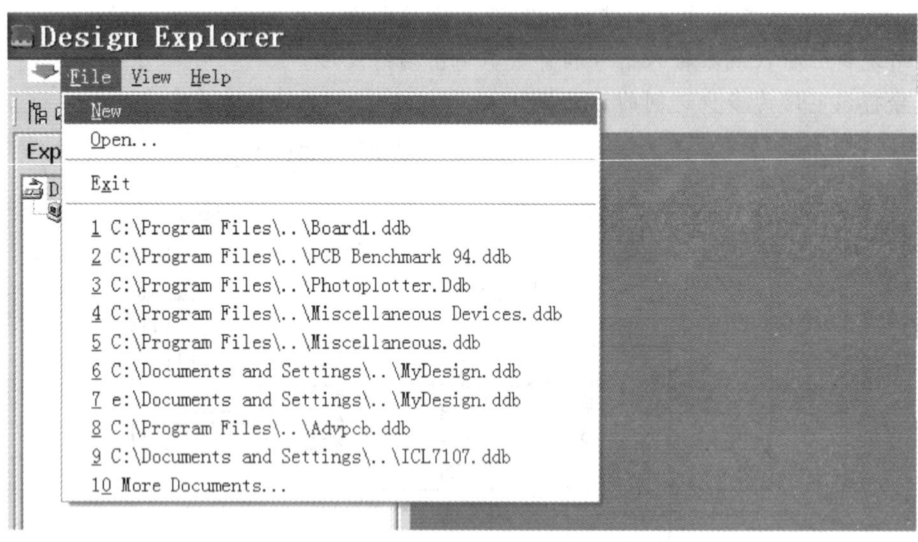


图 3-1　Protel 99SE 软件的初始菜单

依次单击【File】主菜单→【New】菜单项，弹出如图 3-2 所示的“New Design Database”（新建设计数据库文件）窗口。

在图 3-2 中的“Design Storage Type”（文件存储类型）下拉列表框中，选取默认的“MS Access Database”（Access 数据库文件）。系统默认的“Database File Name”（数据库文件名）为“MyDsign. ddb”，文件扩展名为“. ddb”，文件名支持中文。

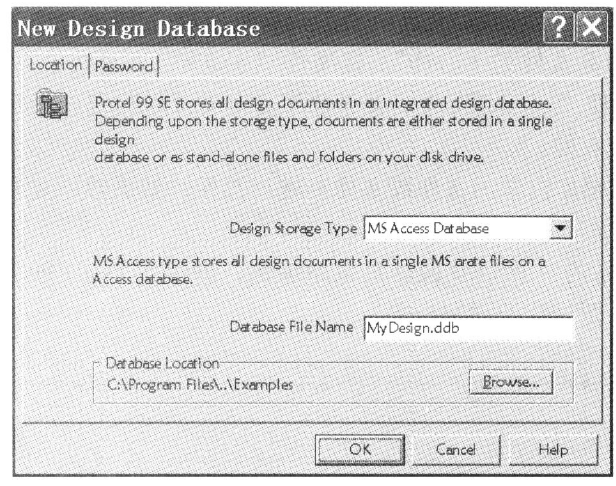


图 3-2　"New Design Database"（新建设计数据库文件）窗口

在图 3-2 窗口下方的"Database Location"（文件存储路径）中单击【Browse…】按钮，在弹出的"Save As"（另存为）窗口中选取合适的文件存储路径，如图 3-3 所示。

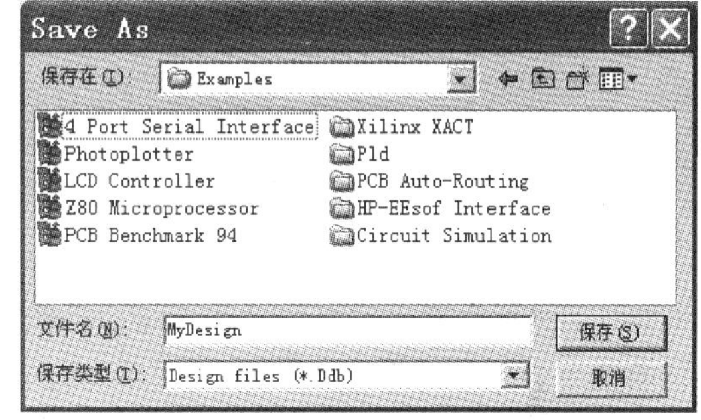


图 3-3　"Save As"（另存为）窗口

系统默认的文件存储路径在 Protel 99SE 软件安装路径下的"Examples"子目录中，例如：C：\ Program Files \ Design Explorer 99 SE \ Examples。由于这个文件存储路径一般在计算机的系统盘中，出于数据可靠性的考虑，建议将文件的存储路径选择在计算机硬盘数据分区的某个文件夹中。

设定完毕单击【OK】按钮，Protel 99SE 的基本窗口界面如图 3-4 所示。

图 3-4 所示窗口中，左栏为 Protel 99SE 软件的设计管理器，右栏为数据库文件"传感器监测报警 . ddb"。在新建设计文件前，数据库文件中暂时只有"Designed Team"（设计小组）、"Recycle Bin"（回收站）和一个空文件夹"Documents"三项内容。

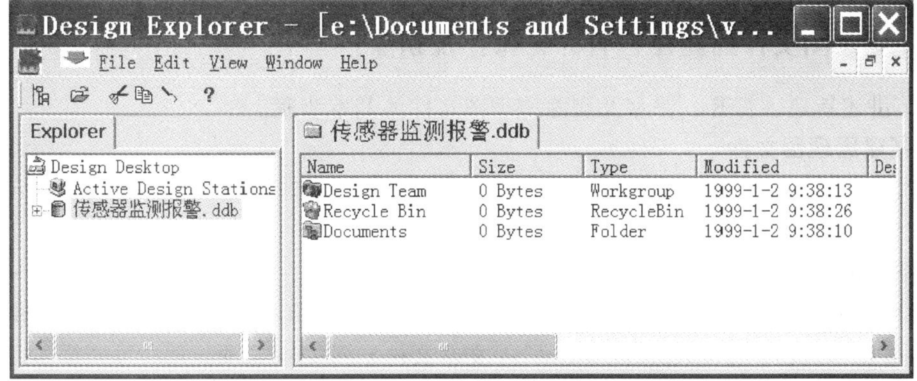


图 3-4　Protel 99SE 基本窗口界面

Protel 99SE 将同一个工程项目内所有相关的设计文件（如原理图文件“ *.sch”、网络表文件“ *.net”、PCB 文件“ *.pcb”、库文件“ *.lib”以及文件夹“Documents”）都组织在同一个数据库文件“ *.ddb”中，便于使用者对文件进行统一管理与操作，这在 Protel 99 以前的版本中是没有的。

对“ *.ddb”数据库内部的文件或文件夹进行操作，如删除、复制、粘贴、重命名等，与在 Windows 2000/XP 下的操作基本一致。

本章以图 3-5 所示的一个 LED 闪烁灯电路为例，讲述在 Protel 99SE 软件平台下进行电路原理图、电路 PCB 图设计的详细步骤。

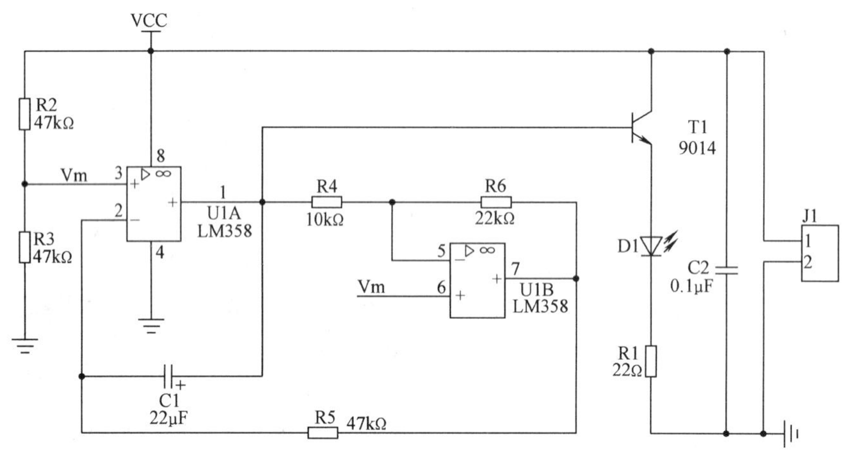


图 3-5 LED 闪烁灯电路示例

图 3-5 所示电路中没有信号输入端，系统上电以后，发光二极管 D1 将按照“渐亮—渐灭—渐亮……”的方式进行闪烁。

系统的核心元器件为运算放大器 U1A 和 U1B（同一双运放集成器件 U1 内部的两个运算放大器单元）。J1 为电源连接端口，引脚 1 接电源正极、引脚 2 接电源负极。与 J1 端口并联的电容 C2 为电源滤波电容，常常也被称为“退耦电容”，其目的在于滤除经电源连接线传至电路的高频噪声，滤波电容的容量一般在 0.1 ~ 1μF 之间选取。

运算放大器的引脚 3 与引脚 6 需要连接在一起，但如果在电路图中直接连接这两点，会使原理图中的布线过于凌乱，因此本例中采用网络标号“Vm”实现两点的电气连接。

## 3.1.1 原理图文件的新建、打开、保存及删除

本节讲述新建、打开、保存及删除原理图文件的基本步骤。

**1. 新建原理图文件**

依次单击【File】主菜单→【New…】菜单项，弹出如图 3-6 所示的“New Document”（新建文件）窗口。

在图 3-6 所示窗口中，包含有“Schematic Document”（原理图文件）、“Schematic Library Document”（原理图库文件）、“PCB Document”（PCB 文件）以及“PCB Library Document”（PCB 库文件）、“Text Document”（文本文件）等基本选项。

用鼠标左键单击“Schematic Document”（原理图文件）图标后，再单击【OK】按钮确认，在“MyDesign.ddb”数据库文件中将出现名为“Sheet1.Sch”的新建原理图文件，如图

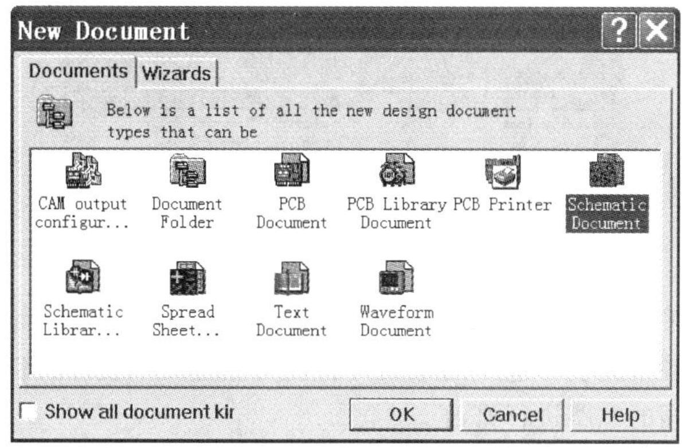


图 3-6　“New Document”（新建文件）窗口

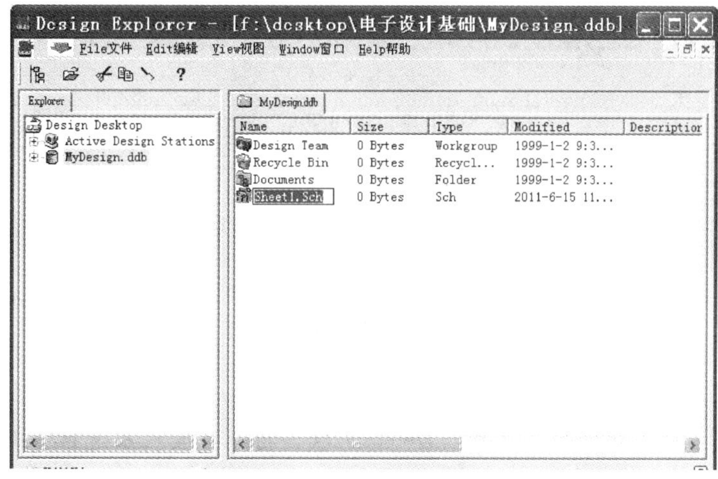


图 3-7　新建“Sheet1. Sch”原理图文件

3-7 所示。

用鼠标单击“Sheet1. Sch”文件名，其背景将变为蓝色，再次单击鼠标左键，文件名变成一个文本框，即可进行文件的重命名。

**2. 原理图文件的保存与另存**

在原理图编辑过程中，可以依次单击主菜单【File】→【Save】菜单项，或者单击系统工具栏内的 ![] （存盘）快捷键，将正在编辑的文件存盘。使用者应该养成随时修改、随时存盘的良好习惯，避免出现不必要的工作内容丢失。

Protel 99SE 的【File】主菜单中提供了一个【Save Copy As】（另存为）菜单项，使用该菜单项后，弹出如图 3-8 所示的“Save As”（另存为）对话框。

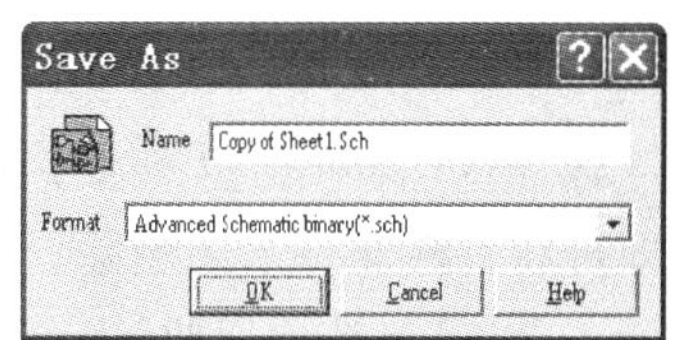


图 3-8　原理图文件的“Save As”（另存）

在图 3-8 的“Name”（文件名）文本框内输入新的文件名，在“Format”（文件格式）列表框中选择“Advanced Schematic binary（ *. sch）”文件类型，单击【OK】按钮将新文件存放在原文件的同一路径下，供使用者进行编辑、修改，如图 3-9 所示。

| Name | Size | Type | Modified | Descri |
|---|---|---|---|---|
| Design Team | 0 Bytes | Workgroup | 1999-1-2 9:3... | |
| Recycle Bin | 0 Bytes | Recycl... | 1999-1-2 9:3... | |
| Documents | 0 Bytes | Folder | 1999-1-2 9:3... | |
| Copy of Sheet1.Sch | 172 Bytes | Sch | 2011-6-15 11... | |
| Sheet1.Sch | 172 Bytes | Sch | 2011-6-15 11... | |

图 3-9　新原理图文件与原文件在同一存储路径下

在很多情况下，采用“另存为”是一种比较科学的设计手段。当某个方案需要按照多种思路进行设计时，可以先设计基本的草案并将其另存为多个设计文件，然后就可以在不同的设计文件中按照不同的思路进行修改。

**3. 删除原理图文件**

用鼠标右键单击需要删除的文件，弹出右键菜单，如图 3-10 所示。

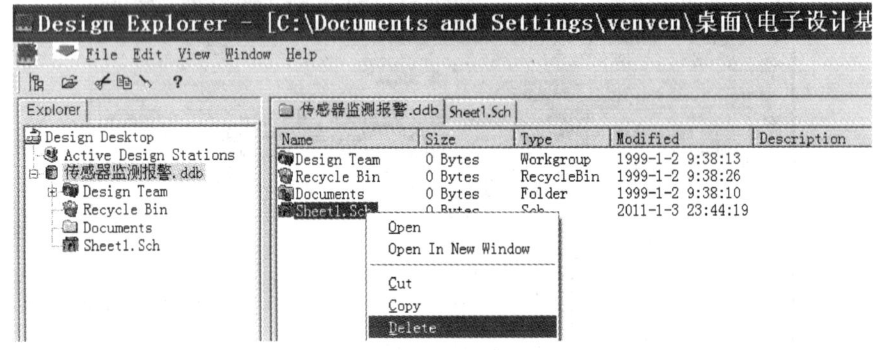


图 3-10　Protel 99 SE 文件操作的右键菜单

在图 3-10 所示的右键菜单中选择“Delete”项，将文件放入系统自带的“Recycle Bin”（回收站）中。

当需要彻底删除回收站的某一文件，或者需要从回收站内恢复某一文件时，双击打开“Recycle Bin”（回收站），在回收站窗口内，用鼠标右键单击目标文件，弹出如图 3-11 所示的右键菜单。

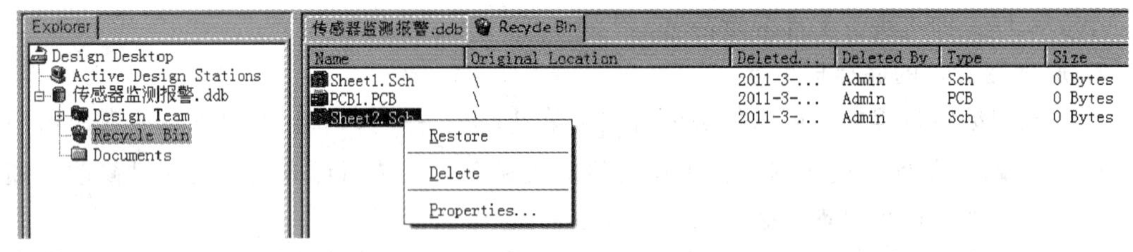


图 3-11　Protel 99 SE 回收站内文件操作的右键菜单

选择“Restore”（恢复）项将该文件恢复至删除时的路径下；选择“Delete”（删除）项即可将目标文件永久删除，无法恢复。此外，也可以依次单击【File】主菜单→【Empty Recycle Bin】（清空回收站）命令，彻底删除回收站内的所有文件。

Protel 99SE 提供的“Recycle Bin”与 Windows 2000/XP 系统的“回收站”没有直接的联系，彻底删除后的设计文件几乎没有办法恢复，因此在使用文件的彻底删除命令时一定要慎重。

### 3.1.2　原理图绘图窗口的基本操作

双击图 3-10 中的 "Sheet1. Sch"，打开如图 3-12 所示的原理图文件窗口界面。

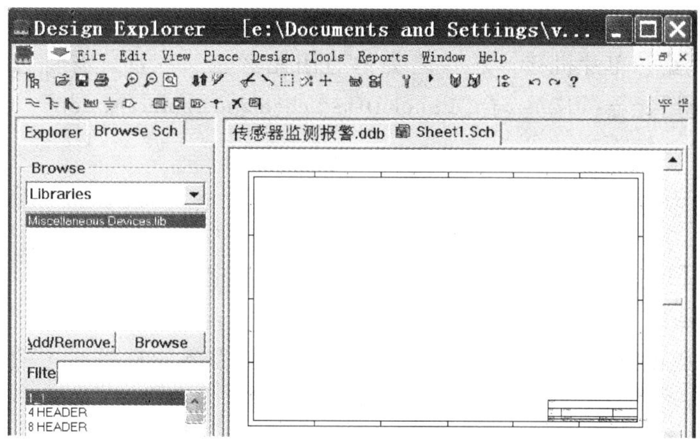


图 3-12　原理图文件的窗口界面

在图 3-12 中，窗口左栏从 "Explorer"（项目浏览器）标签切换为 "Browse Sch"（原理图浏览器）标签，窗口右栏出现淡黄色的绘图区域，标签名为 "Sheet1. Sch"。

**1. 窗口的缩放**

Protel 99SE 对鼠标滚轮支持的不是很好，使用者可以通过键盘中的上翻页键 "Page Up" 或下翻页键 "Page Down" 实现图样的放大或缩小。

网络上有一款名为《Protel 99 鼠标增强》的绿色软件可供免费下载，每次打开 Protel 99SE 后直接运行该程序即可，无须安装。安装该鼠标增强软件后就可以使用鼠标滚轮便捷地调整图样的幅面尺寸。

**2. 加载库文件**

单击图 3-12 中 "Browse Sch"（原理图浏览器）标签页中部的【Add/Remove…】按钮，弹出如图 3-13 所示的 "Change Library File List"（库文件调整）窗口，进行原理图库文件的加载、移除操作。

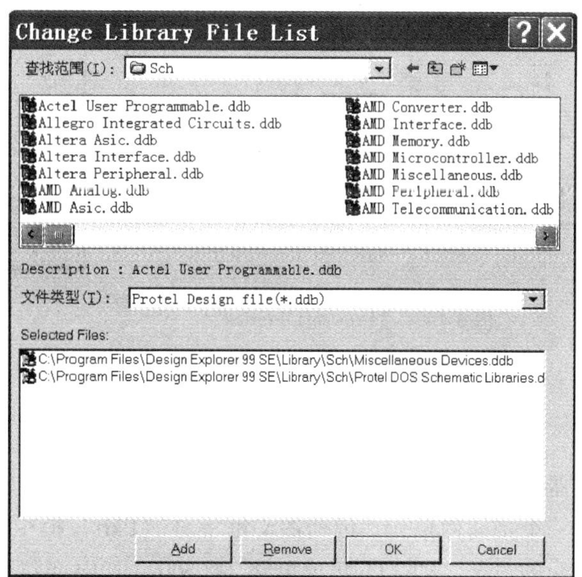


图 3-13　"Change Library File List"（库文件调整）窗口

系统自带的库文件存放在 Protel 99SE 安装路径下的 "Sch" 文件夹中（如：C:\Program Files\Design Explorer 99 SE\Library\Sch）。在 "Sch" 原理图库文件夹中，包含了世界上主要的电子公司在 20 世纪生产的大多数集成电路型号。

如果库文件的加载路径已经被修改，使用者可以在图 3-13 所示窗口的“查找范围(I)：”下拉列表框中依次选择路径：“C：”→“Program Files”→“Design Explorer 99 SE”→“Library”→“Sch”。

如果电路中所涉及的只有电阻、电容、二极管、晶体管、运算放大器、TTL 数字集成电路、CMOS 集成电路、单片机接口芯片之类的通用元器件，一般只需要选择“Miscellaneous Devices. ddb”（通用元器件库）与“Protel DOS Schematic Libraries. ddb”（通用芯片库）即可。

在图 3-13 所示的文件列表框中依次找到上述两个库文件，单击【Add】按钮，将上述两个文件添加到“Selected Files：”（已选中的库文件）列表框，单击【OK】按钮完成库文件的加载。单击【Remove】按钮可以删除列表框中被选中的库文件。

**3. 浏览库元器件**

单击图 3-12 所示窗口左栏“BrowseSch”（原理图浏览器）标签页中的【Browse】按钮，弹出如图 3-14 所示的“Browse Libraries”（库元器件浏览）窗口。

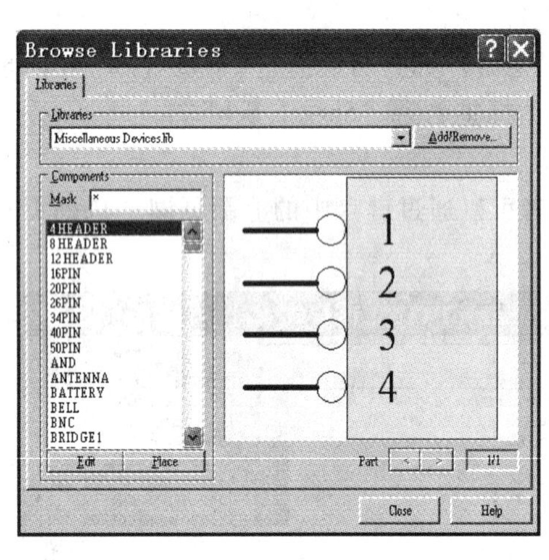


图 3-14 “Browse Libraries”（库元器件浏览）窗口

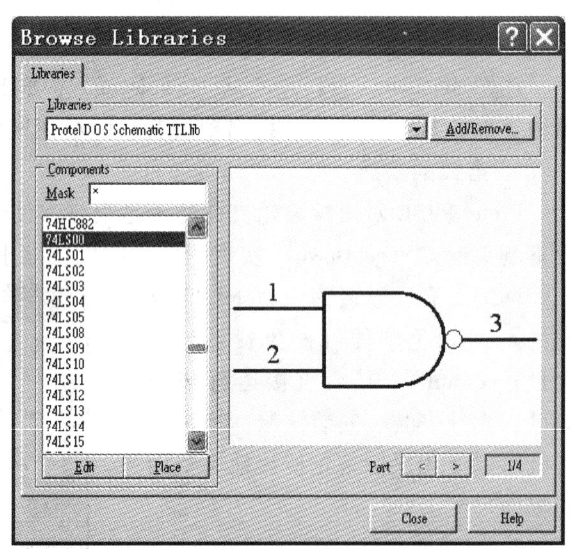


图 3-15 内部具有多单元的元器件

用鼠标单击“Components”下拉列表框中的元器件型号，窗口右侧的图文框中将显示该元器件的图形符号。图 3-14 中显示了一种具有 4 只端子的接插件“4 HEADER”，其内部只有一个接插件单元，因而图文框下方“Part”框中显示“1/1”。对于一个器件内部拥有多个单元的情况，如 TTL 集成电路 74LS00，其内部包含有 4 只功能一致的双输入与非门，则图文框下方的“Part”框将显示“1/4”，如图 3-15 所示。

单击图 3-15 中的 < 或 > 按钮，可以在不同的门电路单元之间切换。

“Miscellaneous Devices. ddb”（通用元器件库）中只有一个库文件“Miscellaneous Devices. lib”，库文件中包括电阻、电容、电感、二极管、晶体管、接插件等众多分立元器件，其常用元器件种类如表 3-1 所示。

表 3-1 "Miscellaneous Devices. lib" 库文件中的常用元器件

| 元器件（Components） | 功能描述 | 注释 |
| --- | --- | --- |
| CAP | 无极性电容 | |
| CON2 | 双头接插件 | CON 后的数字代表接插件的插针数 |
| CRYSTAL | 晶振 | 石英晶体振荡器 |
| DIODE | 二极管 | 需重新定义引脚的编号 |
| DPY_7-SEG_DP | 数码管 | 有小数点、缺公共端，需编辑后使用 |
| ELECTOR1 | 电解电容 | 有极性的电容器 |
| INDUCTOR | 电感器 | |
| JFET N | 结型场效应晶体管 | N 型 |
| JFET P | 结型场效应晶体管 | P 型 |
| LED | 发光二极管 | 需重新定义引脚的编号 |
| MOSFET N | 绝缘栅型场效应晶体管 | N 沟道 |
| MOSFET P | 绝缘栅型场效应晶体管 | P 沟道 |
| NPN | 晶体管 | NPN 型 |
| PNP | 晶体管 | PNP 型 |
| POT2 | 电位器 | POT1 为美式标准，不建议采用 |
| RES2 | 电阻器 | RES1 为美式标准，不建议采用 |
| SW SPDT | 单刀双掷开关 | |
| SW SPST | 单刀单掷开关 | |
| SW-PB | 自复位按钮 | 数字电路系统中最为常用 |
| ZENER3 | 稳压二极管 | |

单击图 3-14 所示窗口中的 "Libraries" 下拉列表框，切换到 "Protel DOS Schematic Libraries. ddb"（通用芯片库）。通用芯片库中包含了 "Protel DOS Schematic 4000 CMOS. lib"、"Protel DOS Schematic Analog Digital. lib" 等在内的 14 个库文件，使用频率较高的库文件如表 3-2 所示。

表 3-2 通用芯片库中使用频率较高的库文件

| Protel DOS Schematic *. lib | 功 能 |
| --- | --- |
| 4000 CMOS | 40 × × 与 45 × × 系列的 CMOS 数字集成电路 |
| Analog Digital | 早期的模数转换集成电路 |
| Comparator | 比较器，例如：LM311、CA339 |
| Intel | Intel 公司出品的 CPU、单片机、接口器件等 |
| Linear | 线性集成电路，常用的芯片包括 555、LM567 等 |
| Operational Amplifiers | 运算放大器 |
| TTL | 74 系列的数字集成电路 |
| Voltage Regulators | 电压调整器件 |

### 3.1.3 元器件的操作

Protel 99SE 中的元器件相当于工地的砖瓦，是构成一所建筑（一个电路）的基本组成部分。在进行原理图绘制时，所做的第一步工作就是进行元器件的放置与调整。

**1. 元器件的放置与拖曳**

元器件放置过程中，应优先放置电路中的核心元器件（集成电路、晶体管等），然后围绕着核心元器件布置其外围元器件。

在图 3-16 所示窗口左栏“BrowseSch”（原理图浏览器）标签页的“Libraries”列表框中选择“Protel DOS Schematic Operational Amplifiers. lib”（通用运算放大器库），然后在下方的元器件列表框中用鼠标拖动滚动条，找到库元器件“LM358”后用鼠标左键选中，然后单击“BrowseSch”标签页下方的【Place】按钮（或者直接双击“LM358”库元器件），将 LM358 的电气图形符号放置到窗口右栏的原理图编辑区，如图 3-16 所示。

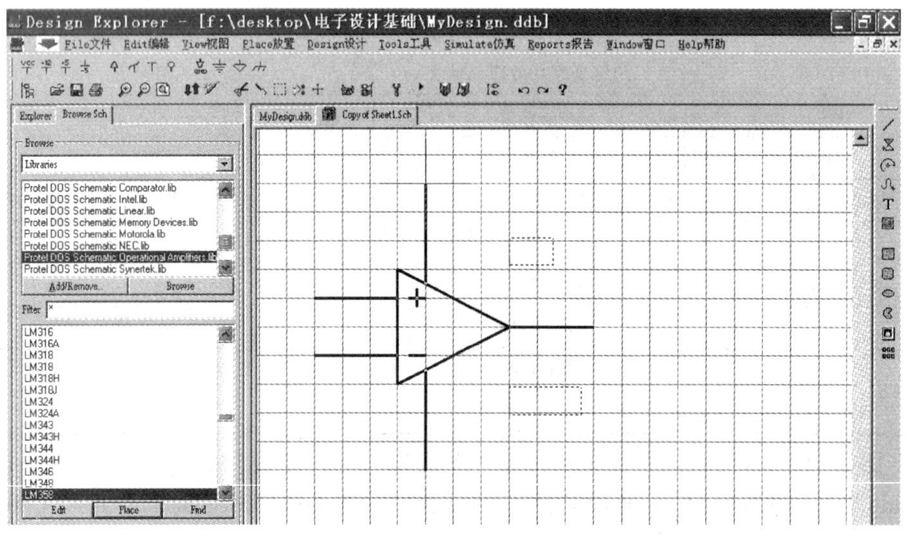


图 3-16 元器件的放置

从库中取出的元器件处于激活状态，元器件位置会跟随着鼠标的移动而移动。用鼠标拖曳元器件到原理图编辑区合适的位置，单击鼠标左键即可完成运算放大器 LM358 的放置，同时系统仍然默认为 LM358 的连续放置状态。

由于图 3-5 中需要使用两个运算放大器单元，因此还要继续移动鼠标在原理图编辑区的空白处放置第二个 LM358，再单击鼠标右键即可退出 LM358 的连续放置状态。

切换到“Miscellaneous Devices . ddb”（通用元器件库）中，找到电阻（RES2）、电容（CAP）、双头接插件（CON2）、晶体管（NPN）、电解电容（ELECTRO2）、发光二极管（LED）等元器件，按照上述步骤依次放置到原理图编辑区。

**2. 元器件的调整**

已经放置在原理图编辑区中的元器件可以进行位置、方向的调整。

（1）元器件的移动

按下鼠标左键（不松开）选中某个元器件使之处于激活状态，拖动被选中的元器件至原理图编辑区合适的位置后松开鼠标，即可实现元器件的移动。

（2）元器件的旋转与翻转

按下鼠标左键（不松开）选中某个元器件使之处于激活状态，单击键盘中的“Space”（空格键）可以实现元器件逆时针 90°旋转；单击“X”键可以实现元器件水平翻转，单击“Y”键可以实现元器件垂直翻转。

在进行元器件的翻转操作时，一定要退出中文输入法。

（3）元器件的删除与恢复

当需要删除原理图编辑区的某个元器件时，单击鼠标左键使该元器件被选中，此时元器件的周围将出现一个矩形的虚线框，然后按下键盘上的“Del”键即可删除该元器件。

当需要删除多个元器件时，可依次单击主菜单【Edit】→【Delete】菜单项，此时鼠标由箭头形状调整为十字形光标，将鼠标移到待删除的元器件上，单击鼠标左键即可迅速删除光标下的元器件。待所有需要处理的对象删除完毕后，单击鼠标右键或按下计算机键盘中的“Esc”键退出删除状态。

在删除元器件的过程中，如果误删了其中某个元器件，可单击快捷工具栏内的按钮进行恢复。

（4）元器件的整体选中

电路绘制过程中经常需要对多个元器件进行整体选中。整体选中后的元器件可以方便地进行整体移动、剪切、复制等操作。

用鼠标左键单击绘图窗口中需要选中的区域顶点，然后拖动鼠标直至选择区域的对角终点完成整体选中。此时，被选中的元器件显示为高亮的黄色，如图 3-17 所示。

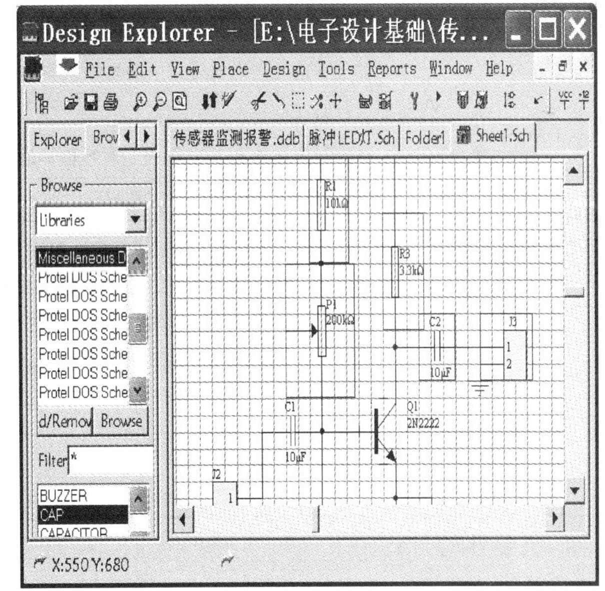

图 3-17　元器件的选中状态

在图 3-17 中的 R1、P1、R3、C2、J3 等元器件都处于被选中状态，而 C1、Q1、J2 则没有被选中。

对选中的元器件可进行以下操作：

1）拖动处于选中状态的任意一只元器件，即可实现所有被选中元器件的整体拖曳。

2）依次单击主菜单【Edit】→【Copy】菜单项后，鼠标由箭头变为十字形，移动鼠标到选择区域的任意一只元器件上单击鼠标左键，完成所有被选中元器件的复制，这与 Microsoft Windows 下的复制有一定区别。

3）依次单击主菜单【Edit】→【Cut】菜单项后，鼠标由箭头变为十字形，移动鼠标到选择区域任意一只元器件上单击鼠标左键，完成所有被选中元器件的剪切，这与 Microsoft Windows 下的剪切也有一定区别。

4）依次单击主菜单【Edit】→【DeSelect】菜单项→【All】，或者在快捷工具栏上单击按钮，均可取消元器件的选中状态。

### 3. 元器件属性修改

放置在原理图编辑区的库元器件还需要修改其序号、参数、封装等常用信息，例如运算放大器 LM358 的序号是 U1、封装是 DIP8。

双击 LM358，弹出如图 3-18 所示的“Part”（元器件参数）属性窗口。

“Part”（元器件参数）属性窗口包含有“Attributes”（基本属性）、“Graphical Attrs”（图形属性）、“Part Fields”、“Read-Only Fields”4 个标签页，其中“Attributes”（基本属性）标签使用频率最高，表 3-3 给出了一般需要修改的内容项。

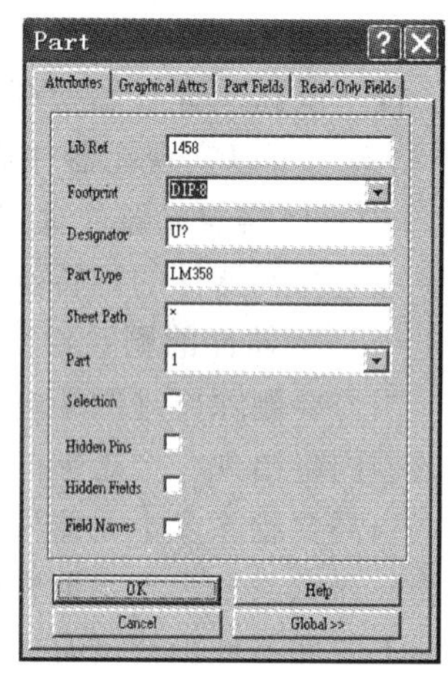


图 3-18　“Part”（元器件参数）属性窗口

由于图 3-5 中的两个运放单元共用同一个双运放芯片，因此需要将第一个运放单元的“Designator”（序号）修改为 U1，在“Part”（单元）下拉列表框中选择“1”；对第二个运放单元的“Designator”（序号）同样设定为 U1，在“Part”（单元）下拉列表框中选择“2”。在图 3-5 中可以看到，第 1 个运放的序号被系统自动调整为 U1A，同相输入端为 3 引脚、反相输入端为 2 引脚、输出端为 1 引脚，同时电源引脚（8 引脚、4 引脚）也在其中；第 2 个运放的序号被系统自动调整为 U1B，同相输入端为 5 引脚、反相输入端为 6 引脚、输出端为 7 引脚。

**表 3-3　“Part”（元器件参数）属性窗口中需要修改的项目**

| 项目 | 功能及特点 |
|---|---|
| Lib Ref | 元器件在电气图形符号库中的名称，不建议进行修改 |
| Footprint | 元器件封装形式<br>元器件封装形式是 PCB 编辑时布局的依据，必须给定 |
| Designator | 元器件在电路图中的序号，必须给定且不能重名 |
| Part Type | 元器件型号或参数，建议给定<br>对于电阻、电容等元器件，可在此输入元器件参数<br>对于二极管、晶体管、集成电路，可在此输入元器件的型号 |
| Part | 目前的元器件为同一个封装中的第几个单元<br>系统会在下拉列表框中提示所有的单元数（1、2、……） |
| Selection | 该项被选中时，则对应的元器件自动处于高亮的选中状态 |
| Hidden Pins | 该项被选中时，将显示隐含的元器件引脚，如集成电路中的电源引脚 VCC 和地线 GND |

### 4. 元器件的封装

元器件的“Footprint”（封装）一般需要切换到 PCB 编辑器中进行观察，封装主要反映了元器件的外形轮廓、尺寸、占据的平面空间、引脚排列、引脚尺寸、引脚形状、引脚的相对位置等参数信息。

中小规模集成电路的常见封装形式有 DIP（Dual In-line Package，双列直插）、SIP（Single In-line Package，单列直插）、SOP（Small Outline Package，双列贴片），很多型号的芯片都同时提供了 DIP 和 SOP 两种封装，通过元器件的详细型号予以区别，例如：“TL082ACP”

为 DIP 封装的双运放，“TL082ACD”为 SOP 封装的双运放。

SOP 扁平封装的引脚间距只有 0.05 英寸（1 英寸 = 25.4mm），相对于直插型的 DIP 封装（引脚间距 0.1 英寸）而言，安装在 PCB 板上可节省较多空间。DIP 封装与 SOP 封装的外形如图 3-19 所示。

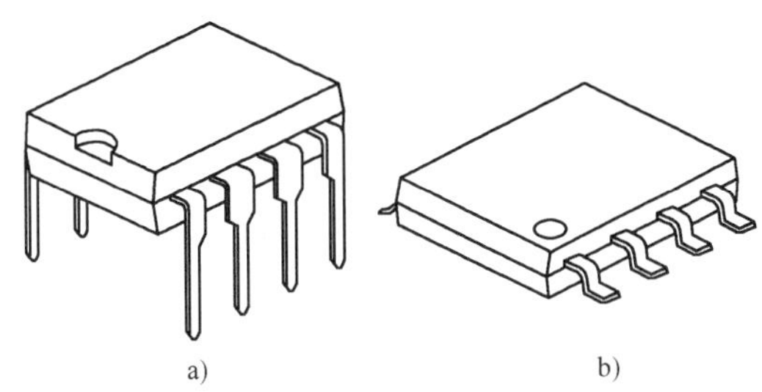

图 3-19　集成电路的双列直插封装与双列贴片封装示意

a）DIP 封装　b）SOP 封装

对于电阻、电容、电感等无源分立元器件，其封装尺寸与元器件大小、耗散功率、安装方式等因素有关。常用元器件的封装信息如表 3-4 所示。

**表 3-4　常见元器件的封装信息**

| 元器件类型 | 封装值 | 注　释 |
|---|---|---|
| 电阻 | AXIAL0.3 ~ AXIAL1.0 | 轴向封装，引脚在元器件两端引出，如 AXIAL0.3，0.3 指引脚间距为 0.3 英寸，对应 1/8 W 小功率电阻 |
| 电解电容 | RB.2/.4 ~ RB.5/1.0 | 径向封装，引脚在同一边引出，如 RB.2/.4，两引线孔距离为 0.2 英寸，而外径为 0.4 英寸 |
| 无极性电容 | RAD0.1 ~ RAD0.4 | 径向封装 |
| 二极管 | DIODE0.4，DIODE0.7 | 轴向封装 |
| 晶体管 | TO-92A、TO-92B、TO-220 等 | 与管子的型号、耗散功率有关 |
| 接插件 | SIP2 ~ SIP20 | 对应的元器件型号为 CON2　CON20 |
| 电位器 | VR1 ~ VR5 | VR5 较为常用，对应 3296 多圈玻璃釉电位器 |
| 晶振 | XTAL1 | 径向封装 |
| D 形接插件 | DB9 \ DB15 \ DB25 \ DB37 | 要注意区分插头还是插座 |

轴向封装与径向封装的外形结构示意如图 3-20 所示。

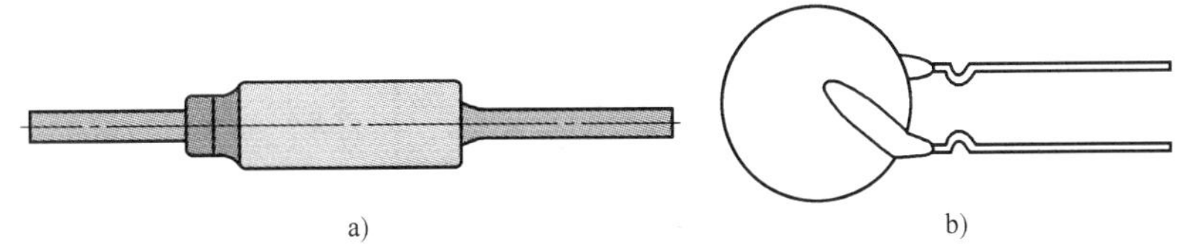

图 3-20　轴向封装与径向封装的外形结构示意图

a）轴向封装　b）径向封装

同一类元器件往往会有多种封装形式，例如有的电解电容采用“RB”系列的径向封装，也有的电解电容采用“AXIAL”系列的轴向封装，与电阻类似。

在进行实际电路设计时，不要随意定义封装值，应该在采购到合适的元器件后，再根据实际元器件的封装情况填写元器件的封装值。对于 Protel 99SE 封装库中没有的封装，可以由使用者自行制作封装文件。

### 3.1.4 电气连接

元器件在原理图编辑区布置完成后，接下来需要进行电气连线、电气节点放置等工作。

**1. 电气连线**

电气连线是一项关键的工作，如果在电路原理图设计环节中没有处理好，生成 PCB 时会出现部分电气节点无法正确连接的严重错误。

（1）连线工具栏

Protel 99 SE 原理图编辑器提供了“Wiring Tools”（连线）工具栏，如图 3-21 所示。如果当前窗口中没有出现该工具栏时，可依次单击主菜单【View】→【Toolbars】菜单项→【Wiring Tools】打开该工具栏。

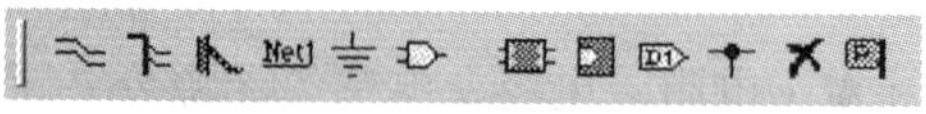

图 3-21 所示的“Wiring Tools”（连线）工具栏中各个图标对应的功能依次为：电气连线、总线绘制、总线入口放置、网络标号放置、电源/地电阻放置（建议不使用该项）、库元器件的放置、图样符号放置、图样符号内连接端口的放置、端口放置、节点放置、设置不做电气规则检查标记、PCB 布线指示符号的放置。

图 3-21 “Wiring Tools”（连线）工具栏

（2）连线步骤

依次单击主菜单【Place】→【Wire】菜单项，如图 3-22 所示，或者单击“Wiring Tools”（连线）工具栏的图标切换到电气连线状态，此时光标由箭头变为十字形。

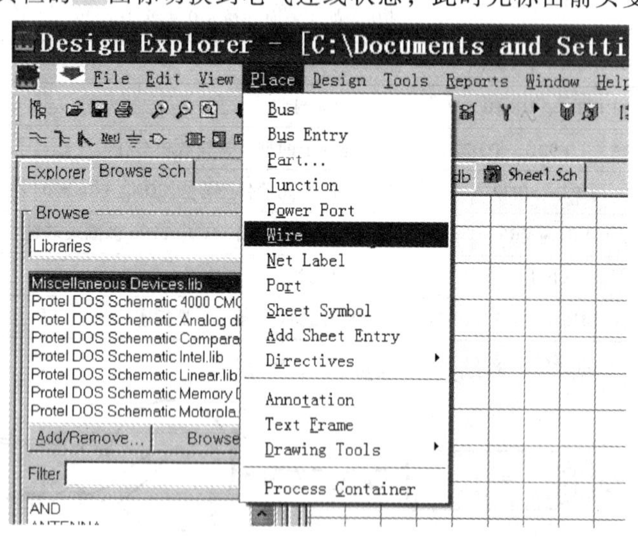


图 3-22 电气连线的菜单操作

将十字形光标移到元器件引脚或导线的端点以及电气节点附近时，光标下将出现一个粗黑点（表示电气节点所在位置），如图 3-23 所示。

用左键单击黑点，拖动鼠标到下一个连线点处将出现另一个粗黑点，表示该点允许进行电气连接。单击鼠标左键，即可完成一组导线的连接。此时系统仍然保持该节点的电气连线状态，可以继续拖动鼠标到本节点的下一个连线处，也可以单击鼠标右键结束本节点的电气

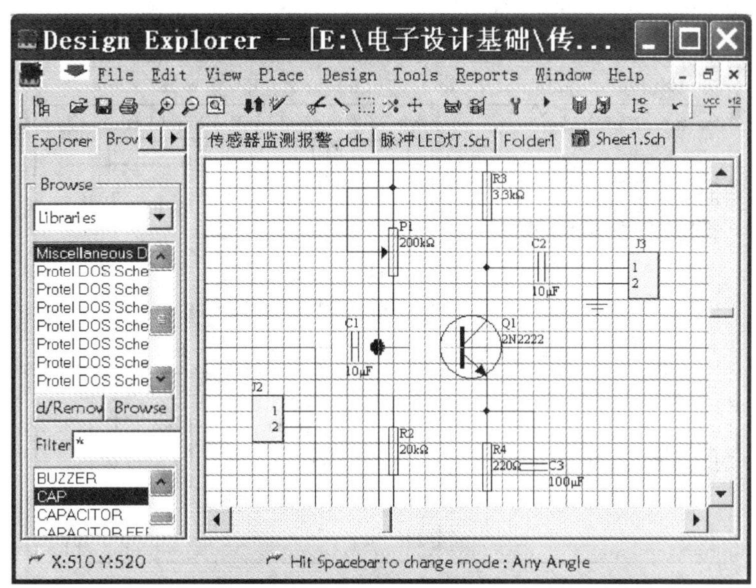


图 3-23　电气连线至元器件引脚端点时将出现粗黑点

连线操作。再次单击鼠标右键将退出电气连线状态。

在拖动鼠标进行连线的过程中，每次拐弯时均需要单击鼠标左键。注意不要从元器件引脚中部开始连线。

如果实际连线造成电路图面凌乱、不利于读图者识别，此时建议使用网络标号“Net Label”进行电气连接。在图 3-5 中，使用网络标号“Vm”实现了运算放大器 3 引脚与 6 引脚的电气连接。详细的操作步骤参见本章第 3.1.5 节的“放置网络标号”部分。

（3）修改电气连线的属性

双击已经完成的电气连线（导线），弹出导线的属性设置窗口，如图 3-24 所示。

在图 3-24 中，可以对“Wirc Width”（导线宽度）与“Color”（导线颜色）进行设置。导线宽度“Wire Width”有“Smallest”（极细线）、“Small”（细线）、“Medium”（中等粗线）、“Large”（粗线）4 种宽度值，默认值为“Small”，一般不建议修改默认值，以区别于宽度较大的总线“Bus”。

图 3-24　导线工具选项属性设置窗口

导线颜色“Color”可以任意设定，系统默认值为 223，显示为深蓝色。

**2. 放置电气节点**

在图 3-25 中，当分别连接 R6 与 R2、C1 与 Q1 后，会出现两条导线相交处没有产生节点的状态，显然这 4 个元器件并没有完全连接在一起。此时需要手动增添节点以完成电气连接。

放置节点的操作步骤为：依次单击主菜单【Place】→【Junction】菜单项，或者单击“Wiring Tools”（连线）工具栏的图标，鼠标转换为十字形光标，光标交叉处出现了一个红色的粗黑点。移动鼠标到需要进行节点连接的位置，单击鼠标左键即可完成节点的放置。

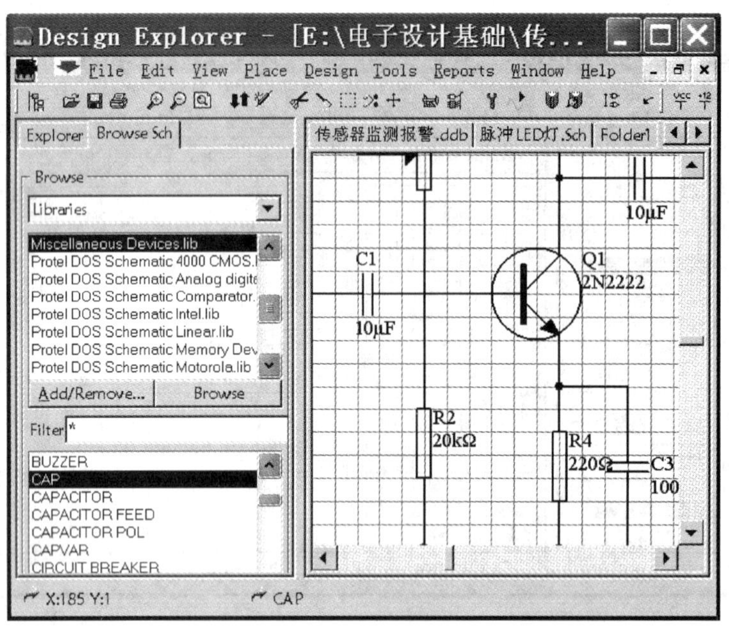


图 3-25 系统对交叉的两根电气连线没有自动产生节点

**3. 布置电源和地线**

元器件的放置与位置调整基本完成后，接下来需要在电路中布置电源和地线，放置电源的硬件接口及滤波电容。

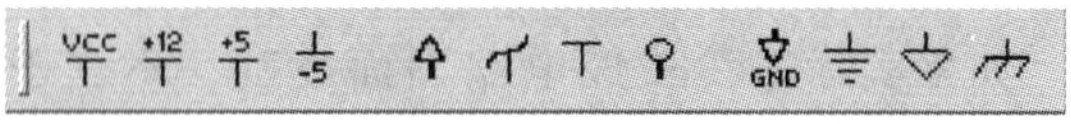

（1）电源工具栏

放置电源和地之前，需要依次单击主菜单【View】→【Toolbars】菜单项→【Power Objects】，调出如图 3-26 所示的电源快捷工具栏。

图 3-26 “Power Objects”（电源）快捷工具栏

快捷工具栏中前 4 项的电源图标和后 4 项的接地图标最为常用。

（2）电源、地的属性调整

单击电源快捷工具栏中合适的电源（或接地）的符号，放置到电路图编辑区中适当的位置。双击电源（或接地）符号，可以打开电源（或接地）的属性窗口，如图 3-27 所示。

图中的“Net”为网络标号，一般情况下，建议将电源的网络标号定义为“VCC”，地线的网络标号定义为“GND”。这是因为多数集成电路芯片的电源引脚默认连接至“VCC”网络，地线引脚默认连接至“GND”网络，且均被 Protel 99SE 系统自动设置为隐藏状态。

“Style”为电源（或接地）的形状。Protel 99 SE 原理图编辑器提供了 7 种电源（或接地）图标，可单击“Style”下拉列表框右边的按钮进行选择。

“X-Location”、“Y-Location”为目前电源（或接地）符号在原理图编辑区的绝对坐标值。

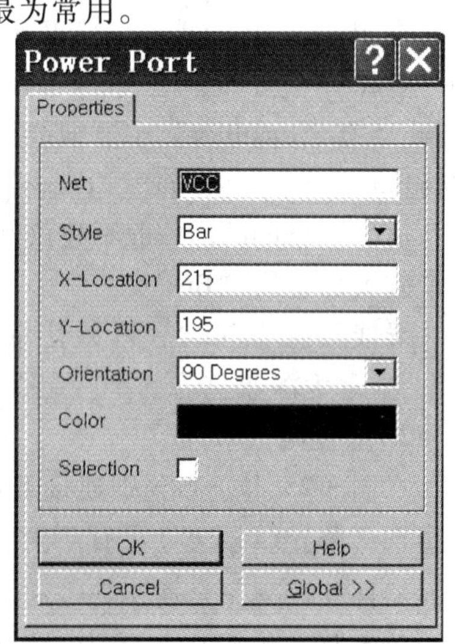


图 3-27 “Power Port”电源及接地的属性窗口

“Orientation”为电源（或接地）符号目前所处方向，有 0°、90°、180°、270°共 4 种方向。

“Color”为电源（或接地）符号的颜色设置。

（3）电源的硬件接口

74××、40××等数字集成电路芯片的电源（或接地）引脚被系统设置为隐藏状态，默认自动接入 VCC 电源；如果设计者在电路中使用的是 +5 电源，则需要在电路原理图中将两个电源符号连接在一起，如图 3-28 所示。

图 3-28 中的电容 C1 为电源滤波（退耦）电容，建议添加。

常见电路中的电源（包括电池）、信号源一般都不直接安装在电路的 PCB 上，而是通过接插件的形式接入 PCB，这样就需要给信号源与电源设置硬件连接端口。单电源或信号源一般采用“Miscellaneous Devices. ddb”（通用元器件库）库中的“CON2”（双头连接器），运放等双电源供电电路则需要使用“CON3”（三头连接器）。

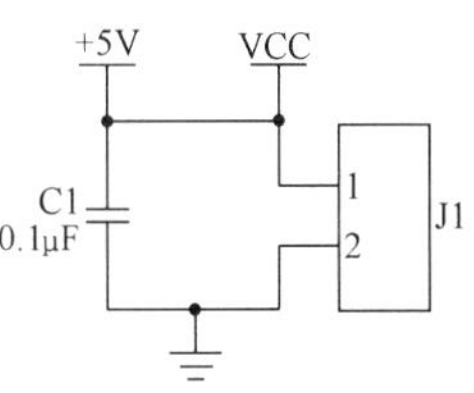


图 3-28　电源的硬件接口电路

## 3.1.5　放置总线

在电气连接关系比较复杂的数字电路中，如果直接使用普通的电气连接方式，则图面显得非常凌乱，对此可采用“Bus”（总线）的方式进行绘图。

一套完整的总线结构包括“Bus”（总线）、“Bus Entry”（总线分支）和“Net Label”（网络标号）三部分。

**1. 绘制总线**

总线的绘制与导线绘制的操作过程完全相同。依次单击主菜单【Place】→【Bus】菜单项，或者单击“Wiring Tools”（连线）工具栏的图标，光标变成十字形。

在合适的位置单击鼠标左键固定总线的起点，拖动鼠标开始总线绘制。每次需要总线拐弯时单击鼠标左键即可。在总线终点处单击鼠标左键固定终点，再单击鼠标右键结束本组总线的绘制。此时系统仍然默认处于总线绘制状态，可以继续另一组总线的绘制；如果不需要继续绘制总线，再次单击鼠标右键退出总线绘制状态。

总线的线条较粗，如图 3-29 所示。

**2. 放置总线分支**

总线只是一种示意图，本身并没有任何的电气连接意义。在使用“总线”描述元器件的连接关系时，还需要使用“Bus Entry”（总线分支）对元器件引脚或导线进行连接。

放置总线分支时，依次单击主菜单【Place】→【Bus Entry】菜单项，或者单击“Wiring Tools”（连线）工具栏的图标，鼠标变成十字形，一个呈 45°角倾斜的总线分支附着在鼠标光标上同步移动，如图 3-29 所示。

在退出中文输入法的状态下，按下计算机键盘中的“Space”键、“X”键或“Y”键可以实现总线分支的旋转和翻转。

移动总线分支到总线、导线或元器件引脚的端点，单击鼠标左键即可固定总线分支，同时继续保持总线分支的放置状态，单击鼠标右键结束总线分支的放置。

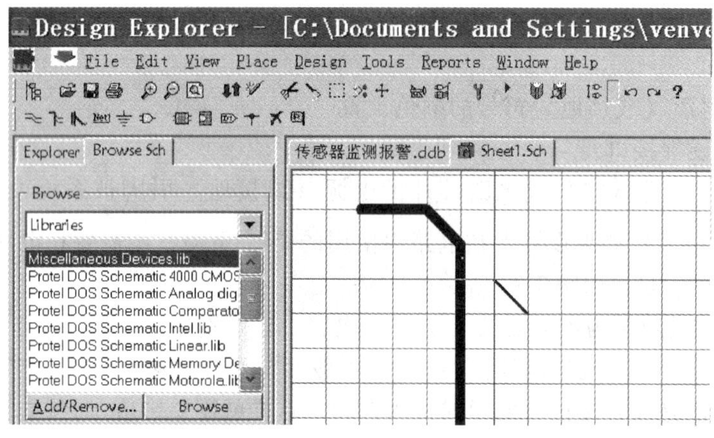

图 3-29 总线及分支的放置

**3. 放置网络标号**

总线分支也只是一种示意性的连线，它的存在只是表述了一种电气连接的存在，而并没有建立确定的电气连接关系，此时还需要通过网络标号“Net Label”来实现同名标号之间真正意义上的电气连接。

放置网络标号的操作步骤为：

1）单击主菜单【Place】，选择【Net Label】，或者单击“Wiring Tools”（连线）工具栏的 Net1 图标，在光标附近出现一个虚线框。

2）将光标移到需要放置网络标号的引脚端点或导线上，单击鼠标左键完成网络标号的放置。

3）双击网络标号，弹出如图 3-30 所示的“Net Label”网络标号属性窗口。

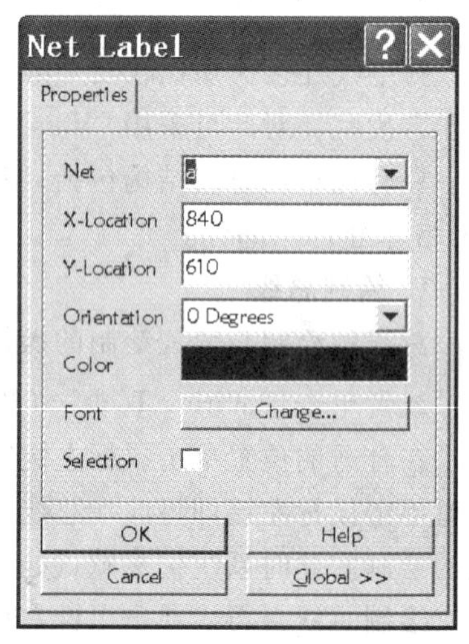


图 3-30 “Net Label”网络标号属性窗口

图 3-30 中第一项“Net”为网络标号名称，电路图中所有具有相同网络标号的节点在电气关系上都是连通的。“X-Location”、“Y-Location”指示了目前网络标号的绝对坐标值。“Orientation”为网络标号的在电路图中的方向。

如果在网络标号中需要输入代表低电平有效的上划线，如“$\overline{RD}$”、“$\overline{WR}$”，可以在每个字符后面插入 ASCII 字符“\”，如：“R\D\”、“W\R\”。

## 3.2 生成网络表文件

在 Protel 99SE 中编辑电路原理图的最终目的是为了制作 PCB 图，而网络表文件“*.net”正是起到了电路原理图与 PCB 图之间连接纽带的作用。

网络表文件记录了原理图中所有元器件的类型、序号、封装形式以及各元器件之间的电气连接关系等重要信息。借助网络表文件中描述的元器件引脚连接关系，可以对原理图中连线的正确性进行验证。

### 3.2.1 网络表文件的生成

完成原理图的绘制和电气连线检查后，在原理图绘制窗口中执行【Design】主菜单下的【Create Netlist】命令，弹出如图 3-31 所示的“Netlist Creation”（创建网络表）窗口。

“Output Format”为输出网络表文件的格式，通常选择默认的“Protel”文件格式；“Net Indentifier Scope”是指网络的识别范围，包含如表 3-5 所示的选项内容。

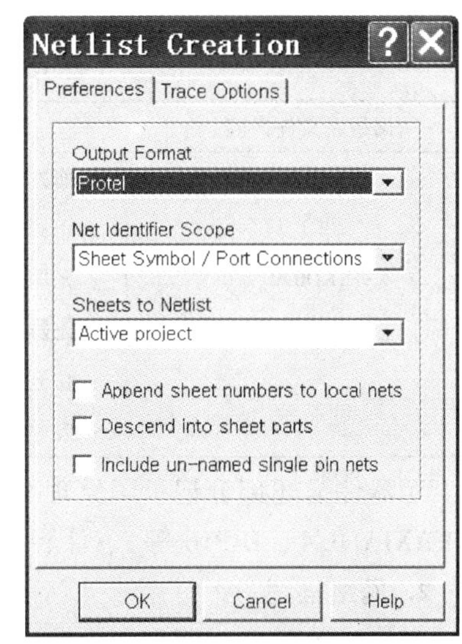


图 3-31 “Netlist Creation”（创建网络表）窗口

对于一个较复杂的电路系统，可能具有多张单元电路的原理图。在选择“Net Labels and Ports Global”后，则同一设计项目中的不同单元电路原理图内具有相同的网络标号、I/O 端口号的网络被认为是连通的。对于只有一张电路图的简单设计项目来说，上述 3 种设置任选其一均可。

图 3-31 中的“Sheets to Netlist”用于确定网络节点范围，选项含义如表 3-6 所示。

图 3-31 中的“Append sheet numbers to local nets”复选框是指将原理图编号附加到网络名称上。当一个设计项目内存在多张单元电路图时，为了便于阅读，可以选择该项，这样在生成的网络表文件中的每一节点上均附加模块电路图编号。系统默认该复选框为非选中状态。

**表 3-5 网络的识别范围**

| 选项内容 | 功　能 |
|---|---|
| Net Labels and Ports Global | 网络标号及 I/O 端口在整个设计项目内有效 |
| Only Port Global | I/O 端口在整个项目内有效，网络标号只在模块电路原理图有效 |
| Sheet Symbol /Port Connections | 网络标号及 I/O 端口只在本电路图内而不是整个电路系统内有效 |

**表 3-6 网络节点的范围**

| 选项内容 | 功　能 |
|---|---|
| Net Labels and Ports Global | 网络标号及 I/O 端口在整个设计项目内有效 |
| Active project | 当前设计项目内的节点，建议选用 |
| Active sheet plus sub sheets | 当前原理图及其子电路内的节点 |

“Descend into sheet parts”复选框是指当存在子电路图时，将子电路内部元器件的连接关系转化为网络表格式，并记录到网络表文件中。系统默认为非选中状态。

“Include un-name single pin nets”复选框确定网络表文件中是否包含没有信号名的引脚，该选项默认为非选中状态。

确定好上述网络表文件输出格式、网络标号作用范围、网络节点范围等选项后，单击【OK】按钮，即可从原理图中提取出同名的网络表文件，文件扩展名为“.net”，存放在原理图文件所在文件夹下。

### 3.2.2 网络表文件格式

Protel 99SE 的网络表文件由元器件描述与网络（电气连接）描述两部分构成。

**1. 元器件描述**

每一元器件基本信息以“［”开始，以“］”结束，如表 3-7 所示。

**表 3-7 网络表中元器件参数的描述内容**

| 网络表文件内容 | 注 释 |
| --- | --- |
| [ | ；前方括号，元器件描述开始标志 |
| C1 | ；元器件序号，即元器件在电路图中的编号 |
| RAD0.2 | ；元器件封装，若原理图中未给出元器件封装，该行空白 |
| 10u | ；元器件型号或参数，若原理图未给定，该行空白 |
| | ；其他注释选项，没有则该行空白 |
| ] | ；后方括号，元器件描述结束标志 |

元器件描述部分记录了原理图中每个元器件的序号（如 C1、R2、U100 等）、封装形式（如 AXIAL0.4、DIP16 等）、注释信息（元器件型号或参数）等。

**2. 网络描述**

网络描述部分对原理图中各元器件的连接关系进行了详细说明，每个电气节点以“（”开始，以“）”结束，如表 3-8 所示。

**表 3-8 网络表中电气节点的描述内容**

| 网络表文件内容 | 注 释 |
| --- | --- |
| ( | ；前圆括号，网络描述开始标志 |
| NetC1_1 | ；网络名称为 NetC1_1，即节点编号 |
| C1-1 | ；电容 C1 的 1 引脚与 NetC1_1 节点相连，“-”后数字表示元器件引脚序号 |
| P1-1 | ；电位器 P1 的 1 引脚与 NetC1_1 节点相连 |
| Q1-1 | ；晶体管 Q1 的 1 引脚与节点 NetC1_1 相连 |
| R2-2 | ；电阻 R2 的 2 引脚与节点 NetC1_1 相连 |
| ) | ；后圆括号，网络描述结束标志 |

## 3.3 PCB 设计

根据网络表中元器件序号、元器件封装、元器件引脚间的电气连接关系，即可在 Protel 99 SE 的 PCB 编辑器中开始 PCB 图的设计。

### 3.3.1 新建 PCB 文件

依次单击主菜单【File】→【New…】菜单项，出现如图 3-32 所示的“New Document”（新建文档）窗口。

双击“PCB Document”（PCB 文件）图标，创建一个空白的 PCB 设计文件。建议将 PCB 文件名与原理图文件、网络表文件设定成同名，以便于交叉修改。双击新建的 PCB 文

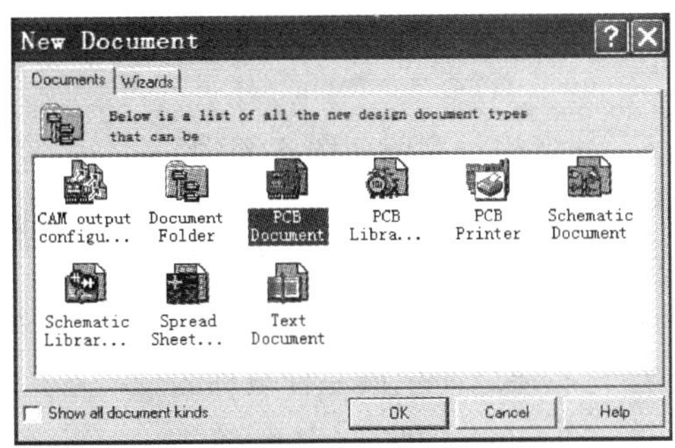


图 3-32　“New Document”（新建文档）窗口

件进入 PCB 编辑状态的工作界面，如图 3-33 所示。

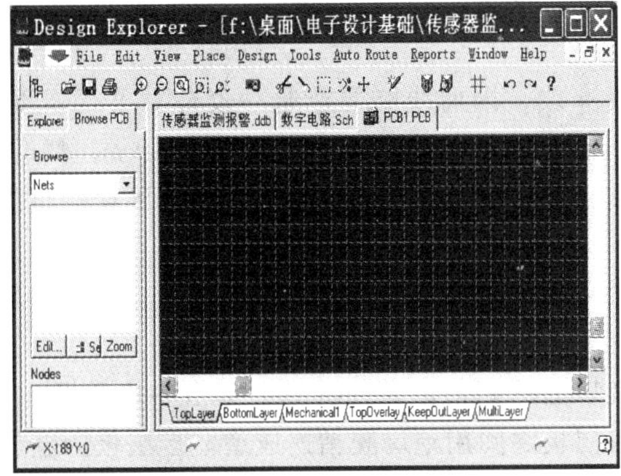


图 3-33　PCB 编辑状态的工作界面

## 3.3.2　PCB 设计前的准备工作

进行 PCB 设计之前，首先简要介绍与 PCB 相关的知识点和准备工作。

**1. 覆铜板**

覆铜板是在一定的压力条件下，将厚度在 0.05mm 左右的铜箔平整地粘接在绝缘基板表面而制成的一种特殊板材，是加工 PCB 的原始材料。常见的覆铜板分为单面覆铜板、双面覆铜板、多层板和挠性电路板等多种类型。

（1）单面覆铜板

单面覆铜板简称单层板，其结构示意图如图 3-34 所示。

单面覆铜板只在绝缘基板的其中一面贴覆有铜箔，该面俗称“焊锡面”，PCB 中的导电图形在焊锡面内加工。

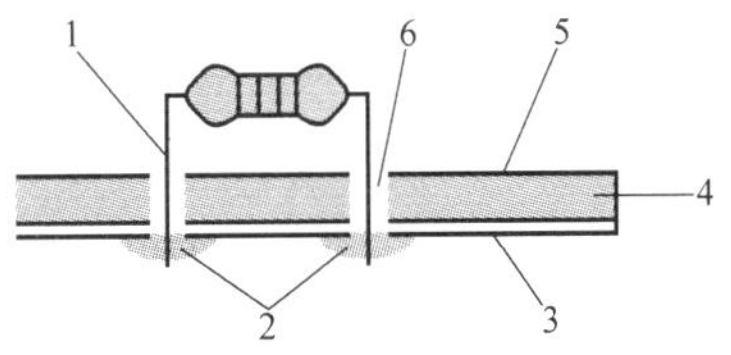


图 3-34　单面覆铜板的结构示意图
1—元器件引脚　2—焊点　3—焊锡面
4—绝缘基材　5—元器件面　6—焊盘孔

焊锡面在 Protel 99SE 中定义为“Bottom Layer”（底层）。绝缘基板的另外一面没有贴覆铜箔，一般用于插放元器件，在 Protel 99SE 中定义为“Top Layer”（顶层）。

单层板的生产成本相对较低，主要用于元器件安装密度不大、电气连接关系简单的电路场合，如玩具电路、电视机主板电路、开关电源电路等。

（2）双面覆铜板

双面覆铜板简称双层板，其结构示意图如图3-35所示。

双面覆铜板的绝缘基板上下两面均贴覆有导电铜箔，因此双层板的上、下两面均可以制作导电图形。为了使上、下两面的导电图形能够根据需要连通，双层板采用了“金属孔化工艺”，在顶层与底层之间生成一种被称为“金属化过孔”的导电通道，在Protel 99SE中被称为“Via”（过孔）。

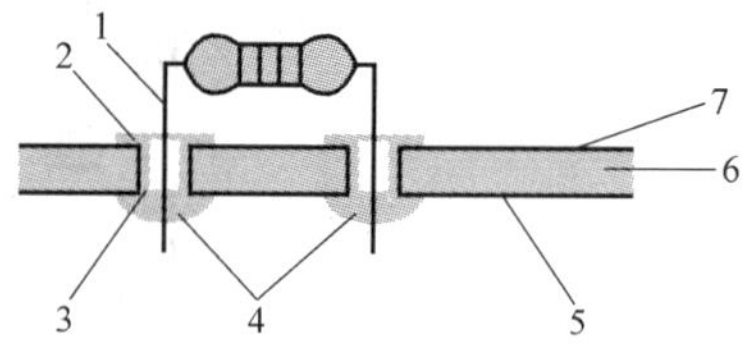


图3-35　双面覆铜板结构示意图

1—元器件引脚　2—顶层焊盘　3—金属化过孔　4—底层焊点　5—焊锡面　6—绝缘基材　7—元器件面

在双层板中，通常也将元器件的安装面定义为“Top Layer”（顶层），将另一面定义为“Bottom Layer”（底层）。

双层板允许两面同时布线，因而线路的连通率较高，布线速度也比单层板快得多。但是，金属化过孔的出现，使双层板的生产流程比单层板复杂，耗时长且加工成本高。随着PCB加工工艺的改善，数控化程度越来越高，双层电路板的使用范围呈逐步扩大的趋势。

（3）多层板

随着集成电路引脚数目越来越多，引脚间距越来越密，导致双层板的铜箔面无法容纳全部电气连线时，多层板工艺是解决此类问题的主要途径。

多层板包含了3层及以上的铜箔面，它实际上是由多块层厚在0.4mm以下较薄的单层板或双层板叠合而成，各层板之间用绝缘胶粘连成型。多层板的金属化过孔分为贯穿孔、盲孔、深埋孔等多种类型。

（4）挠性电路板

挠性电路板属于特殊的双层板，其绝缘基材是用软性塑料（如聚酯、聚酰亚胺等）制成，厚度在0.25~1mm之间。绝缘基材的各面均可以制作导电图层，并可在其表面焊接少量的小型元器件。

挠性电路板的突出优点是能够弯曲、卷叠成合适的形状，能连接刚性板及活动部件，从而实现立体化的电气连接。挠性电路板主要用于内部空间紧凑、组装密度高的电子设备中，如硬盘的磁头放大电路、液晶屏的连接电路等。

**2. 工作层面的设置**

PCB编辑界面与原理图编辑界面的框架基本一致，显著区别在于背景色变成了黑色，出现这种改变的主要原因在于PCB设计时会出现很多图层，各个图层之间通过颜色进行区分，因而选取黑色作为系统背景的显示效果较好。

在图3-33窗口下方设置有“TopLayer”（顶层）、“BottomLayer”（底层）、“TopOverLayer”（丝印顶层）、“KeepOutLayer”（禁止布线层）、“MultiLayer”（贯穿层）等不同的层面，单击其中的任何一个层面标签页，即可将该层面上的图形置顶显示，便于实现对该层面的绘图及查看。

需要显示的工作层面可以根据实际需要自行定制。依次单击主菜单【Design】→【Options】菜单项，在弹出的“Document Options”（文件选项）窗口中选择“Layers”（层面）标签页，就可在如图3-36所示的窗口中选择所需的工作层面。

图 3-36 中各个层面具体的含义及用法如下：

（1）Top Layer

“Top Layer”为 PCB 的顶层，即元器件面，元器件一般安装、固定在该面。在使用单层板时，一般不在“Top Layer”内布线。

“Top Layer”中的线条被系统默认为红色。

（2）Bottom Layer

“Bottom Layer”为 PCB 的底层，俗称焊锡面。焊锡面是单层板中唯一的布线层，在双层板中则既可以布线，也可以安装元器件。

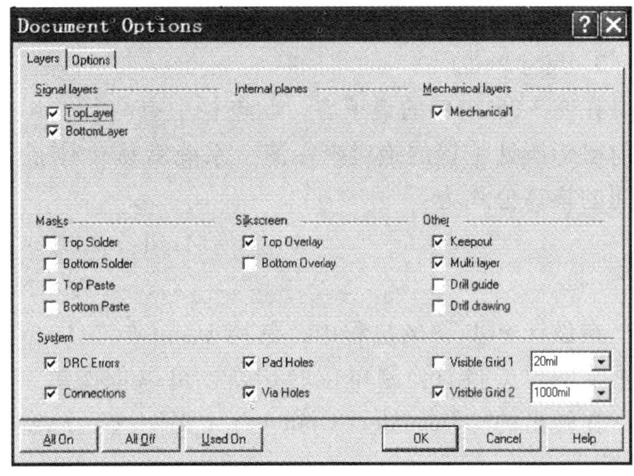


图 3-36　“Document Options”（文件选项）窗口

“Bottom Layer”中的线条被系统默认为蓝色。

（3）Top Overlayer

元器件的外形、轮廓、编号、参数等内容一般是以丝网印刷方式印制在 PCB 表面，便于产品组装过程中的比对；另外，在日后的产品检修、维护工作中，丝印信息也非常重要。丝印的内容一般放在 PCB 的顶层，即“Top Overlayer”（丝印顶层）。

像电视机主板之类故障率较高、需要经常维修的电子产品，除了在“Top Overlayer”（丝印顶层）印制元器件的序号、轮廓等信息外，常常还需要在焊锡面（PCB 的底层）印制元器件参数等信息，这些信息也使用丝网印刷工艺进行加工，被称为“Bottom Overlayer”（丝印底层）。

丝印顶层与丝印底层的线条均没有实际的电气连接意义，因而不能连线。

系统将“Top Overlayer”（丝印顶层）中的线条默认为鹅黄色，将“Bottom Overlayer”（丝印底层）中的线条默认为黄绿色。

（4）Keepout Layer

“Keepout Layer”被称为禁止布线层，使用者可以在该层设定布线区域或禁止布线区域。在用 Protel 99SE 设计 PCB 时，一般都需要在“Keepout Layer”层内绘制电路板的边框，以确定自动布局、布线的范围。

在“Keepout Layer”中的线条被系统默认为桃红色。

（5）Multi layer

元器件的每一只引脚在 PCB 上等同为一只“Pad”（焊盘），对于直插式元器件而言，其焊盘要穿过整个 PCB，贯穿“Top Layer”（顶层）与“Bottom Layer”（底层）。由于直插式元器件的焊盘一般都放在“Multi layer”层中，因而将“Multi layer”形象地称之为“贯穿层”。

对于单层板而言，Multi layer 只包含了“Bottom Layer”（底层）；对于双层板而言，Multi layer 包含了“Top Layer”（顶层）与“Bottom Layer”（底层）；而对于多层板而言来说，Multi layer 包含了“Top Layer”（顶层）、“Bottom Layer”（底层）、“MidLayer”（内信号层）、“InternalPlanes”（内电源/地线层）等更多的导电层。

在“Multi layer”中的线条被系统默认为铁灰色。

**3. 尺寸单位**

在图3-33窗口的最下方，状态栏中有一行“X：189 Y：0”的显示信息，该信息表明了目前鼠标所处位置的绝对坐标值，系统默认单位是“mil”（毫英寸），英制 mil 与公制 mm 之间的换算公式为：

$$1\text{mil} = 0.0254\text{mm}$$

$$1\text{mm} = 39.37\text{mil}$$

在设计 PCB 图的过程中，常用 10mil 与 0.1mm 作为最小计量单位。

要实现英制与公制单位的切换，可以依次单击主菜单【Design】→【Options…】菜单项，在弹出的“Document Options”（文件选项）窗口中，切换至“Options”页面，如图3-37所示。

图3-37中的数值为系统默认的英制单位，在精细绘图时，建议将所有数值均修改为5mil。如果需要实现从英制到公制的转换，则建议将“Snap X”（X轴栅点锁定值）、“Snap Y”（Y轴栅点锁定值）、“Component X”（元器件X轴最小移动距离）、“Component Y”（元器件Y轴最小移动距离）、“Range”（范围）均修改为0.1mm，再将“Measurement Unit”（测量单位）选定为“Metric”（公制）即可。

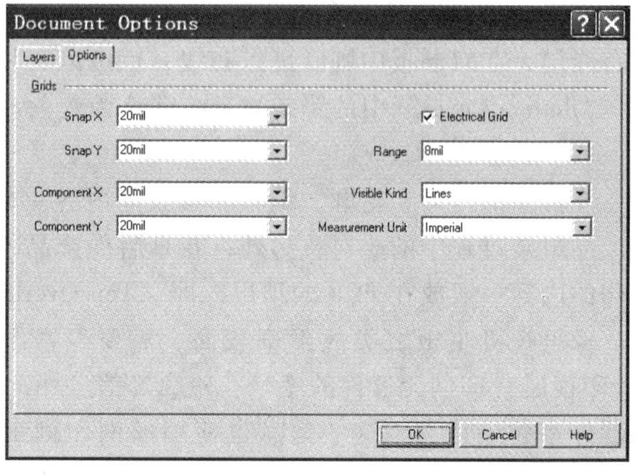


图3-37 英制与公制单位的切换设置窗口

**4. PCB 库文件的加载**

在调用网络表文件之前，需要首先加载 PCB 编辑器的库文件。

单击图3-33所示窗口左栏“Browse PCB”标签页的“Browse”（浏览）下拉列表框，从中选择“Libraries”（元器件库），如图3-38所示。

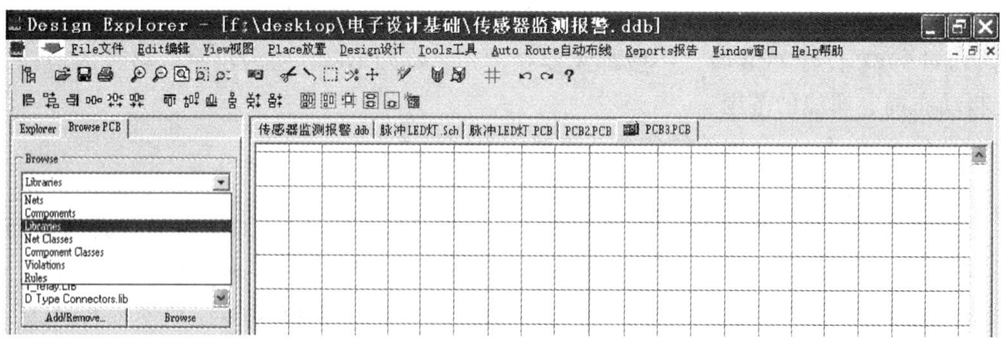


图3-38 “Libraries”（元器件库）的加载

单击图3-38“Browse PCB”标签页中部的【Add/Remove…】按钮，在弹出的“PCB Libraries”（PCB 库文件加载）窗口中选择合适的 PCB 库文件，如图3-39所示。

系统自带的 PCB 库文件存放在 Protel 99SE 安装路径下“Pcb”文件夹（如：C：\ Program Files \ Design Explorer 99 SE \ Library \ Pcb）下的3个子文件夹中，其中“Generic Footprints”文件夹最为重要，它存放了常用元器件的PCB库文件，“Connectors”文件夹存放着与接插件有关的PCB库文件，“IPC Footprints”文件夹存放了表面贴装（SMT）元器件的PCB库文件。

如果在PCB设计过程中只使用包括基本无源元件、中小规模集成电路、通用型接插件、非贴片型晶体管等在内的元器件，而不涉及其他复杂的元器件、接插件封装，在PCB编辑器中则一般只需要加载“Generic Footprints”文件夹中的“Advpcb. ddb”库文件即可。

在图3-39所示的窗口中，将“C：\ Program Files \ Design Explorer 99 SE \ Library \ Pcb Generic Footprints \ Advpcb. ddb”的库文件选中，单击窗口下方的【Add】按钮（也可以直接双击需要添加的PCB库文件），然后再单击【OK】按钮退出“PCB Libraries”（PCB库文件加载）窗口，完成库文件的加载。

此时，在图3-38所示窗口左栏的“Libraries”列表框中出现了一个名为“PCB Footprints. Lib”的PCB库文件，单击该库文件下方的【Browse】按钮，即可在如图3-40所示的“Browse Libraries”窗口中浏览库元器件。

图3-39 “PCB Libraries”（PCB库文件加载）窗口

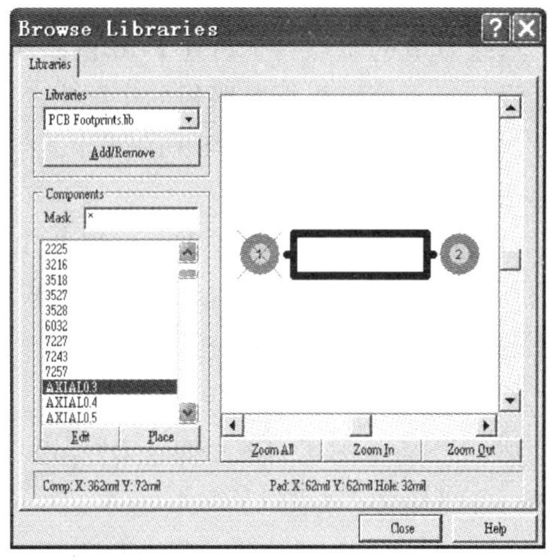


图3-40 “Browse Libraries”库元器件浏览窗口

**5. 设置PCB布线区域**

单击PCB编辑区下方的“KeepOutLayer”标签页，切换到禁止布线层。PCB编辑区左侧底部的“CurrentLayer”下拉列表框将显示“KeepOutLayer”（禁止布线层），下拉列表框旁边的正方形色块指示为桃红色（系统默认值），如图3-41所示。

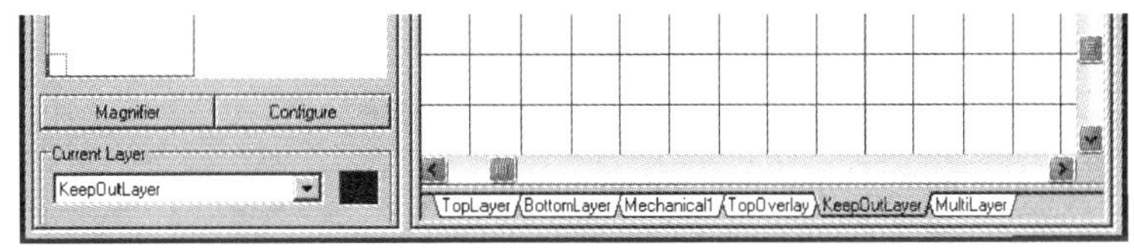


图3-41 “KeepOutLayer”层的切换

依次单击主菜单【Place】→【Line】菜单项，进入手工布线状态。在PCB编辑区绘制出一个封闭的矩形框，框内即为布线区域，如图 3-42 所示。

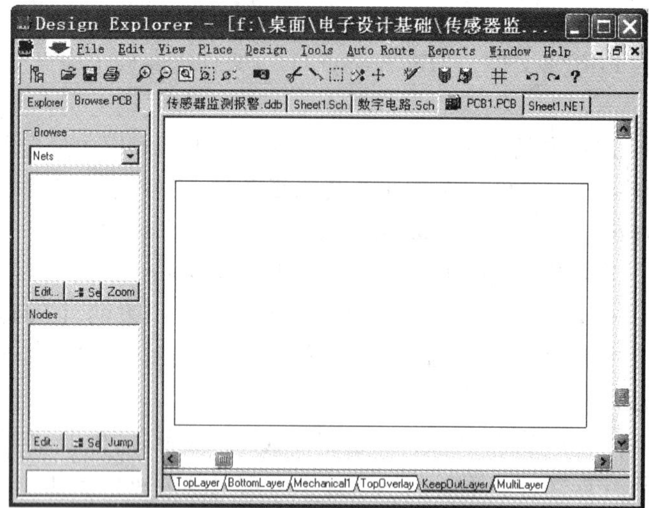


图 3-42 布线区域的绘制

后续章节的重点在于讲述 PCB 的基本设计步骤，因而布线区暂时随意设定。在实际的 PCB 设计时，应该根据电路板的实际大小和形状来定义布线区的具体尺寸，或者先按照一个比较大的电路板空间进行 PCB 的设计，待布局布线完毕后，再进行电路板幅面尺寸的压缩，以尽量减小电路板的尺寸。

一般的电路板生产企业主要根据 PCB 的尺寸大小收费。PCB 的面积越小则相应的费用就越低，单层板的加工费用最低。多层板的层数越多则加工费用越高，厚度过大或过小的电路板制板价格也会比较高。

**6. 定义 PCB 设计规则**

依次单击主菜单【Design】→【Rules…】菜单项，弹出如图 3-43 所示的“Design Rules”（设计规则）窗口。

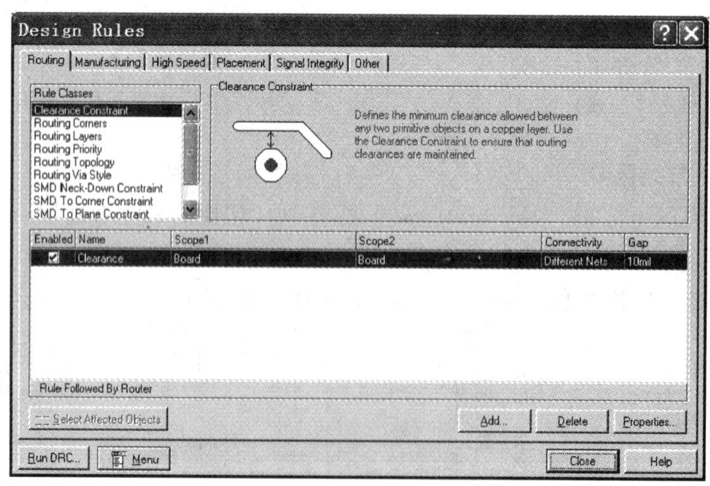


图 3-43 “Design Rules”（设计规则）窗口

“Design Rules”（设计规则）窗口共包含“Routing”（布线）、“Manufacturing”（制造）、

“High Speed”（高速 PCB）、“Placement”（放置）、“Signal Integrity”（信号完整性）及“Other”（其他约束参数）在内的6个标签页。这6页的设计规则对PCB图中的元器件布局、系统自动布线、信号完整性等进行了详细的参数设定与约束。

“Routing”（布线）标签页中的选项对生成PCB的影响和约束较大，经常需要设定的选项包括以下几个方面：

（1）最小安全距离

单击“Routing”标签页中“Rule Classes”（规则分类）列表框中的“Clearance Constraint”（安全间距）规则，可以设定不同节点的导电图形（例如：导线与焊盘、导线与过孔、焊盘与焊盘）之间的最小距离。

在图3-43中，系统默认的安全间距为10 mil（即0.254 mm），适用范围是整个电路板所有不同的网络节点。

1）设定安全间距值。单击图3-43右下角的【Properties…】（属性）按钮，弹出如图3-44所示的“Clearance Rule”（安全间距规则）设定窗口。

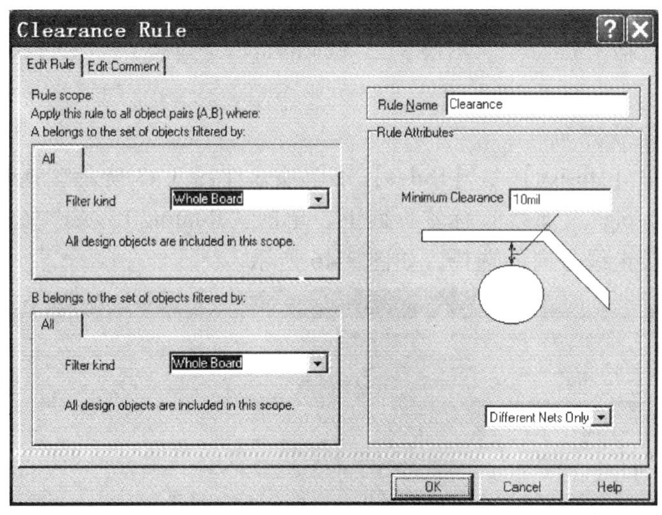


图3-44 “Clearance Rule”（安全间距规则）设定窗口

“Clearance Rule”（安全间距规则）窗口左侧的“Rule scope”（规则适用范围）在简单电路中可以设定为“Whole Board”，即整个电路板均适用。

“Clearance Rules”（安全间距规则）窗口右侧的“Minimum Clearance”（最小安全间距）文本框内可以输入需要设定的安全间距值。在实验室条件下，采用热转印工艺制作单层板时，该项参数建议设定为20～30mil；工厂化标准生产的双层板一般推荐采用10mil的默认值；高精度多层板（如手机主板、计算机主板等）选择的安全间距可以更小，达到3～5mil。

安全间距设定完毕后，单击【OK】按钮保存并退出设置。

2）增加安全间距规则。某些情况下，PCB的某些导电线条之间可能存在局部高压的现象，为了提高局部的耐压性能，安全间距的数值需要适当增加，使之与系统整体的安全间距值不相等。此时可以在图3-43中单击【Add…】按钮，在弹出的“Clearance Rules”（安全间距规则）设定窗口中新增安全间距规则。

单击窗口左栏的“Filter kind”（适用类型）下拉列表框，设定新安全间距规则的作用域，如图 3-45 所示。

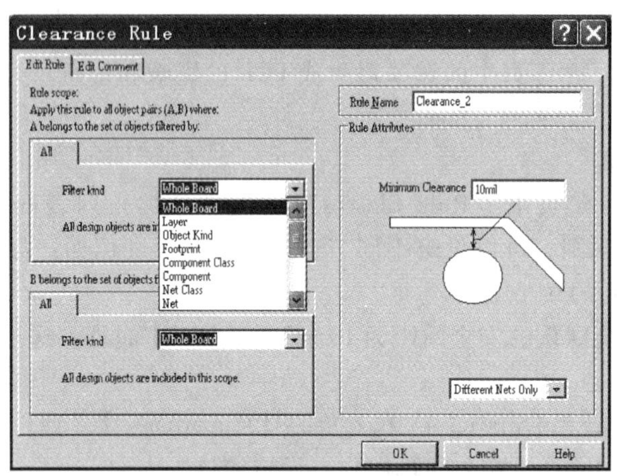


图 3-45　增加新安全间距规则的作用域

常用的作用域包括“Layer”（图层）、“Footprint”（封装）、“Component”（元器件）、“Net”（网络）等。

（2）布线层及走线方向

依次单击主菜单【Design】→【Rules】菜单项，在图 3-43 所示“Design Rules”（设计规则）窗口的“Routing”（布线）标签页面下，单击“Routing Layers”（布线层）选项，进行布线层内印制导线走线方向的选择，如图 3-46 所示。

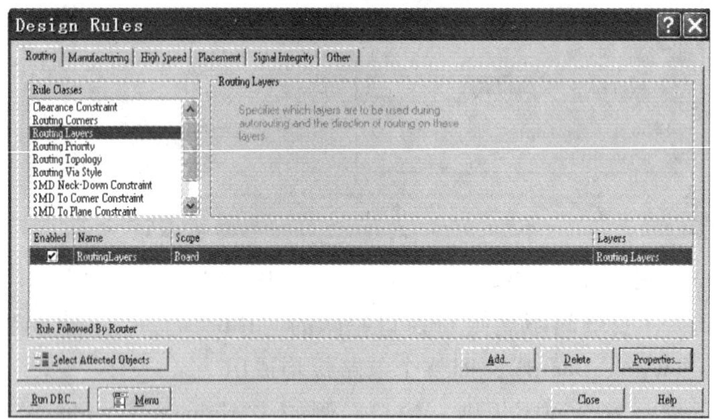


图 3-46　布线层的选择

单击图 3-46 窗口右下角的【Properties…】（属性）按钮，弹出如图 3-47 所示的“Routing Layers Rule”（选择布线层）窗口。

图 3-47 的布线层选择窗口左侧为规则的适用范围，右侧的“Rules Attributes”（规则属性）列表窗中，系统默认“Top Layer”（顶层）为“Horizontal”（水平布线），“Bottom Layer”（底层）为“Vertical”（垂直布线）；30 个中间层（MidLayer1 ~ 30）暂时处于“Not Used”（未使用）状态。

单击每个工作层右侧的下拉按钮，即可选择该层的走线规则，如图 3-48 所示。

图层内走线的常用规则如表 3-9 所示。

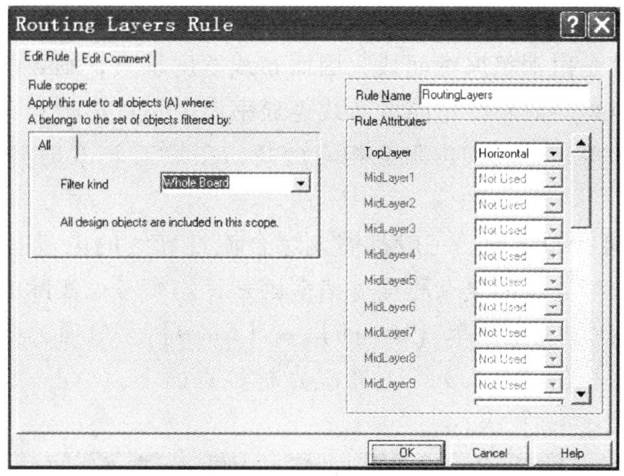


图 3-47　“Routing Layers Rule”（选择布线层）窗口

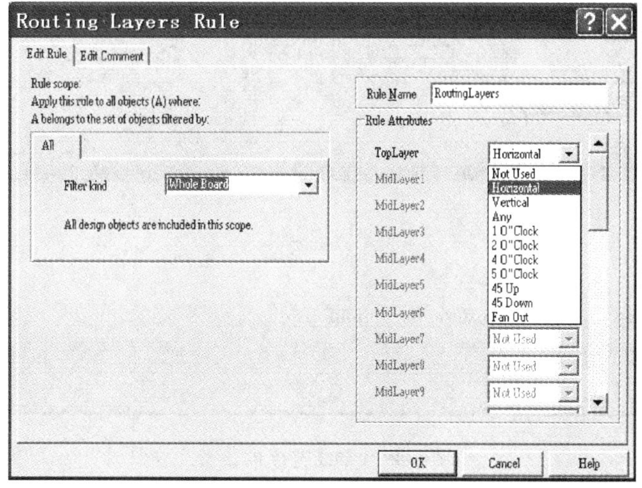


图 3-48　图层内印制导线走线规则的选择

**表 3-9　图层内走线的常用规则**

| 选项 | 功　　能 |
|---|---|
| Horizontal | 水平布线 |
| Vertical | 垂直布线 |
| Any | 任意方向布线（含水平、垂直、45°布线） |
| 45 Up | 斜向上 45°角方向 |
| 45 Down | 斜向下 45°角方向 |
| Not Used | 不进行布线 |

对于单层板，一般采用“Bottom Layer”（底层）走线，因此需要将底层（Bottom Layer）设置为“Any”（任意方向布线），“Top Layer”（顶层）内没有导电铜箔，因而需要设置为“Not Used”（未使用）。

对于双层板，“Top Layer”（顶层）与“Bottom Layer”（底层）之间的布线方向一般需要设定为互相垂直，使得上下两层信号间的耦合最小，提高电路的抗干扰能力。

（3）布线宽度

PCB 上电气连接都是由铜箔腐蚀而成，因而布线宽度越大，则导线的内阻就越小，对电路的影响也就越小，但是会对整个电路的布线连通率产生不良影响；布线宽度过小，电路的布线连通率会比较高，但是导线的内阻会相应增高，在加工 PCB 时容易出现线条断裂的现象，影响 PCB 质量。

使用 Protel 99SE 进行布线前，一般都需要综合流过导线的电流有效值、PCB 的加工工艺条件、焊盘数量、电气连线的复杂程度等诸多因素，均衡考虑实际的布线宽度。

1）通用设置。依次单击主菜单【Design】→【Rules】菜单项，在图 3-43 所示“Design Rules”（设计规则）窗口的“Routing”（布线）标签页面下，单击“Width Constraint”（布线宽度限制）项，如图 3-49 所示。

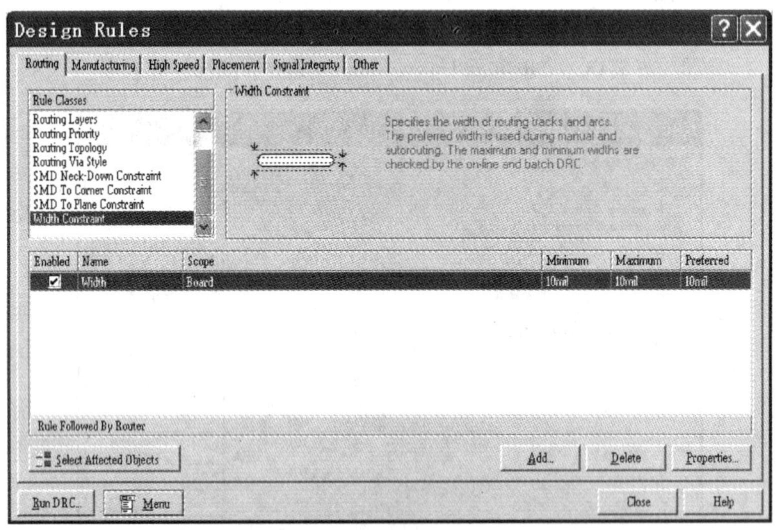


图 3-49　布线宽度的设置

单击图 3-49 右下角的【Properties…】（属性）按钮，弹出如图 3-50 所示的“Max-Min Width Rule”（布线宽度设定）窗口。

图 3-50 右侧的“Rule Attributes”（规则属性）列表窗内包含了“Mininum”（最小线宽）、“Maxinum”（最大线宽）、“Preferred”（优选线宽）三项参数，直接在文本框中输入合适的数值即可进行修改。

系统默认单位是 mil，最小线宽、最大线宽、优选线宽的系统默认值均为 10mil。这 3 个默认值对数字电路系统非常合理，很多 PCB 生产厂家也是以此设置值作为企业能够加工 PCB 的最小线宽。而在采用热转印、感光膜曝光等实验室条件下制作单层板时，建议将这三项参数提高到 20 ~ 30mil。

2）特殊要求的布线宽度设置。PCB 中的电源网络和地线流过的电流可能会比较大，为了提高电路系统的可靠性，可以将这类布线的宽度单独设置。

在图 3-49 所示窗口中单击右下角的【Add…】（增加）按钮，在如图 3-50 所示的“Max-Min Width Rule”（布线宽度设定）弹出窗口中，单击“Filter kind”（作用范围）下拉按钮，即可在“Whole Board”（整个电路板）、“Layer”（图层）、“Net”（网络）、“Region”（区域）等常用选项中选择合适的作用范围，如图 3-51 所示。

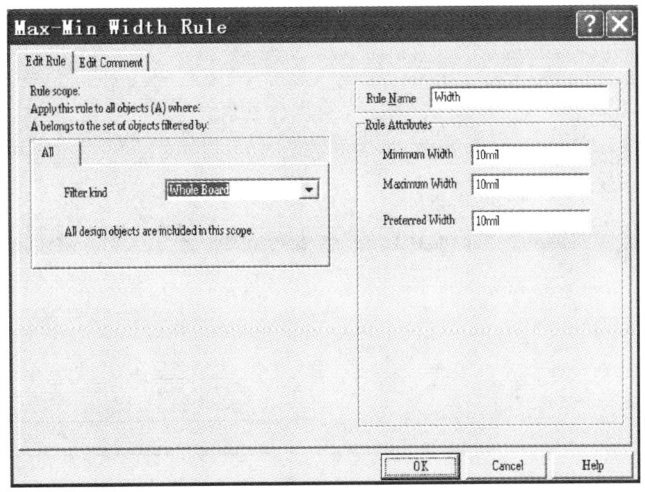


图 3-50　“Max-Min Width Rule”（布线宽度设定）窗口

在“Filter kind”（作用范围）下拉列表框中选择“Net”（节点），在如图 3-52 所示窗口的“Net”（网络）文本框中输入需要加粗线宽的网络名称。电源的网络名称一般为“VCC”、“+5”或“+12”等，地线的网络名称一般为“GND”。

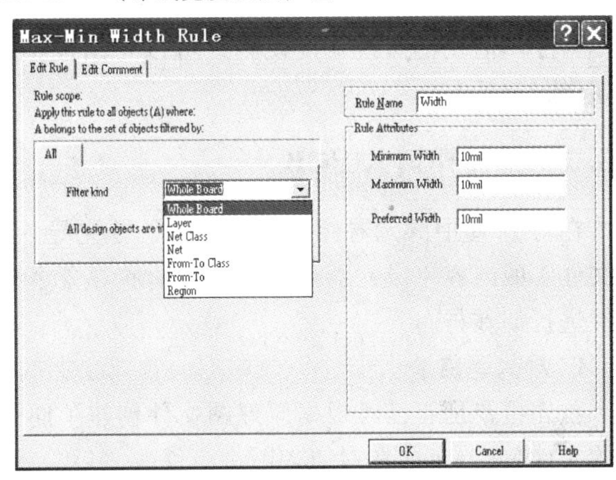


图 3-51　增加特殊要求的布线区域选择

选定网络后，在图 3-52 窗口右侧的“Mininum Width”（最小线宽）、“Maxinum Width”（最大线宽）、“Preferred Width”（优选线宽）三个文本框内输入合适的宽度值即可。设置完毕，单击窗口中的【OK】按钮，图 3-49 中的线宽状态窗口内新增了一条名为“Width_4”布线宽度规则，如图 3-53 所示。

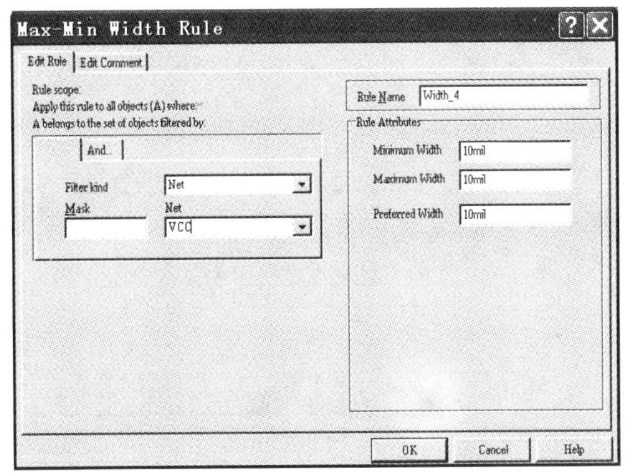


图 3-52　特殊要求布线宽度规则的作用范围

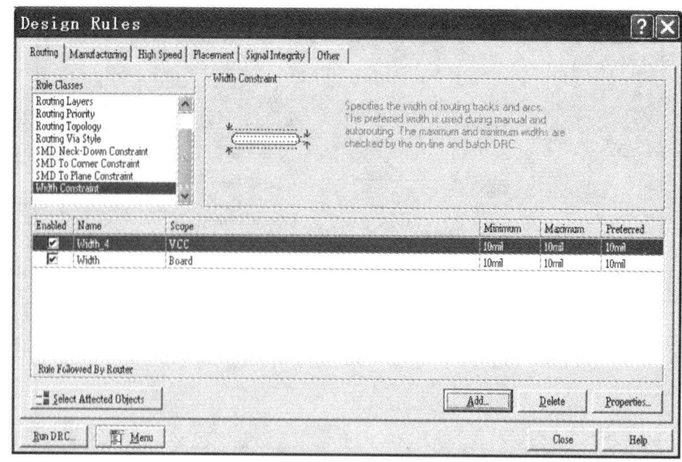


图 3-53 新增布线宽度规则的结果

同理可以继续新增地线（GND）或其他需要特殊处理网络的布线宽度规则。

对于不需要的布线宽度规则，可以先用鼠标左键选中，然后单击窗口下方的【Delete】按钮进行删除。

### 3.3.3 元器件调入 PCB

在对 PCB 中的元器件进行布局时，首先导入所需的网络表文件，系统会自动根据网络表文件中的内容生成元器件的封装图形和焊盘之间电气连接关系，然后由设计者对调入的元器件进行调整与布局。

**1. 导入网络表**

首先检查是否已经根据原理图文件创建了同名的网络表文件“＊. Net”（＊为电路原理图的文件名）。每次在对原理图进行修改之后，都需要重新创建一次网络表文件，因为系统本身并不会自动更新网络表文件。

依次单击主菜单【Design】→【Load Nets…】菜单项，弹出如图 3-54 所示的“Load/Forward Annotate Netlist”（导入网络表）窗口。

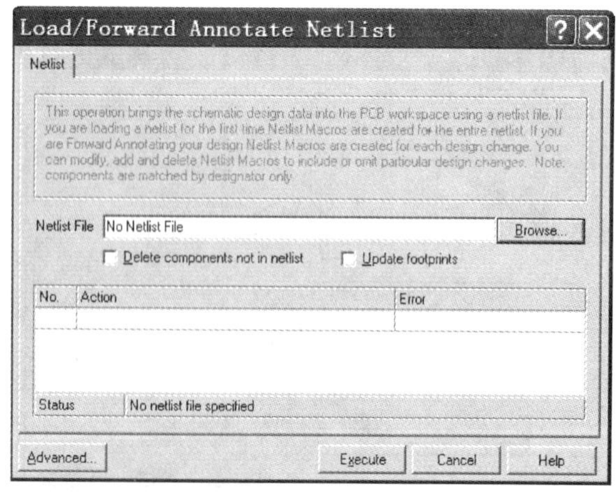


图 3-54 “Load/Forward Annotate Netlist”（导入网络表）窗口

在图3-54的导入网络表窗口中，单击【Browse…】按钮，弹出如图3-55所示的“Select”（网络表选择）窗口。

如果网络表文件不在当前设计文件路径下，可单击图3-55所示窗口中的【Add…】按钮，从其他路径下找出所需的网络表文件。

图3-55 “Select”（网络表选择）窗口

选择图3-55中“脉冲LED灯.NET”网络表文件，单击【OK】按钮返回。此时，图3-54所示的“导入网络表”窗口内容出现明显的改变，如图3-56所示。

在图3-56中，网络表文件名“脉冲LED灯.NET”出现在“NetList File”文本框中，文本框下方的表格中显示了装载该网络表时的详细信息，主要包括元器件装入情况、电气节点连接情况。

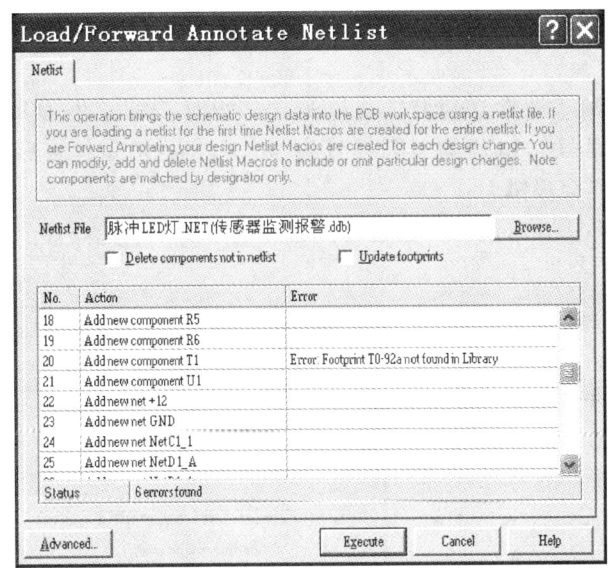


图3-56 装入网络表文件后的“Load/Forward Annotate Netlist”窗口

表格下方的列表中的“Status”（状态栏）显示“6 errors found”（系统共发现有6处错误），在初次装载网络表时很正常。虽然错误的数量较多，但很多错误是关联的，修改其中某一项错误后，往往会消去很多项的报错内容。

（1）常见的出错信息及处理方式

出错信息的数量有时候会比较多，但是报错的项目实际上并不多，以下是常见的3种出错信息。

1）Component not found（找不到元器件封装）。出现这类错误，主要是由于原理图中指定的元器件封装在已经加载的PCB库文件（＊.Lib）中没有找到。

“PCB Footprint. Lib”库文件中包含了绝大多数元器件的封装图形，但如果原理图中某一元器件的封装形式比较特殊，在“PCB Footprint. Lib”库文件中可能无法找到，这时就需要重新装入相关的 PCB 库文件。

如果发现图 3-56 中绝大多数的元器件封装都没有找到，则需要首先检查 Protel 99SE 中是否已经正确加载了“Advpcb . ddb”库文件（内部只有“PCB Footprint. Lib”一个文件）。如果系统未能正确加载，则需要返回图 3-38 所示的 PCB 文件编辑区，单击窗口左侧“Browse”列表窗下方的【Add/Remove】（增加/删除 PCB 库文件）按钮，装入“Advpcb . ddb”等基本的 PCB 库文件。

PCB 库文件的默认路径在“C：\ Program Files \ Design Explorer 99 SE \ Library \ Pcb \ Generic Footprints”下。

某些在欧美国家使用很少的封装形式（如 10 只引脚的 7 段显示数码管的封装）或才上市不久的新型封装（如 TQFN48、msop10 等）都有可能在 Protel 99SE 库中无法找到，一般需要自行设计、制作该元器件的封装库文件。

2）Node not found（找不到元器件的某一焊盘）。出现这类错误的原因主要是原理图中元器件的引脚编号与元器件封装文件中的引脚编号不一致。例如，电气原理图中晶体管电气图形的引脚编号为 E、B、C，而“PCB Footprint. Lib”库文件中小功率晶体管的典型封装“TO-92A”的引脚编号则为 1、2、3，相互之间的不统一是造成系统无法识别并报错的主要原因。

另外，3mm 的发光二极管（LED）可以采用“SIP2”或“RAD0. 1”等间距在 100mil 的封装值，但由于原理图中 LED 的引脚编号为 A、K，而 SIP2 封装形式引脚编号为 1、2，两者不统一，系统同样会报错。

上述问题的解决办法并不难，只需要修改原理图库文件中元器件的引脚编号，再替换到原理图中即可。

3）Footprint XX not found in Library（封装库中没有“XX”封装文件）。出现这类错误的原因仍然由错误的封装引起。首先应检查原理图中给出的元器件封装形式拼写是否正确，例如，将电解电容的封装“RB. 2/. 4”拼写为“RB2/4”（缺小数点），将单列直插的“SIP2”拼写为“SIP-2”等都是常见的错误。

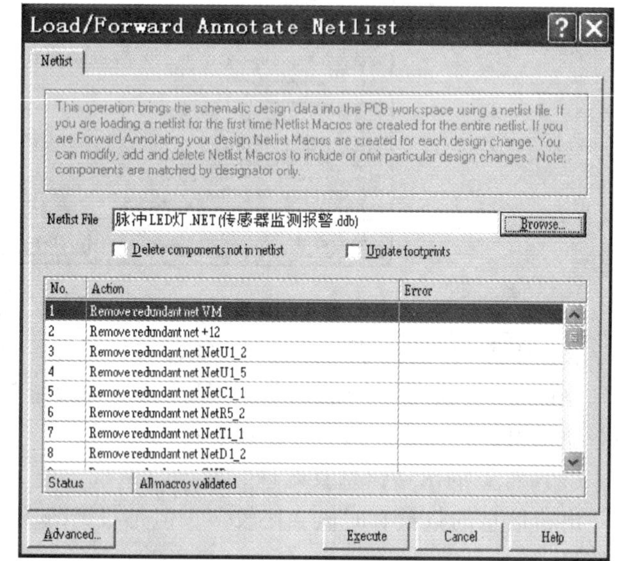


图 3-57 “All macros validated”（所有的宏均已通过验证）窗口

解决办法是返回原理图编辑区并修正错误的元器件封装值。

（2）排错的基本步骤

出现错误后必须针对错误进行修改，直至所有错误均已排除。

1）单击图 3-56 所示窗口下方的【Cancel】按钮，取消网络表文件的导入过程。

2）返回原理图，检查原理图中错误的封装参数，并再次生成网络表文件。

3）重新打开 PCB 文件，装入修改后的网络表文件。

（3）网络表的导入

排除所有的错误之后，“Load/Forward Annotate Netlist”窗口的“Status”（状态栏）显示“All macros validated”（所有的宏均已通过验证），如图 3-57 所示。

单击图 3-57 窗口中的【Execute】按钮，即可将网络表文件装载到 PCB 设计区，如图 3-58 所示。

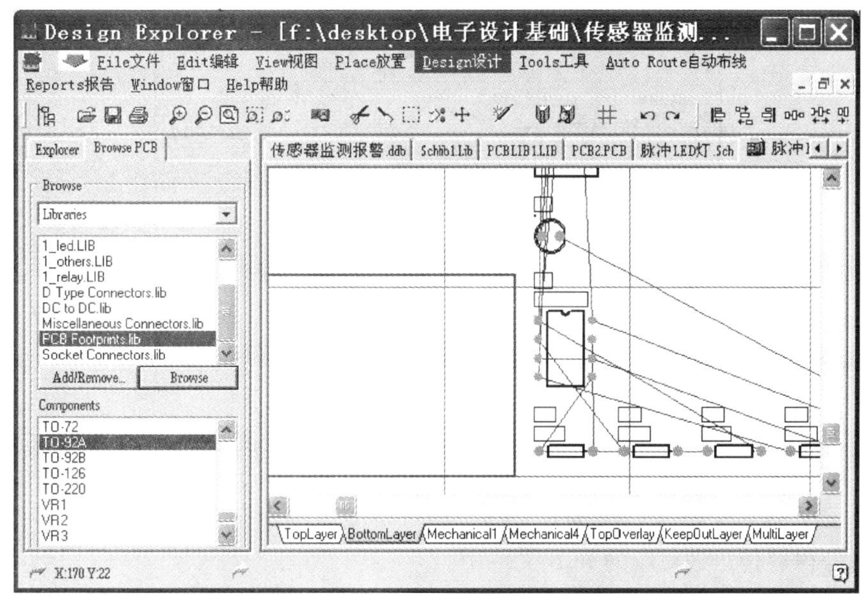


图 3-58　网络表文件成功装载到 PCB 设计区

在图 3-58 中可以看出，装入网络表文件后，网络表中的所有元器件均按照不同的封装值摆放在 PCB 布线区域的右侧之外。所有的电气连接关系通过弹性的细直线（俗称飞线）将对应的焊盘连接在一起。

“飞线”不能删除，它只是一种示意性连线，并不是真正的实体印制导线。

**2. 直接使用网络表更新 PCB 图**

如果元器件已经布局在 PCB 后，又对原理图做过一些修改，可以直接使用“Update PCB …”（更新）方式将电路原理图中修改的内容反映到 PCB 中。

依次单击主菜单【Design】→【Update PCB…】菜单项，切换到原理图编辑界面。如果 PCB 文件所在的文件夹下还有其他文件，则系统会弹出一个“Synchronizer”（同步更新）窗口，如图 3-59 所示。如果 PCB 文件在文件夹中具有唯一性，则直接进入“Update Design”（更新设计）窗口，如图 3-60 所示。

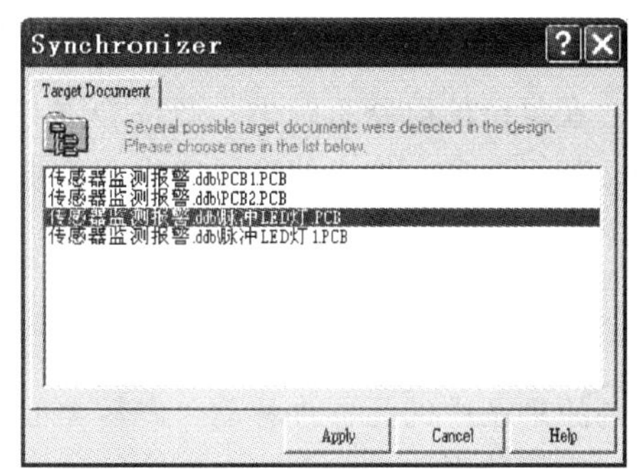


图 3-59　“Synchronizer”（同步更新）窗口

在图 3-59 中选取合适的 PCB 文件后，单击【Apply】按钮，弹出如图 3-60 所示的“Update Design”（更新设计）窗口。

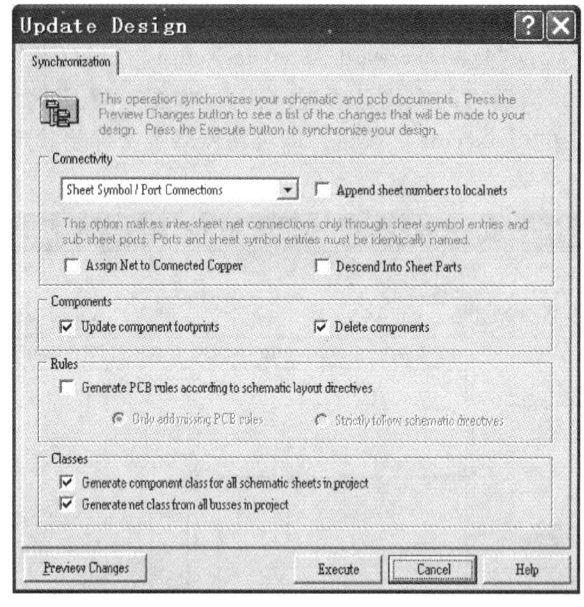


图 3-60　“Update Design”（更新设计）窗口

在图 3-60 中，将“Generate component class for all schematic sheets in project”复选框中的“√”去掉，然后单击【Execute】按钮，即可将原理图中元器件序号、元器件封装、电气连接关系等内容传送到对应的 PCB 文件中。

正确完成更新的前提是：经过修改的原理图文件中没有元器件序号重复、没有封装错误等妨碍更新的内容。

### 3.3.4　元器件的布局

成功调入网络表后，接下来需要按照一定规律将图 3-58 中布线区域外部的所有元器件全部移入有限的布线区域中，进行元器件的布局。布局是否合理不仅影响电路布线通过率，而且直接影响到整个电路的性能。特别是模拟电路和工作频率较高的电路，受电路布局的影响更为显著。

在复杂的电路系统中，调整 PCB 中元器件布局所耗费的时间占到整个 PCB 设计周期的 50% 甚至更多，这也使得国内很多企业放弃独立设计，转而采用“抄板”的模式，抄袭成熟 PCB 的设计方案，形成所谓的“公版”设计，为“山寨”产品的大行其道而推波助澜。

**1. 元器件的移动与旋转**

在 PCB 编辑区内，可以使用鼠标方便地对元器件执行移动、旋转等操作，具体操作方法与原理图中的元器件移动、旋转类似。

需要特别注意的是，在原理图绘制过程中按下“X”键、“Y”键可以实现元器件水平翻转或垂直翻转，但是在设计 PCB 时不推荐类似的操作。翻转有可能使集成电路被错误地镜像处理，例如：本来需要插装在“TopLayer”（顶层）的集成电路芯片，被错误地镜像处理后，只能被反装在“BottomLayer”（底层），影响了系统的可靠与美观。

**2. 布局的要求与参考原则**

在进行元器件布局时，首先要保证电路的功能和性能指标；在此基础上还要考虑是否满足工艺性、检测、维修等方面的要求；同时适当兼顾美观性，元器件排列整齐疏密得当。

建议每个 PCB 设计人员养成良好的工作习惯，将电路原理图打印出来，作为设计 PCB 时的参照，以明确电气连接关系、进行有针对性的元器件布局，力求元器件在 PCB 中整体密度均衡，布局紧凑。

以下总结了元器件布局的 10 项基本原则，供设计者参考。

1）电气上存在电气联系的元器件应就近安放，避免出现长距离的电气连线。先布置核心元器件（如集成电路），再放置外围元器件；先放置底面积较大的元器件，再布置底面积较小的元器件。

2）尽量按照电路信号的流向布置元器件，避免输入输出信号出现交叉；如果电路系统同时存在数字电路、模拟电路，或者同时存在微弱信号放大电路与大电流电路，则都应尽量分开布局，使各单元之间的相互影响减到最小。

3）输入、输出信号接插件，输入信号的放大单元，输出信号的驱动单元都应尽量靠近 PCB 边框，元器件离 PCB 边框的最小距离最好保持在 5mm 以上。尽量缩短输入与输出信号的走线，以减少信号的串扰。

4）批量生产的 PCB 中，所有元器件都只能按照水平或垂直两个方向排列，这主要是便于机械手的自动插件。自制测试用 PCB 时虽然允许每种元器件按照任意角度放置，但是仍然建议只采用水平或垂直两个方向排列元器件；在不影响性能的前提下，PCB 上的所有元器件应尽量摆放整齐、均匀、紧凑。

5）发热量大的元器件应放在印制电路板的某一边缘，以便于安装散热片或距离散热风扇风道较近。对于发热量过高的大功率晶体管、模块等，建议采用导线连接到 PCB 外部的散热片上。传感器、热敏元器件必须远离发热量较大的功率元器件。

6）元器件间距要适当。间距如果取得过小，会影响元器件的插装、焊接以及散热。如果元器件间距取得过大，PCB 的面积会大幅增大，显著增加制板成本；此外，还会使焊盘之间的连线过长，引起印制导线间的寄生电容、电阻、电感等增大，降低系统的抗干扰能力。

7）如果 PCB 上存在高压单元，则元器件间距应适当加大，避免因漏电、放电引发的电路工作不正常；高压单元建议尽量布置在 PCB 的某一个角落，在整机调试不易被触及，确保操作的安全。

8）PCB 上重量较大的元器件（如变压器、电感器），应尽量靠近 PCB 支撑点，减小日后因 PCB 受力不均而引起的 PCB 翘曲、变形。有条件的话可以将这类元器件移出 PCB，单独固定。

9）对于电位器、可调电阻、可调电容、可调电感等需要调节的元器件，建议尽量布局在 PCB 的边缘。在条件允许的情况下，可以将调节型元器件统一安排在某个区域进行集中布局。

10）退耦电容要尽量靠近集成电路的电源引脚和接地引脚。

**3. 手工布局**

元器件在 PCB 上的布局是整个 PCB 设计过程中耗时最长、技术难度最高的一项工作，往往需要多年的工作经验积累，才能实现高水平的布局效果。

初学者在进行手工布局时，可以参照以下步骤操作：

(1) 定位核心元器件

当 PCB 上元器件数目较多、连线较复杂时，需要根据前一节所述的 PCB 元器件布局原则，用手工方式放置好核心元器件，然后再根据电气连接关系布置外围元器件，最后对 PCB 上的个别元器件位置做优化调整。

核心元器件的数量有限，对单芯片电路而言，芯片是系统的核心元器件；对数字电路而言，CPU 是系统的绝对核心；对模拟电路而言，则需要按照信号的走向，将信号链上的所有芯片都定义为核心元器件。

(2) 粗调元器件位置

根据外围元器件与核心元器件的“飞线”关系，利用移动、旋转等基本操作，将外围元器件布置在核心元器件的附近。

当两只器件距离太近时，两只元器件都会变成高亮的绿色，提示使用者保持距离。

(3) 微调元器件位置

经过上述两步之后，元器件在 PCB 布线区域内的相对位置大致确定，但仍会存在一些不太合理的地方，如元器件分布不均匀，飞线交叉过多等，还需要进行手动微调。

微调时建议隐藏元器件编号与参数信息，以便于精细地调整元器件布局。双击任意一个元器件，在弹出的元器件属性窗口中单击【Gloabl >>】按钮，展开的元器件全局属性窗口如图 3-61 所示。

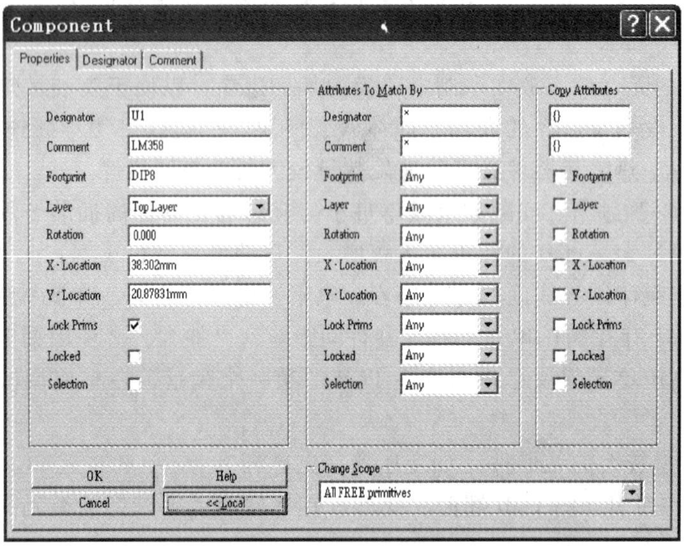

图 3-61　“Component”（全局属性）窗口

切换到图 3-61 所示窗口的“Designator”（元器件编号）标签下，如图 3-62 所示。将左下角“Hide”项选中；在窗口“Attributes To Match By”列表窗的“Hide”下拉列表框中，选择“Same”项；接着在窗口右下方“Change Scope”下拉列表框中选择“All primitives”，隐藏所有元器件的编号信息。

切换到图 3-61 所示窗口的“Comment”（注释信息）标签下，如图 3-63 所示。

将图 3-63 中的“Hide”项选中。在窗口右侧“Attributes To Match By”列表窗的“Hide”下拉列表框中，选择“Same”项；接着在窗口右下方“Change Scope”下拉列表框

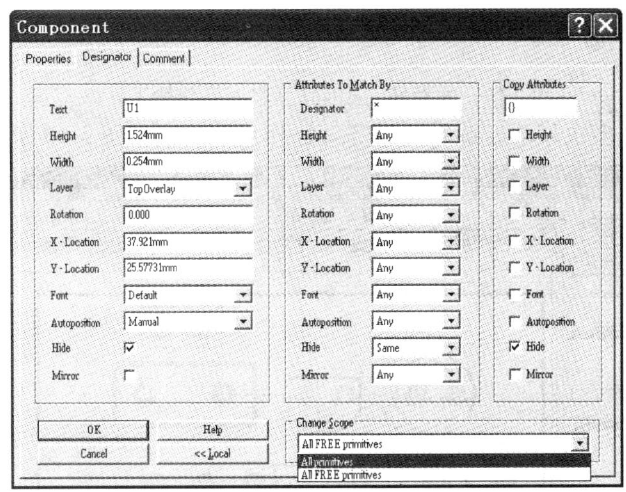


图 3-62　“Designator”（元器件编号）标签

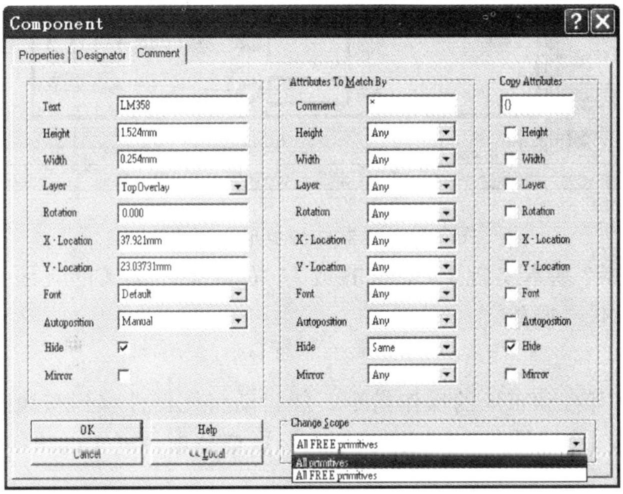

图 3-63　“Comment”（注释信息）页面

中选择“All primitives”，隐藏所有元器件的参数信息。

设置完毕之后单击【OK】按钮，系统弹出信息窗口，确认是否需要更改所有元器件，如图 3-64 所示。

单击【Yes】按钮，即可将所有元器件编号及参数信息全部隐藏。隐藏元器件编号及参数信息后，PCB 工作区显得比较清爽，便于实现元器件位置的微调。

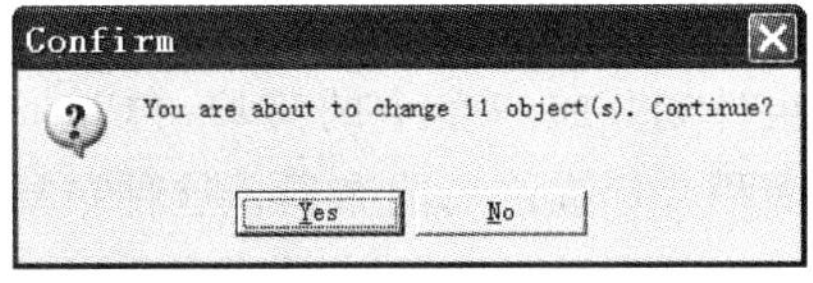


图 3-64　修改元器件属性的确认窗口

“飞线”表示电路图中的电气连接关系，飞线交叉越少，相对布线长度越短；飞线越直，两点之间的连线相对就越短。为了实现两点间的飞线较直的效果，可以依次单击主菜单【View】→【Tool bars】菜单项→【Component Placement】子菜单项，弹出如图 3-65 所示的快捷工具栏，实现元器件的水平对齐、垂直对齐，水平、垂直方向的均匀排列等功能。

图 3-65　元器件 “Align”（对齐）快捷工具栏

所有元器件经过多次移动、旋转、对齐等操作后，达到如图 3-66 所示的效果。

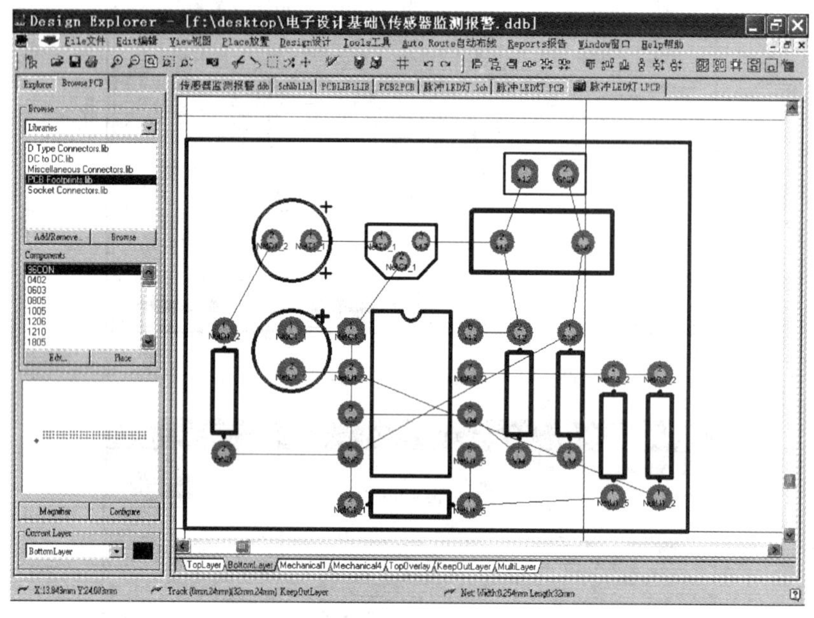


图 3-66　元器件初步布局的结果

图 3-66 中，元器件基本实现上/下对齐或左/右对齐，交叉的飞线数目很少且比较直。至此，手工布局基本告一段落。

**4. 自动布局**

Protel 99SE 提供有自动布局的操作指令，能自动将元器件移到布线区内。

依次单击主菜单【Tools】→【Auto Placment】菜单项→【Auto Placer】，弹出如图 3-67 所示的窗口。

在图 3-67 窗口中，可以选择 “Cluster Placement”（按集群方式布局）或者 “Statistical Placement”（按统计方式布局）。

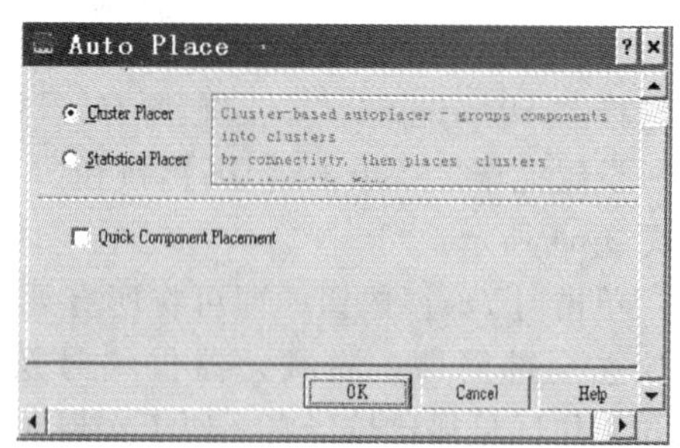


图 3-67　“Auto Placer”（自动布局）窗口

“Cluster Placement”（按集群方式布局）习惯称为 “菊花链布局”，是根据组件之间的连接性，将组件划分成一个个的集群（Cluster），以占用最小面积为标准进行的布局，这种布局方式主要适合 PCB 中元器件较少的情况。

“Statistical Placement”（按统计方式布局）是以组件之间连接长度最短为标准进行的布局，适合 PCB 中元器件数量较多的情况。

在选中 “Quick Component Placement”（元器件快速放置）复选框后，单击【OK】按钮后，系统即可将 PCB 编辑区的所有元器件调入布线区。

系统自动布局耗费的时间可能会比较长，这取决于电路连线的复杂程度、元器件的数量以及计算机的运行速度和内存大小。

如果发现系统在自动布局时出现长时间没有响应的异常现象，可依次单击主菜单【Tools】→【Auto Placment】菜单项→【Stop Auto Placer】，停止自动布局的进程。

Protel 99SE 提供的这两种自动布局方案的算法均不理想，最终得到的布局效果差强人意，因而不建议采用元器件的自动布局。

### 3.3.5 电气布线

元器件在 PCB 上合理布局完毕之后，进入电气布线阶段。

**1. 布线原则**

布线是按照原理图要求将元器件通过印制导线连接成电路，这是 PCB 设计的关键步骤，在布线时要注意参考以下原则：

(1) 连接要正确

虽然有网络表支持，但是面对复杂的导电图形，要保证所有连接全部正确并不容易，往往需要设计者反复对比原理图与 PCB 图，找出故障点。

(2) 布线要简捷

除某些兼有元器件功能（如印制电感）的连线外，PCB 中的所有布线都要尽可能做到短、直、平滑的效果。

(3) 粗细要适当

电源线、地线和大电流导线必须保证足够宽度。特别是接地线，在 PCB 面积允许的情况下应尽可能设置得宽一些。

**2. 预布线**

在进行自动布线以前，对有特殊要求的连线关系（例如：信号的主通道回路，往往需要布线最短）可以手动进行预布线。

预布线时，首先选中布线的层面（“TopLayer” 或 “BottomLayer”），然后依次单击主菜单【Place】→【Interactive Routings】菜单项，用鼠标连接对应的焊点即可。

**3. 全局自动布线**

依次单击主菜单【Auto Route】→【All…】菜单项，弹出如图 3-68 所示的 “Autorouter Setup” （自动布线设置）窗口。

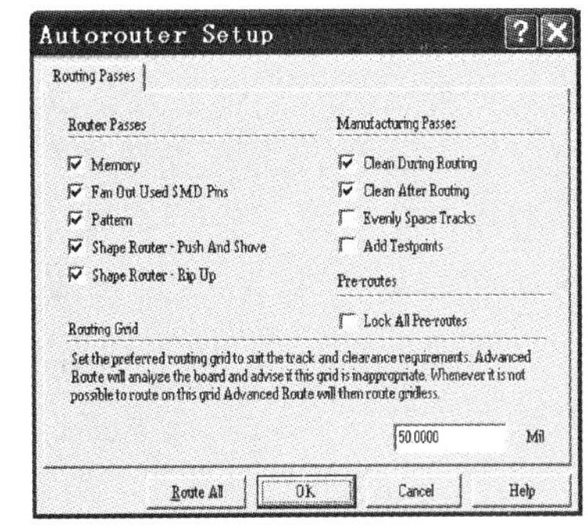


图 3-68 “Autorouter Setup” （自动布线设置）窗口

按照图 3-68 中的默认设置，单击【Route All】按钮，系统即可进入自动布线程序。对于 PCB 中已经存在的预布线，需要将 “Lock All Pre-routes” 复选框选中，以保护预布线不被修改。

在自动布线过程中，计算机按照 Protel 99SE 设置的复杂算法决定电气连线的走向与连接方式。电路复杂程度越高则完成布线的时间越长。总体而言，PCB 布线时间的长短由 PCB 上电气连线的复杂程度、布线规则设置和计算机 CPU 的运算速度、内存的大小等诸多因素共同决定。

布线完毕系统会提示如图 3-69 所示的结果。

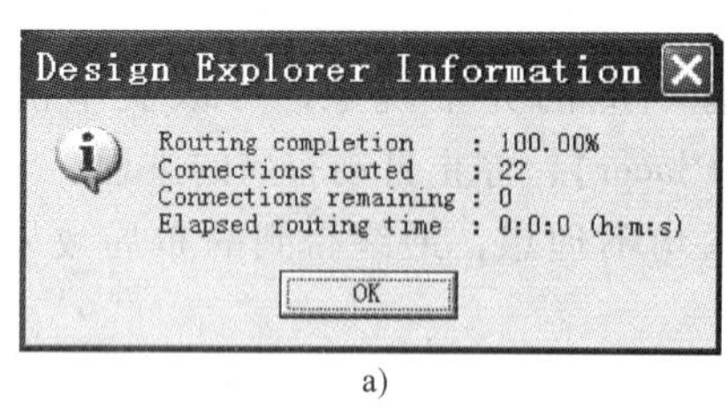


a)

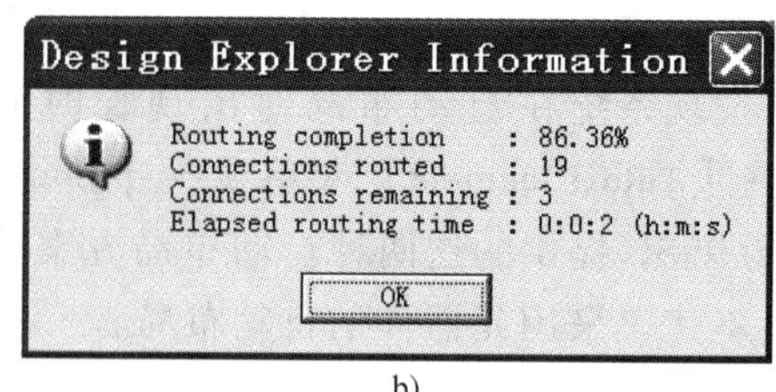


b)

图 3-69 布线完毕系统的提示窗口

a）布通率 100%　b）布通率 86.36%

图 3-69a 所示的结果表明该 PCB 的布线通过率为 100%，共计连线 22 根，耗时在 1s 以内。而图 3-69b 表明布线通过率只有 86.36%，共计连线 19 根，尚余 3 根未连通。

**4. 中止、暂停及撤除布线**

在自动布线过程中，若发现系统长时间没有响应时，可依次单击主菜单【Auto Route】→【Stop】菜单项，停止布线进程。另外，也可以使用【Pause】或【Restart】菜单项暂时中止或重启系统布线进程。

如果对布线结果不满意，可以依次单击主菜单【Tools】→【Un-Route】（拆除布线结果）菜单项，撤销全部或者部分不合理的布线。

【Un-Route】菜单项包含以下 4 项子菜单，具体功能如下：

1）【All】：撤除 PCB 上本轮的所有布线。

2）【Net】：撤除某一节点的所有布线，主要被用来取消电源和地线的布线结果。

3）【Connection】：撤除两个焊盘间的布线，这条撤销布线的指令在布线完毕后的修改过程中使用较多。

4）【Component】：如果对某元器件的布局位置不满意，可以将该元器件的所有连线去掉，将其移动到合适的位置后再进行布线。

## 3.3.6 布线的手动调整

Protel 99SE 进行自动布线时，其核心出发点是实现所有节点的连通，有时候完成的 PCB 虽然布通率达到了 100%，但实际布线效果往往不能令人满意，主要表现在布线与焊盘间错位、布线密度不均匀等。个别布线为了实现直接连通甚至被迫沿着 PCB 边缘做长距离的包围，这些现象在图 3-70 中均有所体现。另外，有时候系统会以高亮形式显示同层的交叉线条（这属于错误的布线结果）。出现上述问题后，都需要设计者进行反复的手动调整与修改。

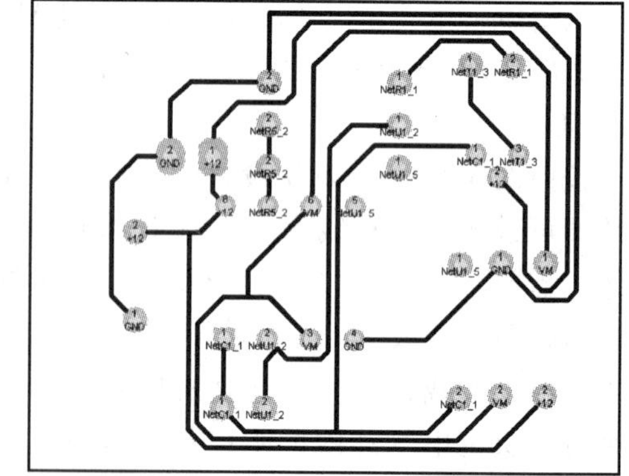

图 3-70 不理想的自动布线结果

**1. 手动布线规则**

手动布线可以参考以下基本规则：

1）布线转折点处的内角不宜小于 90°，一般选择 135°角，高频电路建议采用圆角。过小的内角会使布线的总长度增加，容易形成寄生电感。

2）布线与焊盘、过孔的连接处要圆滑，避免出现尖角，这主要是由于尖角处的有效宽度小于平均线宽，局部电阻陡增。

3）导线与焊盘、过孔的连接应该尽量避免出现锐角或直角。

4）在双层板中，上下两层信号线的走线方向要尽量避免平行。

5）对于数字、模拟混合系统来说，模拟信号走线和数字信号走线应分别位于不同层面或保持足够的距离，并通过垂直方向的走线，减少相互间的信号耦合。此外，应尽量避免在时钟电路、晶振电路的下方布线。

6）主信号通道的连线尽可能做到短而粗。

7）高压或大功率元器件应尽量与低压小功率元器件分开布线。

8）数字电路、模拟电路的电源线、地线必须分开走线，最后再接到系统电源线、地线上，形成单点接地。

9）选择合理的连线方式，图3-71给出合理及不合理的连线方式的对比，供参考。

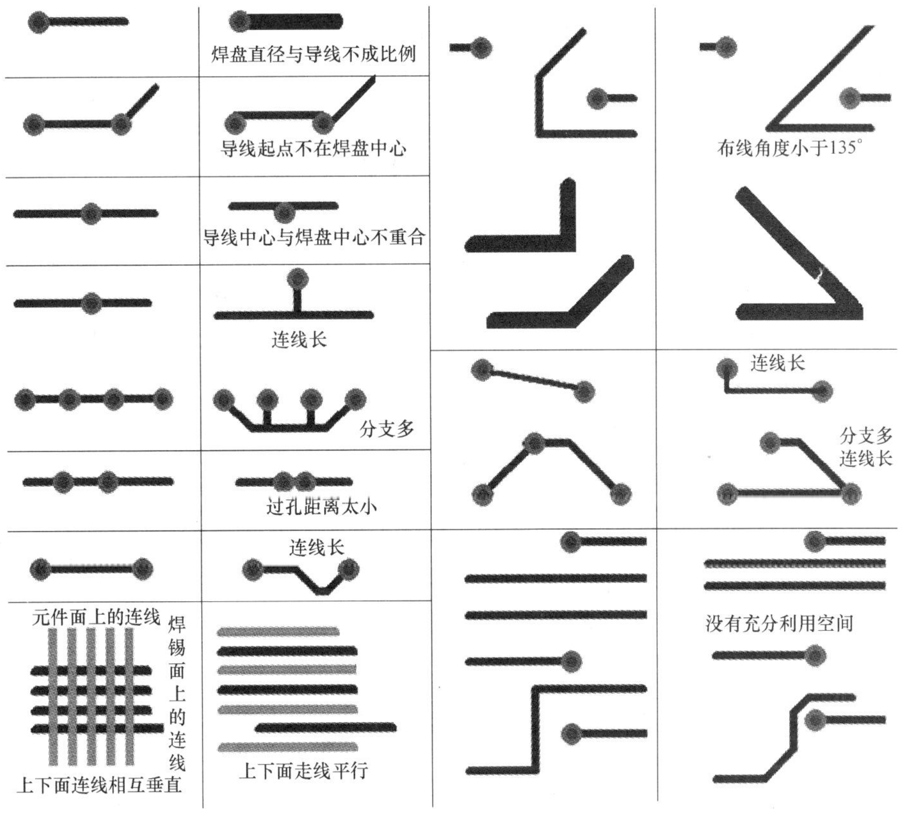


图3-71　合理及不合理的连线方式对比

**2. 手动布线**

对于计划修改的布线，可以采用先删除原有连线后再手动布线的方式。Protel 99SE软件也提供了更为快捷的交互式布线，在布线过程中直接删除、修复原有不良布线结果。下面以图3-72a所示的电路布线结果讲解交互式布线的具体操作。

依次单击主菜单【Place】→【Interactive Routing】菜单项，鼠标光标变为十字形，移动光标到需要修改线条的焊盘起点后单击鼠标左键，如图3-72b所示。移动鼠标光标到下一

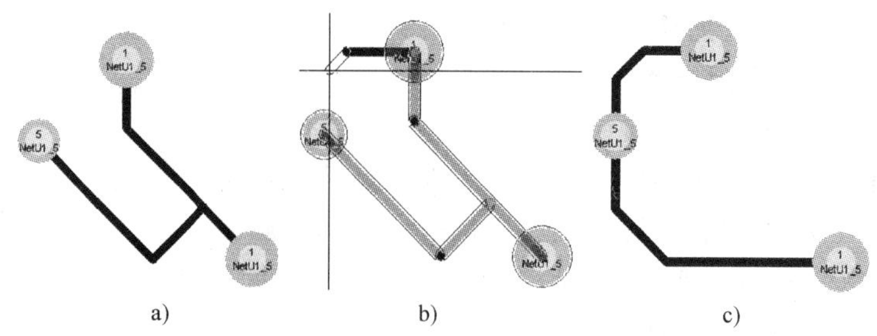

图 3-72 “Interactive Routing”（交互式布线）的操作
a）不良布线结果 b）单击线条 c）修改后的布线

个焊盘后再单击鼠标左键确定，系统将自动保留本轮布线结果并删除掉原有的不合理布线。

针对图 3-72a 所示的不合理布线结果，从最上方的焊盘经节点 5 的焊盘至最下方的焊盘进行电气连线，完成布线后系统自动删去原有的布线，效果如图 3-72c 所示。

布线过程中，个别布线为了实现直接连通而被迫沿着 PCB 边缘做长距离的包围，直至形成回路，线虽然布通了，但由于连线过长，增加了受干扰的概率，同时也增加了线条内阻。对于此类布线，最好在 PCB 的元器件面增加一条短接线以实现短距离的连接。虽然增加了一个元器件，但是会使电气连线的有效距离大大缩短，类似于桥梁的作用，一些文献中形象地将其称作“桥接线”。

图 3-70 中的布线经修改后的效果如图 3-73 所示。

图中 U1 的 4 引脚与电阻 R1 的 2 引脚、电容 C2 的 1 引脚之间设置有一根桥接线，在实际的安装调试时，需要用导线插入焊盘实现连接。

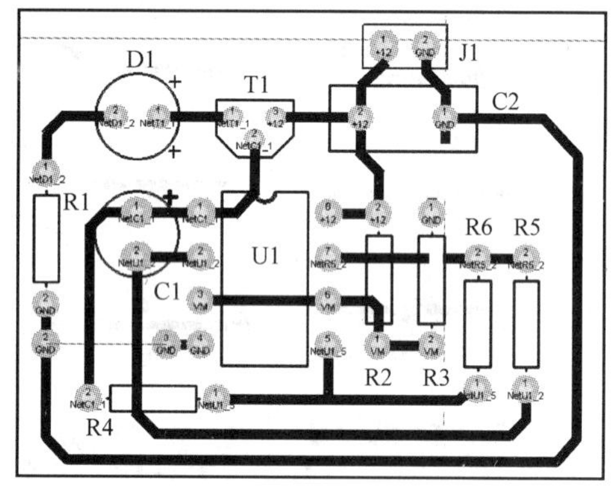


图 3-73 修改后的布线结果

**3. 修改焊盘形状与尺寸**

Protel 99SE 提供的元器件封装中，焊盘面积尺寸一般比较小，在实验室制板、大电流应用电路等场合中显得不太合适。在本章 3. 3. 2 节中曾经提到，铜箔是用胶粘接在绝缘基板表面而成的。较小的焊盘上胶面积也较小，使焊盘的附着力较低，在组装或调试过程中如果进行长时间的焊接，容易造成焊盘脱落。

以下是提高焊盘强度的几个有效途径：

（1）增大焊盘尺寸

在电路布线允许的条件下，尽可能增大焊盘的外形尺寸。

（2）调整焊盘形状

将焊盘的形状修改成椭圆形（即焊盘的“X-Size”与“Y-Size”的大小不等），增大焊盘与导线连接方向的尺寸参数，如图 3-74b 所示。

（3）让焊盘成为多股导线的交点

尽可能让焊盘成为多股导线的交点，依靠

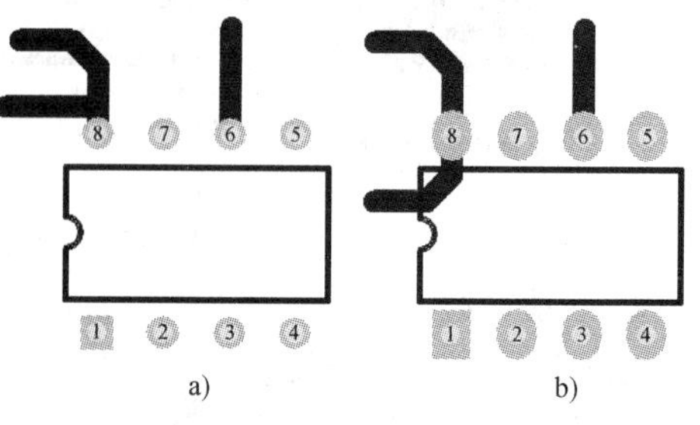

图 3-74 焊盘形状及附着导线的修改示例
a）原始焊盘形状及附着导线 b）调整后的焊盘形状及附着导线

导线的支撑，提高焊盘的附着强度。图3-74b中8号引脚的线条较图3-74a更为合理。

建议在PCB布局完成后，对电路中需要修改的焊盘进行全局化批量操作。

**4. 添加泪滴焊盘**

“Teardrop”（泪滴焊盘）使布线与元器件焊盘之间的连接达到平滑方式过渡。泪滴焊盘避免了信号线宽度从焊盘到导线时突然锐减而可能出现的信号反射，同时也解决了焊盘与布线的连接处在多次焊接过程中容易断裂的问题。

泪滴焊盘的添加很简单，依次单击主菜单【Tools】→【Teardrops…】菜单项，弹出如图3-75所示的泪滴焊盘属性窗口。

在图3-75所示窗口右侧的“Action”列表窗中选择“Add”单选项，在“Teardrop Style”列表窗中建议选择“Arc”（圆弧）风格，然后单击【OK】按钮完成泪滴焊盘的设定。图3-73所示的电路布线图增加了泪滴焊盘后的效果如图3-76所示。

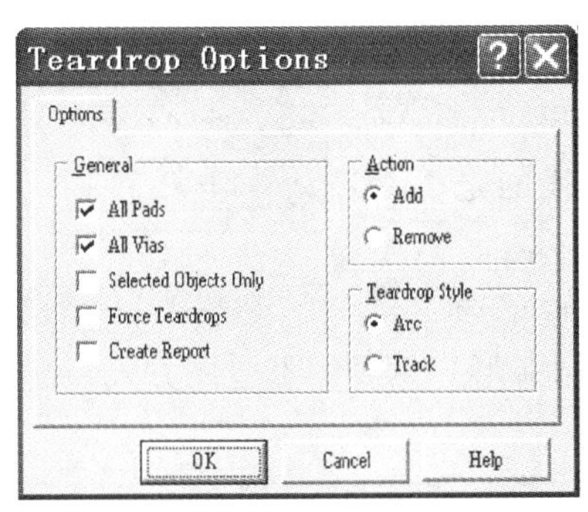


图3-75 “Teardrop Option”（泪滴焊盘）属性窗口

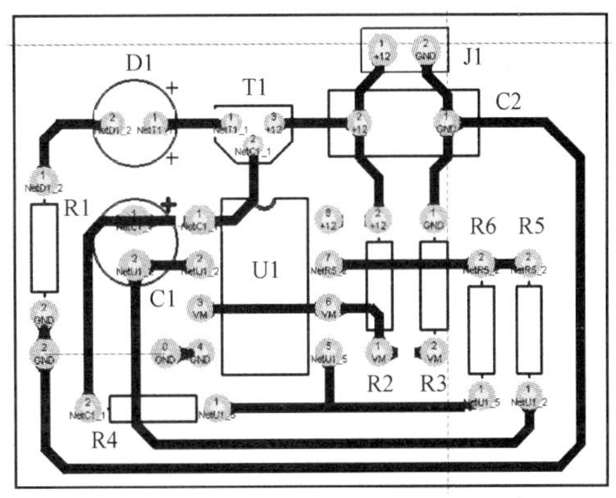


图3-76 增加了泪滴焊盘后的电路布线效果

如果希望去掉焊盘的泪滴化效果，可以在图3 75所示的“Teardrop Option”（泪滴焊盘）属性窗口中，在“Action”列表窗中选中“Remove”（删除）单选项，然后单击【OK】按钮，即可将焊盘恢复为初始状态。

需要注意，当焊盘的直径与电气连线的宽度相差不大时，泪滴式焊盘的效果并不明显。

**5. 添加覆铜**

覆铜是指在PCB上空置的未布线区域用大面积的铜层填充，高频电路中比较常见。覆铜区一般与系统的接地线连通，采用覆铜后可以显著降低接地线的阻抗，提高电源效率与抗干扰能力，同时也保证了PCB在焊接、调试过程中不易因受热不均而出现变形。目前，随着数字电路的工作频率逐渐提高，PCB设计中开始广泛使用覆铜工艺。

PCB布线完成，添加泪滴焊盘后，即可在PCB的布线层（单层板为底层、双层板为底层+顶层）放置与地线相连的覆铜区，使其他的焊盘与布线尽可能被地线包围。

（1）覆铜区的设置

依次单击主菜单【Place】→【Polygon Plane】菜单项，弹出如图3-77所示的“Polygon Plane”（覆铜属性）设置窗口。

在图3-77所示的“Net Options”列表窗中，单击“Connected Net:”下拉列表框，在列表框中选择“GND”（接地）网络。建议选中“Remove Dead Copper”（除去死铜）选项；没有网络的覆铜叫做死铜，不但起不到覆铜的作用，还会在PCB上增加额外的寄生电容，尤其在高频时对系统性能影响较大。

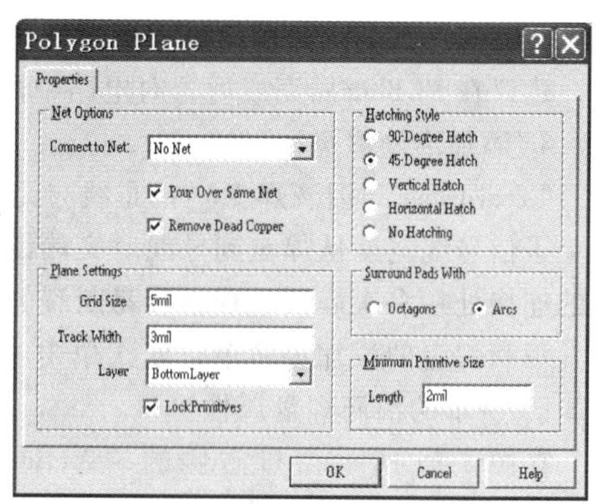


图3-77 “Polygon Plane”（覆铜属性）设置窗口

“Plane Settings”列表窗中，由使用者定义覆铜的“Grid Size”（栅格尺寸）、“Track Width”（覆铜线宽，覆铜实际上是由一根根的导线平铺而成）。“Layer”下拉列表框设定需要进行覆铜的图层。“Lock Primitives”选项选中后，对PCB布线结果进行移动、编辑等操作时，系统均会弹出如图3-78所示的确认窗口。

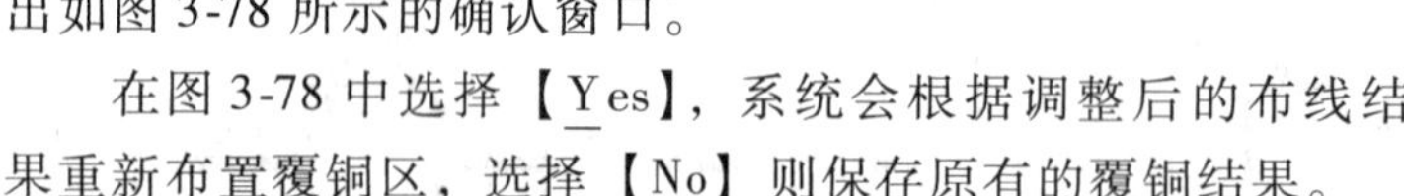

在图3-78中选择【Yes】，系统会根据调整后的布线结果重新布置覆铜区，选择【No】则保存原有的覆铜结果。

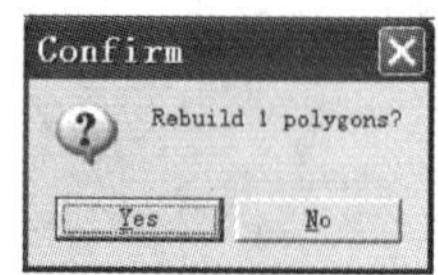


图3-78 覆铜操作的确认窗口

“Hatching Style”列表窗用于设置覆铜时采用导线的走线方式，其中“45-Degree Hatch”（45°覆铜）使用较多。

在“Surround Pads With”（覆铜区包围焊点方式）单选框内，可以选择“Octagons”（八边形）或“Arcs”（圆弧形）两种焊点包围方式。

（2）绘制覆铜区

一般电路中建议使用大面积的接地覆铜区，此时覆铜区的轮廓与布线区应该基本重合。将鼠标移到覆铜区起点，单击鼠标左键，固定覆铜区的第一个顶点；然后移动鼠标到覆铜区的第2、3、4个顶点，依次单击鼠标左键确认；当最后一个顶点确认后，单击鼠标右键系统即可自动完成覆铜区的填充与绘制。

图3-76所示PCB布线图经过覆铜处理后的效果如图3-79所示。

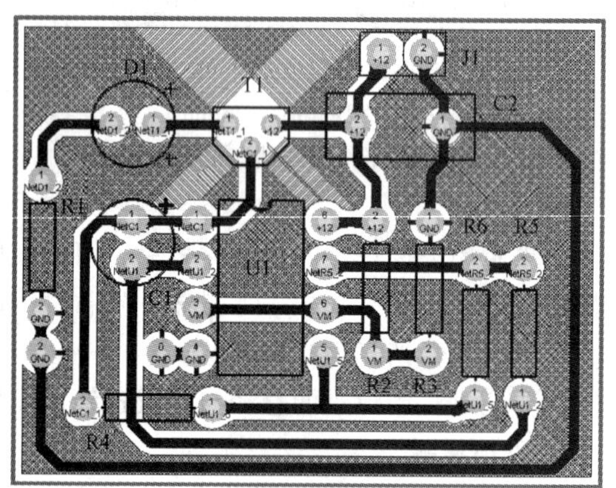


图3-79 经过覆铜处理后的PCB效果图

（3）调整覆铜区属性

用鼠标左键双击覆铜区内的任一点即可打开“Polygon Plane”（覆铜属性）设置窗口，如图3-77所示。此时可以重新设定覆铜区的相关参数。

（4）删除覆铜区

覆铜区的删除与导线的删除基本一致，依次单击主菜单【Edit】→【Delete】菜单项，将十字形光标移动到需要删除的覆铜区表面单击鼠标左键即可。

## 3.4　原理图库文件的编辑

库文件的编辑分为两种类型。对于 Protel 99SE 原理图库中均没有收录的元器件，需要重新创建；对于 Protel 99SE 原理图库中非标准或模式有误的已有库元器件，可在原有库元器件的基础上进行修改、保存。

### 3.4.1　创建新的原理图库文件

国内常见的 10 引脚 7 段数码管没有收录在 Protel 99SE 的基本元器件库中，这里以 0.5 英寸共阴极数码管为例，讲述原理图库元器件的设计步骤。

0.5 英寸共阴极数码管的引脚排列如图 3-80 所示。

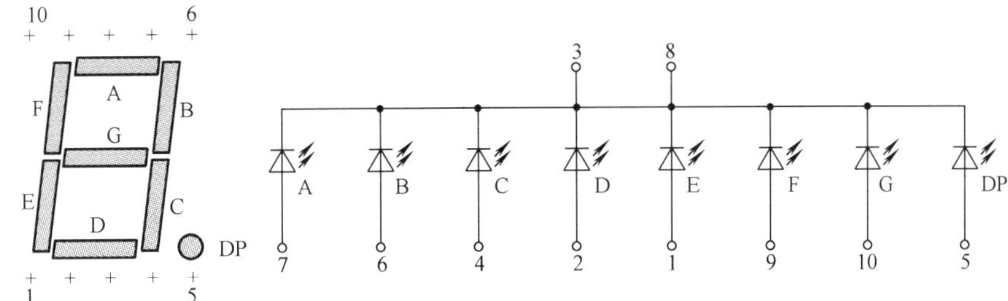


图 3-80　0.5 英寸共阴极数码管的引脚排列

**1. 新建原理图库文件 SchLib**

依次单击主菜单【File】→【New】菜单项，弹出如图 3-81 所示的 “New Document” （新建文件）窗口。

双击图 3-81 中的 “Schematic Library Document” （原理图库文件）图标，新建一个原理图库文件 “Schlib1. Lib”。双击 “Schlib1. Lib” 文件，启动原理图库文件编辑器，如图 3-82 所示，其基本工作界面、主菜单命令项与原理图编辑器 SCH 类似。

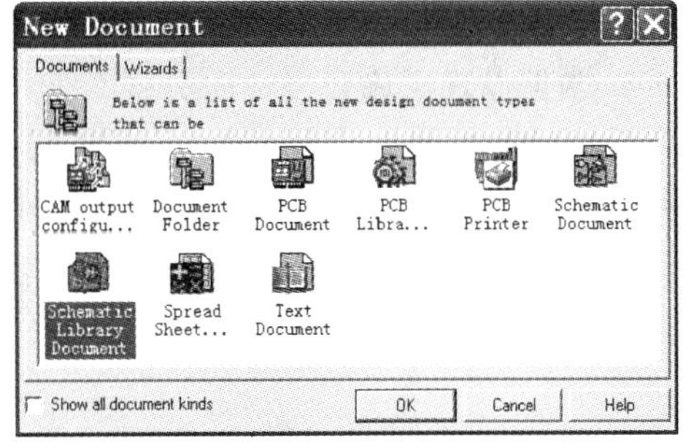


图 3-81　“New Document” （新建文件）窗口

图 3-82 中，原理图库元器件被包含在 “Browse Schlib” （原理图库文件浏览器）标签页中的 “Components” （元器件）列表窗中。单击元器件列表窗下方的【Place】（放置）按钮，可将当前正在编辑的库元器件直接放置到原理图编辑窗口中。

**2. 库文件中库元器件的新建与删除**

依次单击主菜单【Tools】→【New Component】菜单项，弹出如图 3-83 所示的 “New Component Name” （新建库元器件名）窗口。

将 “Name” 框内的内容修改为 “SHUMAGUAN” （注意：系统不会区分字母的大小写）后，单击【OK】按钮开始 0.5 英寸共阴极数码管的编辑。

如果想删除图 3-82 所示窗口中 “Components” 列表窗内的 “SHUMAGUAN” 库元器件，

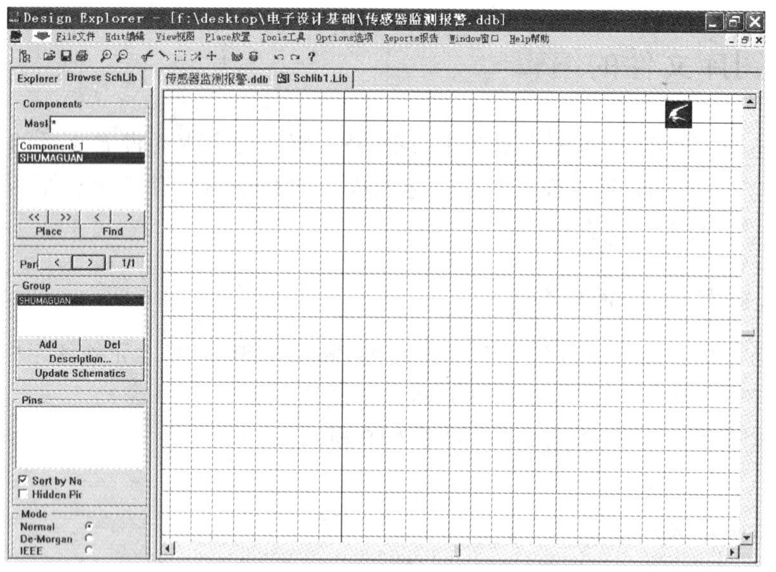

图 3-82 原理图库文件编辑器主界面

可以先单击"SHUMAGUAN"项，再单击下方的【Del】按钮，即可将该库元器件从原理图库文件中删除。另外，使用者也可以通过依次单击【Tools】→【Remove Component】菜单项删除库元器件。

**3. 放置原理图库元器件的轮廓框**

单击主菜单【Place】→【Rectangle】（矩形）菜单项，将鼠标光标移动到绘图区水平和垂直中心线交点处单击左键，固定矩形框的左上角；拖曳鼠标使具有黄色背景的矩形框右下角随光标移动而移动。在合适的位置单击鼠标左键，即可固定矩形框的右下角，从而确定数码管的外框。

**4. 放置原理图库元器件的引脚**

依次单击主菜单【Place】→【Pins】（引脚）菜单项，库元器件编辑区出现一根随光标的移动而移动的引脚，引脚的端部为一较大黑点，代表该点可以实现电气连接。移动光标在矩形框边沿依次放置 10 只引脚。放置引脚的过程中，需使引脚的连接点指向矩形框的外部，如图 3-84 所示。

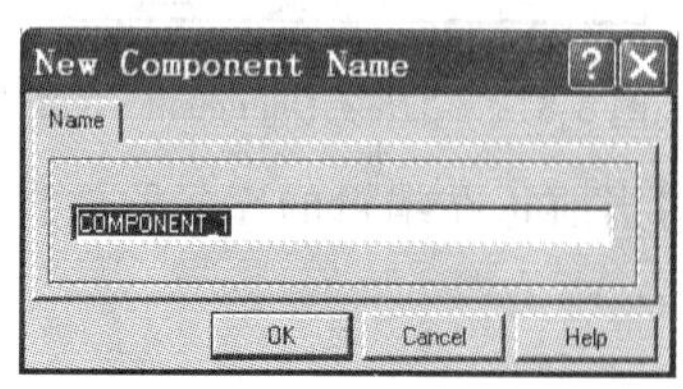


图 3-83 "New Component Name"（新建库元器件名）窗口

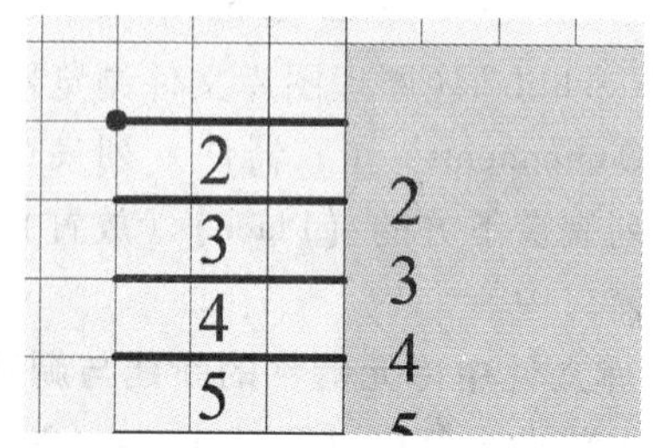


图 3-84 引脚电气连接点的方向

在放置引脚过程中，可以使用空格键实现引脚的 90°旋转，使用"X"键实现引脚的水平翻转，使用"Y"键实现引脚的垂直翻转，前提条件是必须退出中文输入法。

双击已经放置好的元器件引脚，弹出“Pin”（引脚属性）设置窗口，如图3-85所示。

图3-85所示窗口中第1项“Name”为引脚名称，一般使用英文字符串描述。可以将数码管10只引脚的名称分别定义为“A”、“B”、“C”、“D”、“E”、“F”、“G”、“DP”（小数点）、“com”（公共端1）、“com”（公共端2），引脚名称允许出现重名。如果需要在某个引脚名称上放置上划线，代表该引脚低电平有效时，可在引脚名称字符之间插入右斜杠“\”，如“W\R\”、“R\D\”的显示效果分别为$\overline{WR}$、$\overline{RD}$。

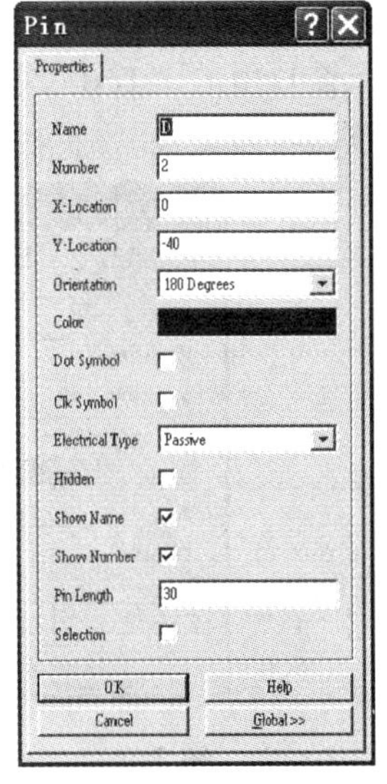

图3-85　“Pin”（引脚属性）设置窗口

第2项“Number”为引脚序号，通常推荐使用数字作为引脚序号，这是由于原理图文件中元器件的连接关系是通过引脚序号与PCB元器件封装的引脚序号建立起对应的连接关系。引脚序号原则上是不允许出现同名，否则在加载到PCB文件时系统会报错。

根据图3-80所示的0.5英寸数码管的引脚排列关系，建立如下的对应关系：

“A”—7、“B”—6、“C”—4、“D”—2、“E”—1、“F”—9、“G”—10、“DP”—5（小数点）、“com”—3（公共端）、“com”—8（公共端）

“Show Name”选项表示是否显示引脚名称。“Show Number”选项表示是否显示元器件序号，建议选中。“Color”选项可以让使用者编辑引脚的颜色。“Dot Symbol”选项表示数字电路中的负逻辑，该项若处于选中状态，则对应的引脚上会出现一个小圆圈，代表低电平有效或者输出取“非”运算。“Clock Symbol”选项为时钟标志，该项被选中时，在引脚上会出现一个时钟符号“>”。“Hidden”选项决定该引脚是否处于隐藏状态，常用的数字集成电路的电源（VCC）引脚、接地（GND）引脚都处于隐藏状态而不显示。“Pin Length”选项表示引脚的长度，系统默认为30个单位，一般建议取为10、20或30，以保证原理图电气连线的准确连接。“Selection”选项如果被选中，则该引脚为高亮的黄色。“Electrical Type”表示引脚电气属性，引脚电气属性如表3-10所示。

**表3-10　“Electrical Type”（引脚电气）属性**

| 参数 | 引脚电气属性 |
|---|---|
| I/O | 输入或输出，双向 |
| Input | 输入 |
| Output | 输出 |
| Open Collector | 集电极开路输出，“OC”门 |
| Open Emitter | 发射极开路输出，“OE”门 |
| Passive | 输入/输出特性无法确定 |
| HiZ | 三态输出 |
| Power | 电源 |

### 5. 在原理图库元器件中放置指示性字符

依次单击主菜单【Place】→【Text】（字符串）菜单项，在数码管上放置一个字符串。双击字符串，弹出如图 3-86 所示的“Annotation”（字符串注解）属性窗口。

窗口中的“Text”项为字符串的显示内容，输入字符串“8.”。在“Font”（字体）项中单击【Change...】按钮弹出如图 3-87 所示的字体设置窗口。

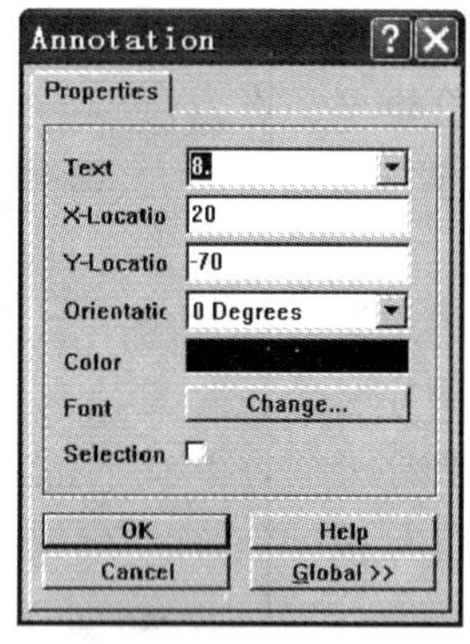


图 3-86　“Annotation”（字符串注解）属性窗口

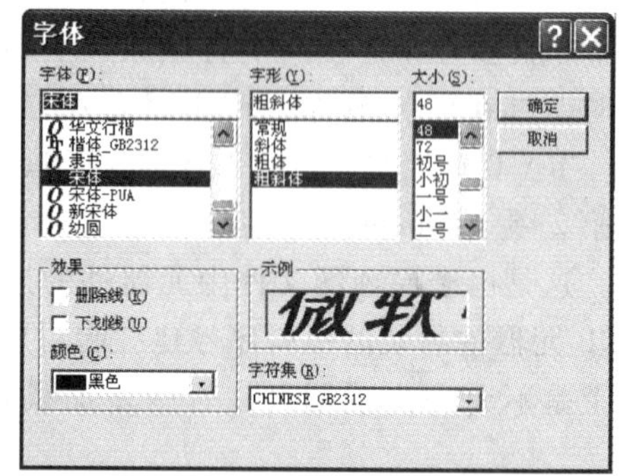


图 3-87　字体设置窗口

按需要设置字符串“8.”的字体参数，完成的数码管原理图库元器件如图 3-88 所示。

图 3-88 所示的自制数码管与“Miscellaneous Devices. ddb”（通用元器件库）提供的数码管“DBY_7-SEG_DP”相比，增加了关键的公共端“3”和“8”；其次，各个引脚的序号与数码管的实际排列顺序一致。

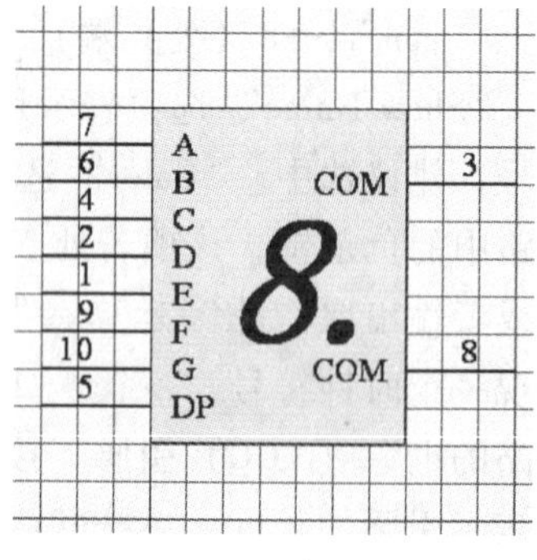


图 3-88　完成的数码管原理图库元器件外形

**6. 修改原理图库元器件的基本属性**

在图 3-82 所示窗口左栏的“Browse Schlib”（原理图库文件浏览器）标签页中，单击【Description…】按钮，弹出如图 3-89 所示的“Component Text Fields”（库元器件文本属性）窗口。

“Component Text Fields”（库元器件文本属性）窗口共包含 3 个标签页，其中“Designator”标签页中的设置内容较为重要。

“Default”文本框中需要输入该库元器件的默认编号格式。在原理图绘制过程中，如果对自制元器件进行多次放置时，系统将按照此格式自动增加元器件的数字序号，如：“D1”、“D2”、“D3”……注意，一定要在默认编号格式的结尾加上“?”字符。建议使用者将电阻的默认序号设定为“R?”，电容的默认序号设定为“C?”，电感的默认序号设定为“L?”，二极管的默认序号设定为“D?”，晶体管

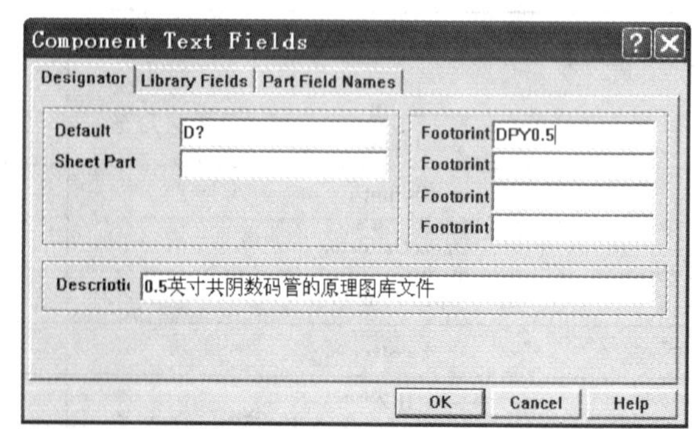


图 3-89　“Component Text Fields”（库元器件文本属性）窗口

的默认序号设定为“T?”，集成电路的默认序号一般为“U?”，开关的默认序号设定为“SW?”，接插件的默认序号设定为“J?”，便于绘图者及读图者都能够准确识别元器件的类型。

图 3-89 中的“Footprint”（封装）选项为该原理图库元器件的 4 种可选封装形式，可根据该元器件的实际封装形式输入。很多元器件都具有不同的封装形式，例如同一种型号的 4 运放“TL084”，就具有“DIP”（双列直插封装）、“so”（扁平贴片封装）、“PLCC”（塑料有引脚四边封装）等多种封装形式。与此类似，同样为 8 脚的排针，由于具有 5.08mm、2.54mm、2mm、1.27mm 等多种不同的引脚间距值，因而具有多种不同的封装形式。

图 3-89 中的“Description”（功能描述）选项用以输入该自制库元器件的备注性功能文字说明，可以输入中文字符。

**7. 原理图库元器件的保存**

依次单击主菜单【File】→【Save】菜单项，将自制的原理图库元器件保存在原理图库文件“Schlib1.Lib”中。

对已经修改完成的元器件图库文件，可以在图 3-82 所示窗口左栏的“Browse Schlib”（原理图库文件浏览器）标签页中单击【Update Schematics】按钮，系统将自动更新当前原理图中相应元器件的电气图形符号。

**8. 多单元库元器件的设计**

某些元器件的结构体内部包含有多套单元电路，如 TL084 芯片内部包含有 4 组功能相同的运放单元，74LS04 内部包含有 6 个功能一致的非门单元。

在进行这类原理图库元器件的设计时，首先应该完成其中一个单元的制作，接着依次选中主菜单【Tools】→【New Part】菜单项，图 3-82 所示窗口左边标签页中部的“Part”项由“1/1”变换成为“2/2”，如图 3-90 所示。

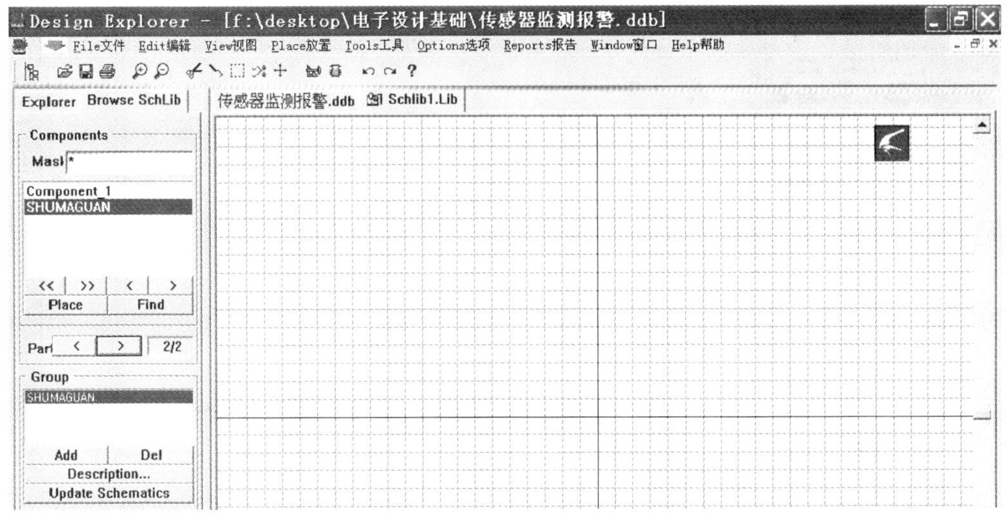


图 3-90　增加原理图库元器件的内部单元

图 3-90 左侧中部的“2/2”表示目前数码管内部包含了两个子单元，目前正在编辑同一结构体内的第 2 个子单元。使用者可以通过单击 Part < > 2/2 中的【<】或【>】按钮切换到的其他的子单元进行编辑。

**9. 原理图库文件的调用**

完成了自制原理图库文件后，接下来重要的工作是将该库文件加载到原理图编辑区。自制原理图库文件加载与 Protel 99SE 自带库文件加载的方法完全相同，只是必须明确自制原理图库文件的存储位置。

本例中，自制的原理图库文件建立在数据库文件内部，由于数据库文件“传感器监测报警 . ddb”被存放在“f: \ desktop \ 电子设计基础”文件夹中，因而在如图 3-91 所示的库文件加载窗口中，需要在“f: \ desktop \ 电子设计基础”文件夹中选中“传感器监测报警 . ddb”文件，然后单击【Add】按钮完成原理图库文件的加载。

图 3-91 “Change Library File List”（库文件加载）窗口

自制库文件的加载完成后，原理图编辑区左栏“Browse Sch”标签页的库文件列表中将出现“Schlib1. Lib”库文件，该库文件内部暂时包含有“SHUMAGUAN”和“Component_1”两只库元器件，如图 3-92 所示。

自制库元器件与系统提供库元器件的操作完全一致。

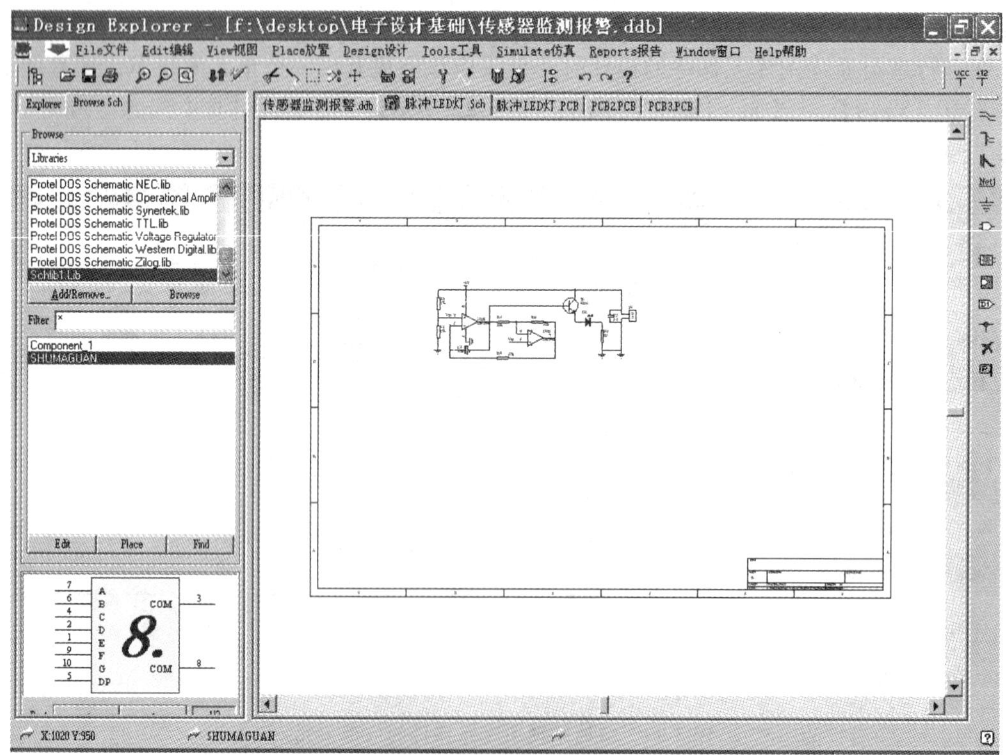


图 3-92 自制库文件加载后的效果示意图

## 3.4.2　修改原理图库文件

Protel 99SE 的“Miscellaneous Devices. ddb”（通用元器件库）中，有个别元器件需要修改后才能正常使用，如“Diode”（二极管）、“LED”（发光二极管）等。

这里以“LED”（发光二极管）为例，讲述详细的原理图库元器件的修改步骤。

**1. 进入原理图库元器件编辑状态**

在如图 3-93 所示原理图编辑器左栏的“Browse Sch”标签页中，找到“Miscellaneous Devices. ddb”库文件。

在窗口左栏下方的库元器件列表中，选中“LED”（发光二极管），单击下方的【Edit】按钮，切换到原理图库文件编辑区，如图 3-94 所示。

**2. 修改库元器件的引脚属性**

双击图中发光二极管的阳极，弹出如图 3-95 所示的“Pin”（引脚属性）窗口。

在图 3-95 所示的元器件引脚属性窗口中，“Name”为引脚名称，而“Number”为引脚的编号，要求必须与 PCB 封装库的焊盘序号一致，焊

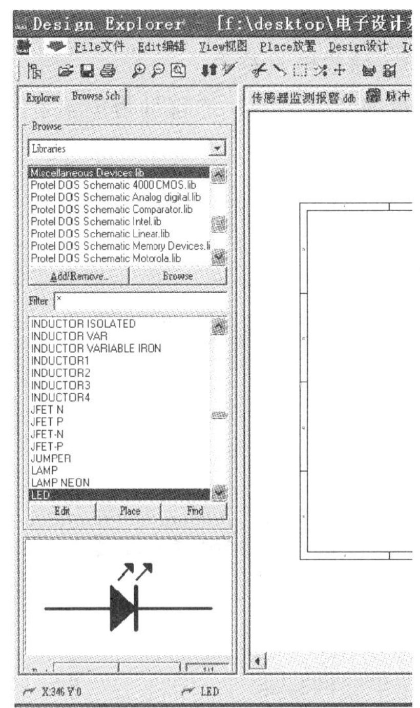

图 3-93　原理图编辑区的“Browse Sch”标签页

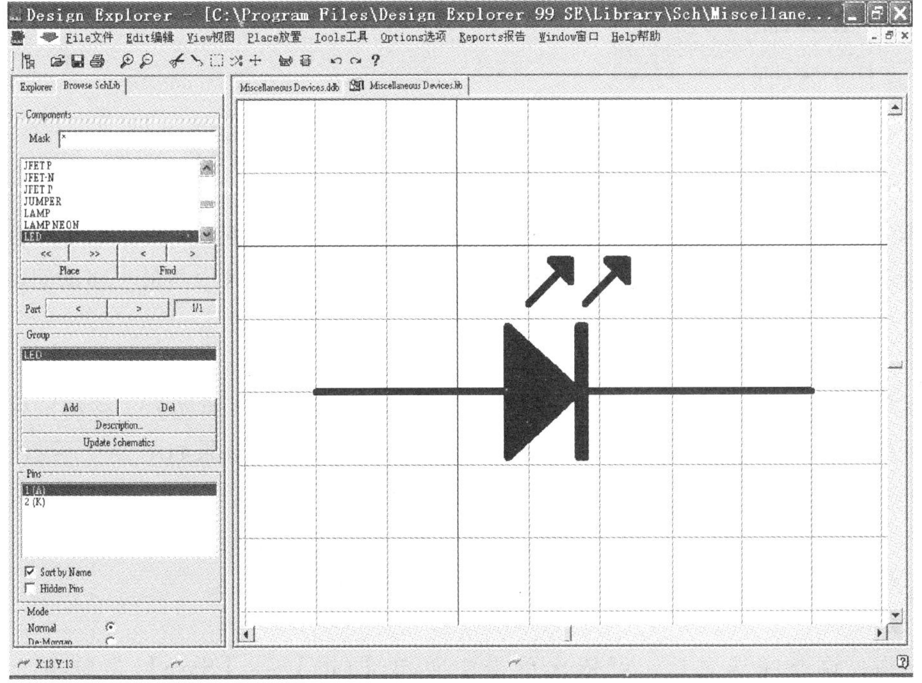

图 3-94　原理图库文件编辑区

盘序号一般采用的是阿拉伯数字1、2、3、……，显然与图3-95中的ASCII字符“A”不一致，因此需要将“Number”（引脚编号）调整为“1”。同理，将另一只引脚的“Number”（引脚编号）调整为“2”。为了直观起见，建议将阳极的“Name”（引脚名称）从“1”调整为“A”，将阴极的“Name”（引脚名称）从“2”调整为“K”。

**3. 修改电气符号**

在国标中，LED的符号为空心样式，而Protel 99SE则为实心样式，这里一并修改。具体修改步骤如下：

（1）调整鼠标在绘图区的移位精度

依次单击主菜单【Options】→【Document Options】菜单项，弹出如图3-96所示的“Library Editor Workspace”（库元器件编辑区属性）窗口。

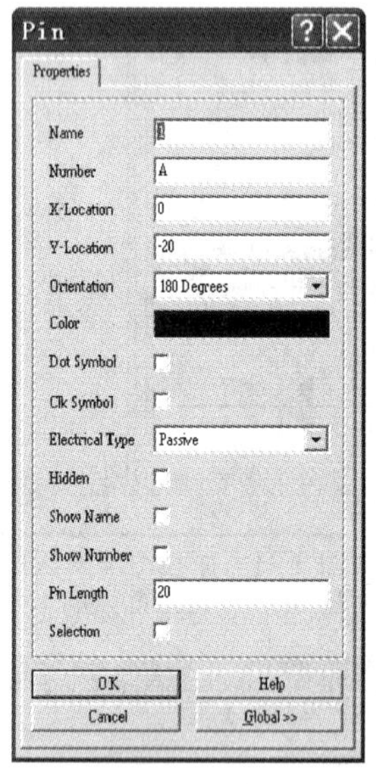


图3-95 元器件的“Pin”（引脚属性）窗口

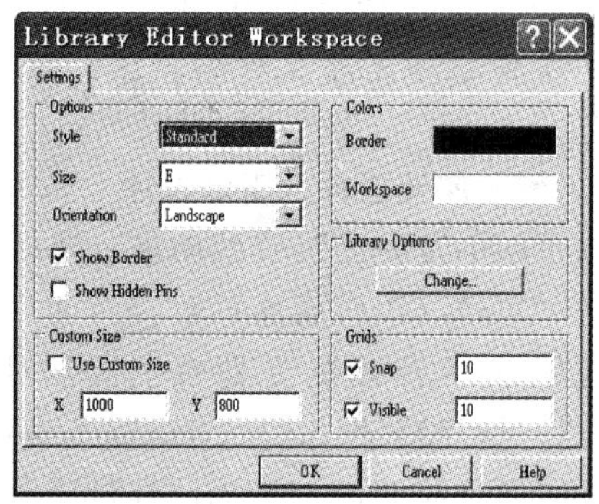


图3-96 “Library Editor Workspace”（库元器件编辑区属性）窗口

在窗口右下角的“Grid”文本窗内的“Snap”（捕获值）把10调整为1，然后单击【OK】按钮保存设置并退出。此时，鼠标在原理图库元器件编辑区中的最小移动间距将明显减小。

（2）删除原有图案

依次单击主菜单【Edit】→【Delete】菜单项，鼠标变为十字形光标。移动鼠标到需要删除的部位，单击鼠标左键完成对象的删除。删除原有图案后的效果如图3-97所示。

（3）添加新图案

依次单击主菜单【Place】→【Line】菜单项，进入画线状态。在原有的实心三角形部位绘制二极管的阳极轮廓线，完成后其效果如图3-98所示。

**4. 保存**

上述内容调整完毕之后，可依次单击主菜单【File】→【Save】菜单项，完成对“LED”库文件的修改。

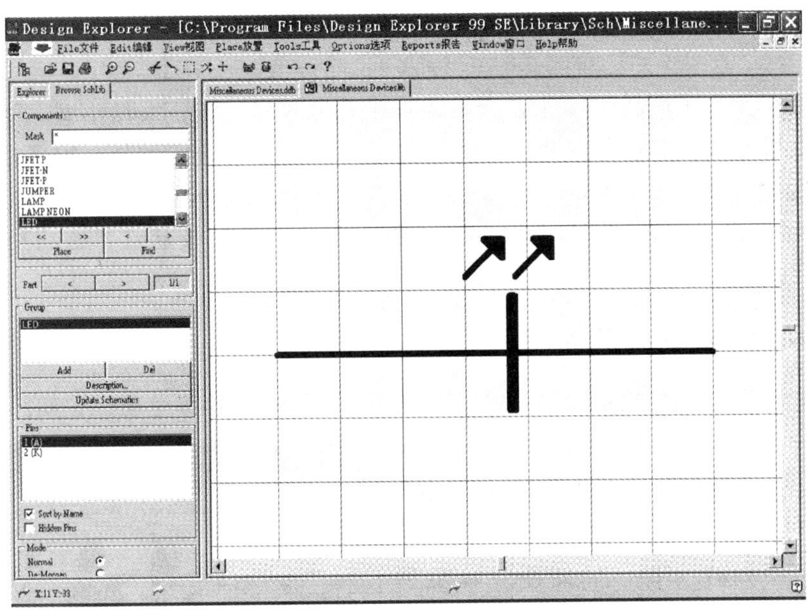


图 3-97　库元器件删除原有图案后的效果

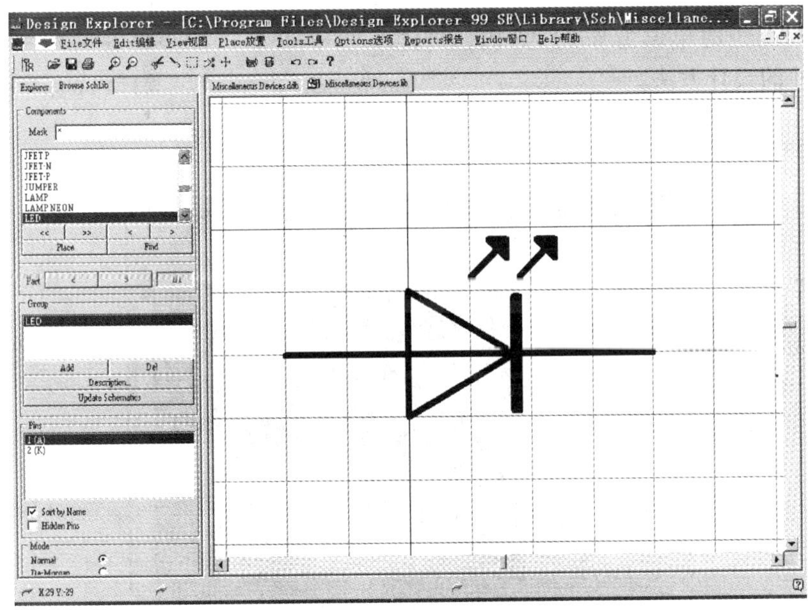


图 3-98　库元器件添加新图案后的效果

关闭原理图库文件编辑器，返回原理图编辑区，此时，“Miscellaneous Devices. ddb”（通用元器件库）文件中的“Diode”图标已经变换成为图 3-98 所示的样式，其阳极的引脚序号调整为“1”，阴极的引脚序号调整为“2”，可以直接使用“SIP2”或“RAD0. 1”等封装参数。

## 3.5　创建 PCB 库元器件

随着近几年来电子产品 SMT（表面安装）工艺的迅猛发展，大量小型、微型元器件层出不穷，其封装形式没有包含在 Protel 99SE 的 PCB 元器件库中；此外，很多在国内通用的元器件封装也没有被收录到 Protel 99SE 的封装库中。对此，Protel 99SE 提供了一个开放性的 PCB 库元器件设计平台，可以让使用者根据元器件的实际形状与参数自行创建所需的 PCB 库元器件。

### 3.5.1　启动 PCBLib 编辑器

在 Protel 99SE 中，依次单击主菜单【File】→【New...】菜单项，在如图 3-99 所示的窗口中双击“PCB Library Document”图标，在当前的数据库文件内新建一个“PCBLIB1. LIB”的 PCB 库文件。

双击“PCBLIB1. LIB”库文件，切换到 PCB 库文件编辑窗口，编辑区背景为黑色，如图 3-100 所示。

这里以图 3-101 所示的 0.5 英寸数码管详细尺寸参数（图中的单位为 mm）为例，讲述 PCB 库元器件的设计方法。

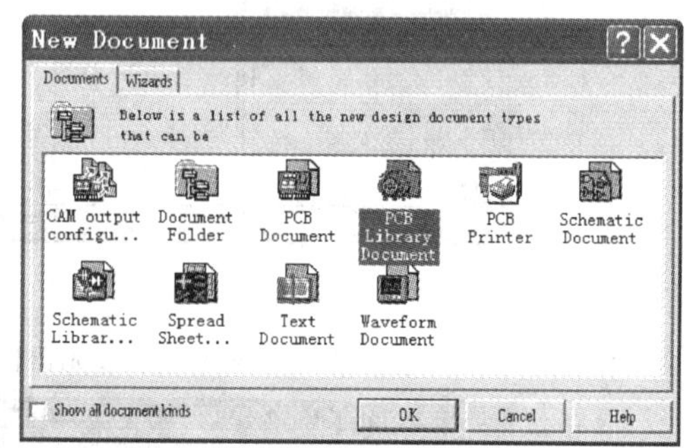


图 3-99　新建 PCB 库文件

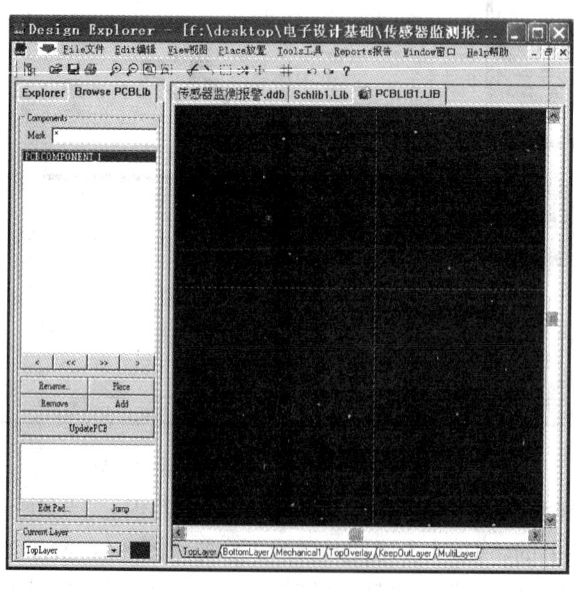


图 3-100　PCB 库文件编辑窗口

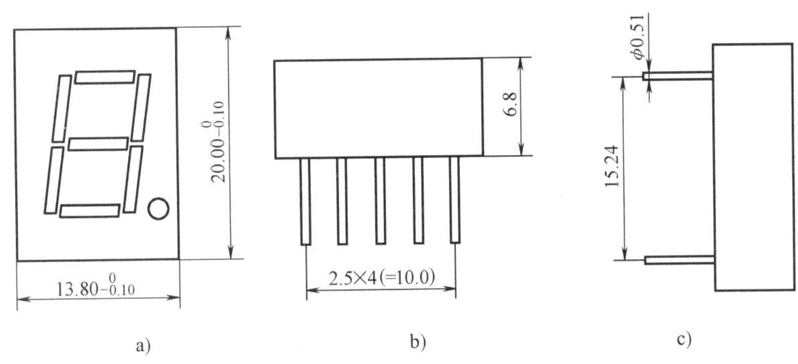


图 3-101　0.5 英寸数码管的相关尺寸参数
a）正面轮廓图　b）引脚正视图　c）引脚侧视图

### 3.5.2　利用向导生成 PCB 库元器件

Protel 99SE 提供了一个方便快捷的 PCB 库元器件生成向导，按照默认的步骤进行适当的参数选择即可设计出所需的库元器件。

**1．库元器件设计向导**

依次单击主菜单【Tools】→【New Component】菜单项，Protel 99SE 自动进入 PCB 元器件库的设计向导工具，弹出如图 3-102 所示的“Component Wiazrd”向导窗口。

单击【Next >】按钮，进入第二步——设定 PCB 库元器件的外形结构与引脚分布规则。如图 3-103 所示，PCBLib 编辑器提供了常用的元器件封装外形供选择，主要类型包括：电容、电阻、二极管、DIP、PAG、LCC 等。

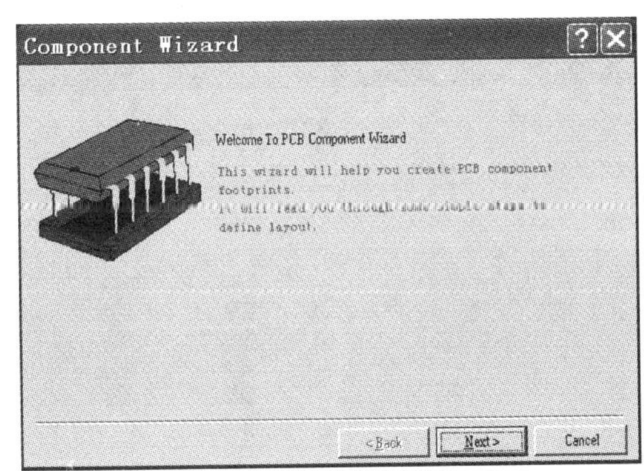


图 3-102　“Component Wiazrd”向导窗口

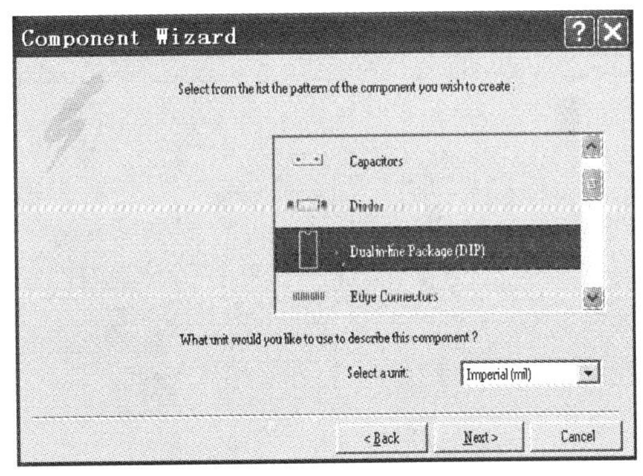


图 3-103　设定 PCB 库元器件的外形结构与引脚分布规则

图 3-103 中的“Select a unit”项可确定长度单位，建议使用“Imperial（mil）”（英制）单位，这是因为常见的直插型集成电路、接插件引脚的间距都是 100mil 的整数倍。

选择与数码管引脚排列类似的“Dual in_line Package（DIP）”（双列直插）项，单击【Next >】按钮，进入第三步——焊盘参数设定，如图 3-104 所示。

使用者可以根据图 3-104 中的焊盘外径参数、焊盘孔尺寸参数，单击对应的数值即可进行修改。系统默认的参数为：焊盘外径 50mil，焊盘孔径 28mil。用鼠标单击需要修改的参数后，原参数值出现蓝色背景，直接输入新数据即可。需要注意的是，焊盘孔径尺寸应大于实际引脚的直径。

焊盘修改完成后，单击【Next >】按钮，进入第四步——设定焊盘间的相对距离，如图 3-105 所示。

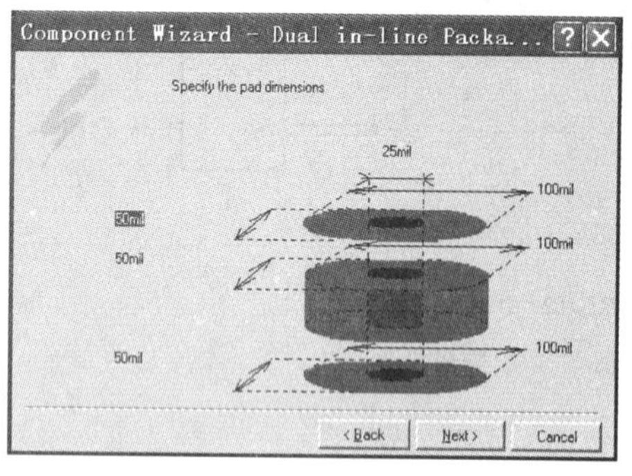

图 3-104　设定焊盘的参数

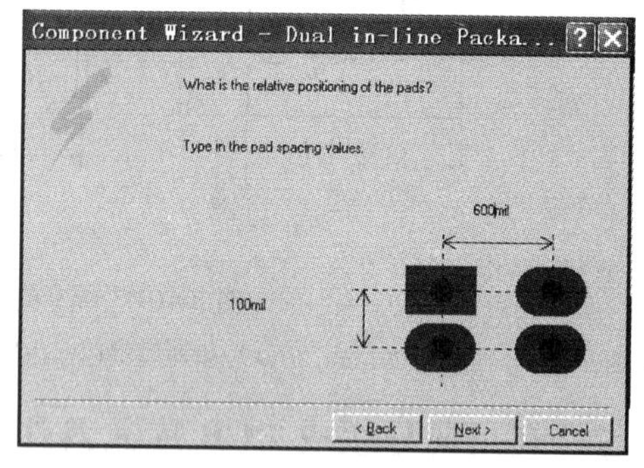


图 3-105　设定焊盘间的相对距离

从图 3-101 中可以看出，数码管有上下两排引脚，两排引脚之间的间距为 15.24mm，折合 600mil。每排引脚中相邻两只引脚的间距为 2.5mm，近似等于 100mil。图 3-105 中形状为矩形的焊盘被系统默认为元器件的第 1 个引脚。设定好焊盘间的距离参数后，单击【Next >】按钮，进入第五步——设定 PCB 库元器件的轮廓线线宽，如图 3-106 所示。

系统默认的轮廓线线宽为 10mil，较大元器件的轮廓线线宽可以取 20min 以上，微型贴片元器件的轮廓线可以取到 5mil 左右。这里采用系统默认值，设置完毕后单击【Next >】按钮，进入第六步——设定数码管 PCB 库元器件的引脚数目，如图 3-107 所示。

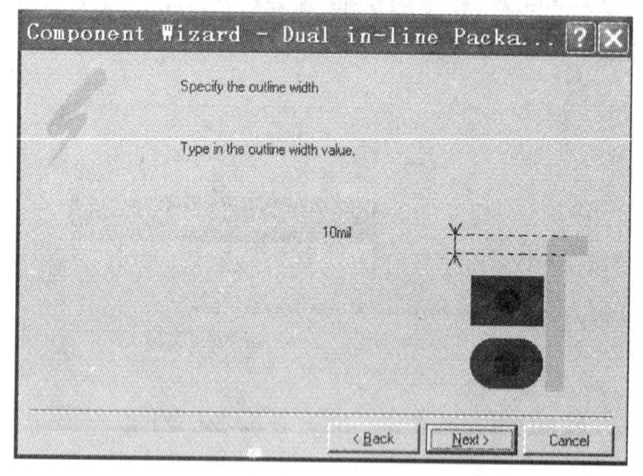


图 3-106　设定 PCB 库元器件的轮廓线线宽

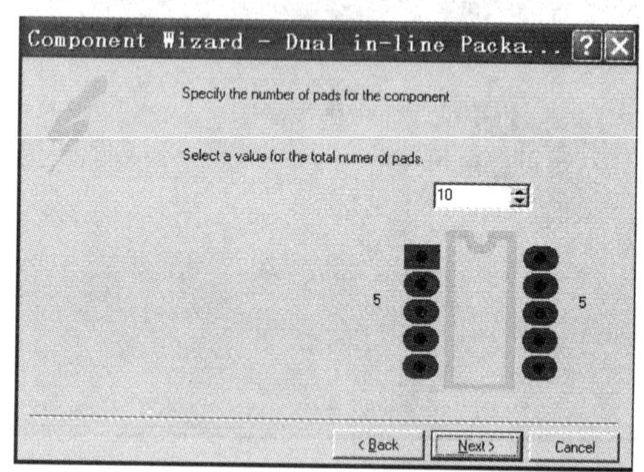


图 3-107　设定数码管 PCB 库元器件的引脚数目

数码管分为上下两排引脚，每排引脚均为 5 只，故引脚总数为 10。设定好引脚数之后单击【Next >】按钮，进入第七步——命名自制 PCB 库元器件，如图 3-108 所示。

将数码管库元器件命名为“shumaguan”后（Protel 99SE 支持中文的元器件名称），单击【Next >】按钮，进入最后一步，如图 3-109 所示。

单击【Finish】按钮，结束数码管 PCB 库元器件的设计，此时图 3-110 所示的窗口中出现已经建立好的数码管库元器件，同时在窗口左侧的“Components”列表窗中出现了该库元器件在“PCBLIB1. LIB”中的名称“SHUMAGUAN”（系统将所有英文字符全部默认显示为大写字母）。

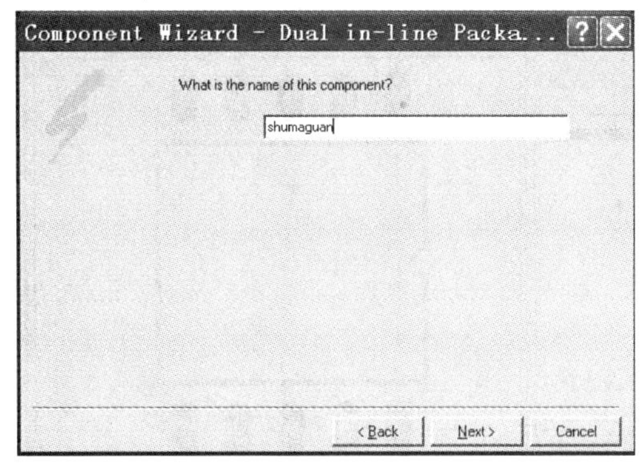


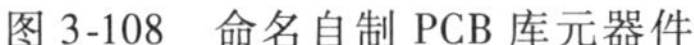
图 3-108　命名自制 PCB 库元器件

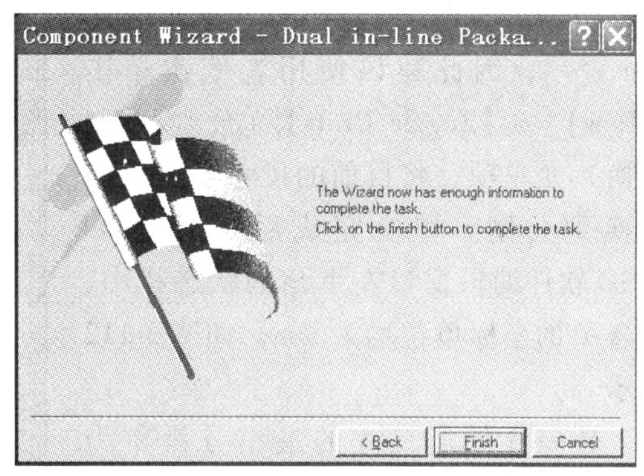


图 3-109　PCB 库元器件创建完成

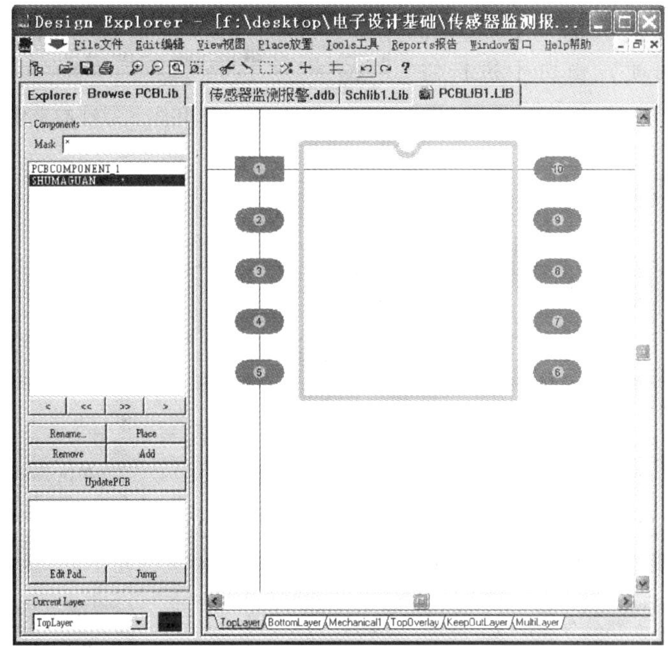


图 3-110　创建完成的数码管 PCB 库元器件图标

**2. PCB 库元器件参数的修改**

图 3-110 中的数码管更像是 10 只引脚的大型集成电路，与数码管的外形尺寸略有区别，特别是与数码管的外围轮廓线差别较大，因而无法实现数码管 PCB 库元器件在印制电路板上的紧密排列。对此可采用手动修改的办法，调整已有的 PCB 库元器件参数，使之更加规范、准确。

拖曳鼠标将建立好的“shumaguan”库元器件整体选中，选中后的库元器件呈黄色高亮状态。用鼠标左键单击选中区域的任意部分激活该元器件，按下键盘中的空格键，旋转库元器件 90°，如图 3-111 所示。

依次单击主菜单【Edit】→【Set Reference】菜单项→【Pin 1】，将 PCB 库元器件的引脚 1 设定为参考点，即坐标基准。然后根据图 3-101 所示的尺寸参数，着手修改轮廓线的精确尺寸。

由于图 3-101 中数码管外形尺寸用 mm 表示，因此建议使用者依次单击【View】→【Toggle Units】（公制/英制切换）菜单项，将目前的尺寸单位暂时切换到公制。切换完成后，在 Protel 99SE 软件编辑窗口左下角的状态栏中，X 与 Y 的坐标单位均为 mm，如图 3-112 所示。

数码管外形尺寸的最小分辨率为 0.01mm，使用者可以依次单击主菜单【Tools】→【Library Options…】菜单项，在如图 3-113 所示的“Document Options”（文件选项）窗口中进行修改。

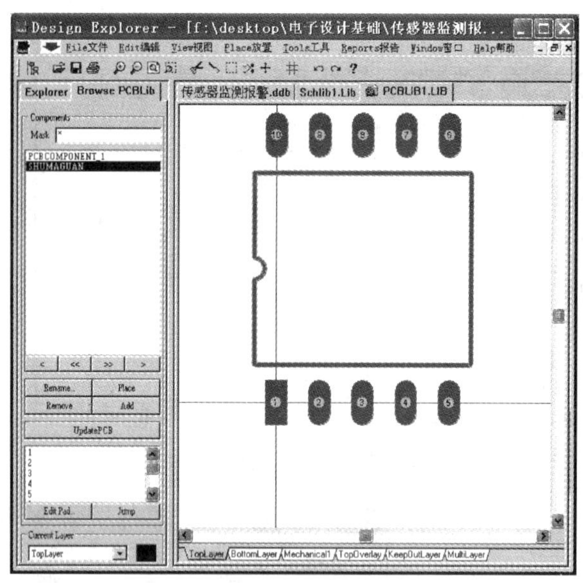


图 3-111　PCB 库元器件的整体选中及旋转

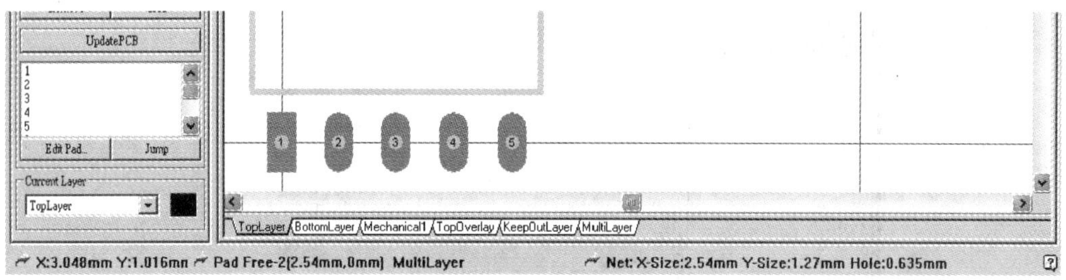


图 3-112　公制/英制单位切换

在图 3-113 中，将“Snap X”、“Snap Y”（栅点锁定值）、“Component X”、“Component Y”（元器件最小移动距离）、“Range”均修改为 0.01mm，将“Measurement Unit”（测量单位）选择为“Metric”（公制），修改完毕后单击【OK】按钮保存设置并退出。

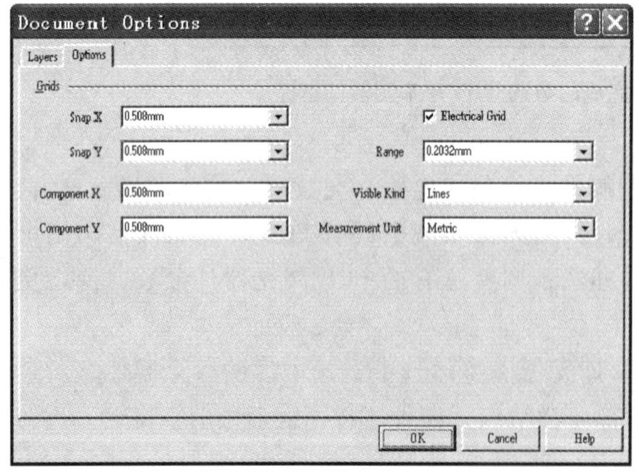


图 3-113　“Document Options”（文件选项）窗口

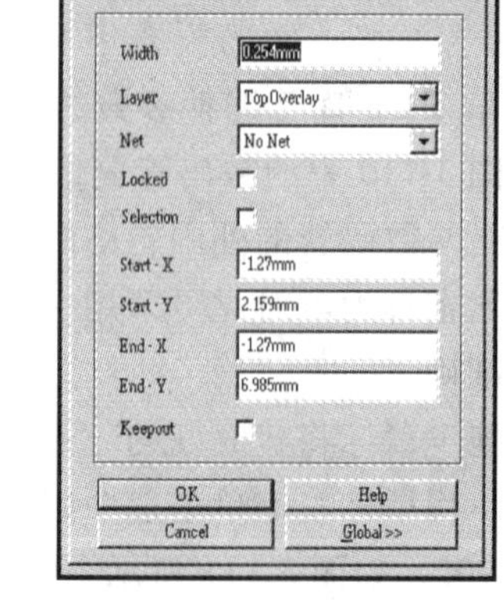


图 3-114　“Track”（轮廓线属性）窗口

在图3-101b所示的引脚正视图中，数码管左侧轮廓线与引脚1之间的间距为1.75mm。双击数码管左侧的轮廓线，弹出如图3-114所示的“Track”（轮廓线属性）窗口。

在图3-114中，数码管左侧的丝印轮廓线“Width”（线宽）为0.254mm，处于“Top-Overlay”（丝印顶层）。将该轮廓线的X方向坐标值“Start-X”与“End-X”参数从-1.27mm修改为-1.75mm，单击【OK】按钮退出。

同理，根据图3-101b所示的引脚正视图可以计算出数码管右轮廓线距离参考点（引脚1）为12.05mm，下轮廓线距离参考点为-2.38mm，上轮廓线距离参考点为17.62mm。根据上述数据对数码管的轮廓线进行重新设定。

图3-101中数码管的引脚直径为0.51mm，为了方便将数码管插入焊盘孔，可以将焊盘的实际孔径设定为0.7mm。

图3-111中显示的数码管焊盘略微有些窄小，可以在PCB库文件的编辑区双击任意一个焊盘，弹出如图3-115所示的“Pad”（焊盘属性）窗口。

修改焊盘属性窗口中的“Y-Size”值为1.90mm，“X-Size”保持不变。修改“Hole Size”的值为0.7mm，然后单击窗口右下角的【Gloabal >>】按钮，图3-115所示的属性窗口变为图3-116所示的窗口。

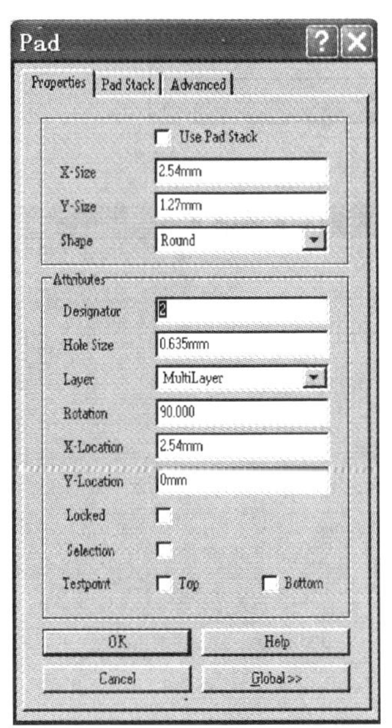


图3-115　“Pad”（焊盘属性）窗口

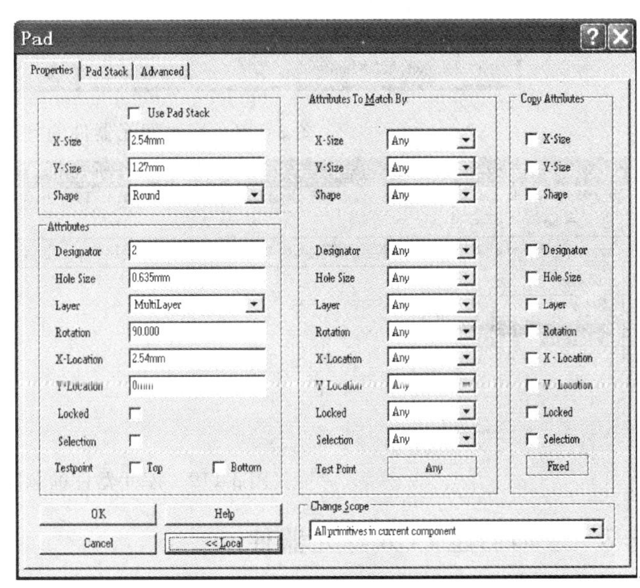


图3-116　焊盘的全局属性窗口

焊盘属性窗口调整为图3-116后，表明目前可以对整个编辑区中所有焊盘同时进行快捷修改。单击【OK】按钮后，系统弹出如图3-117所示的信息框，确认是否要调整其余9个参数类似的焊盘。

在图3-117中单击【Yes】按钮，即可实现数码管库文件中10只引脚焊盘参数的同步修改。

接下来在图3-111所示PCBLIB编辑窗口下方的层面卷标切换到“TopOverlay”（丝印顶层），依次单击主菜单【Place】→【Track】菜单项，在数码管中部绘制代表数码管的示意符号，如图3-118所示。

### 3. 保存及删除库元器件

依次单击主菜单【File】→【Save】菜单项，将生成的 PCB 库元器件保存到 PCBLib. Lib 库文件中。

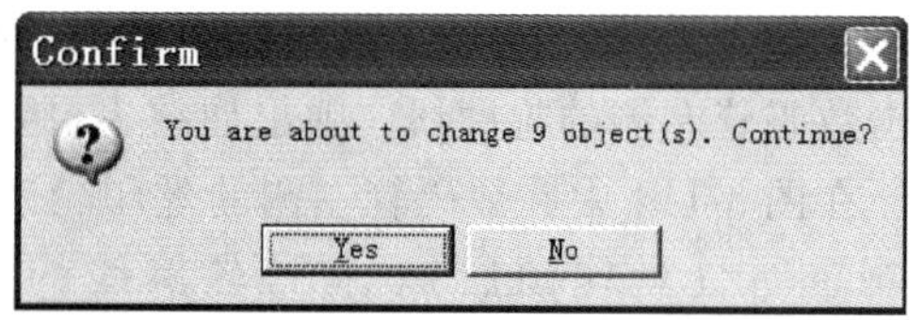


图 3-117 焊盘全局属性调整后的确认窗口

设计窗口左侧的“Components”列表窗中保留了一个系统默认的元器件“PCBCOMPONET_1”，如果不再需要，则可以用右键单击该元器件，弹出右键快捷菜单，如图 3-119 所示。选择“Delete”项，将该元器件从“PCBLIB1. LIB”文件中删除。

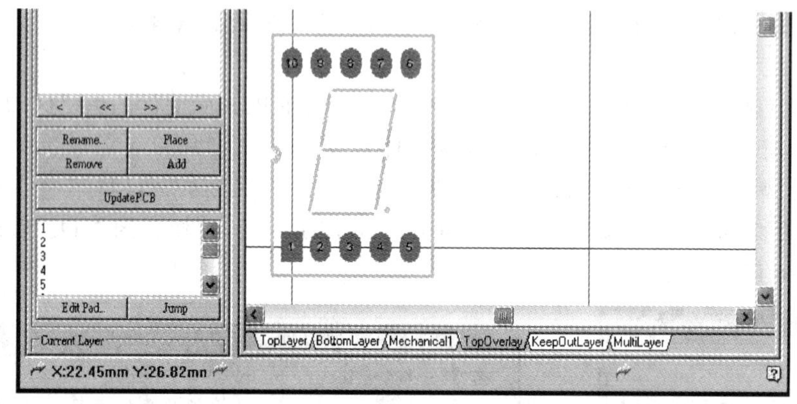


图 3-118 修改库元器件的丝印图形

图 3-119 库元器件的删除

## 3.5.3 手动创建 PCB 库元器件

对于结构简单或者形状不太规则的元器件，可以不使用系统自带的向导程序，直接由使用者根据实际尺寸进行设计。这里以如图 3-120 所示的 4 只引脚自复位按钮为例，进行 PCB 库元器件的手动创建。

图 3-120 中，括号内的单位是 mm，括号外的单位是英寸，英寸换算成 mil 时应该乘以 1000，即：图中的“.244”英寸折合 244mil。本节采取英制作为 PCB 库文件的长度计量单位。

### 1. 新建库元器件

依次单击主菜单【Tools】→【New Component】菜单项，系统弹出如图 3-102 所示的设计向导默认窗口，单击【Cancel】按键退出该向导。此时，编辑区左侧的“Components”列表窗中出现了一个新元器件“PCBCOMPONET_1”，单击列表窗下方的【Rename…】按钮，

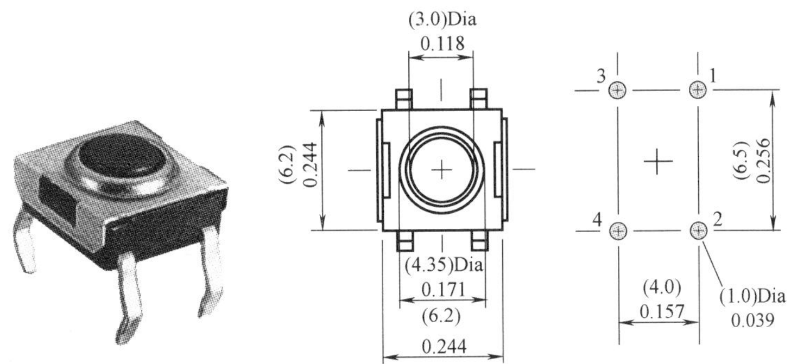


图 3-120　常用4只引脚自复位按钮

弹出如图 3-121 所示的重命名对话框。

在重命名对话框中输入 PCB 库元器件名“KEY”，单击【OK】按钮完成重命名。

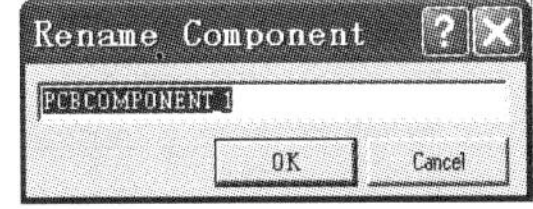


图 3-121　“Rename Component”（重命名）对话框

**2. 计量单位的选择**

依次单击主菜单【Tools】→【Library Options…】菜单项，弹出如图 3-122 所示的计量单位选择窗口。

在图 3-122 所示的“Options”页面下，将“Snap X”、“Snap Y”（栅点锁定值）、“Component X”、“Component Y”（元器件最小移动距离）、“Range”均修改为 1mil。单击【OK】保存设置并退出。

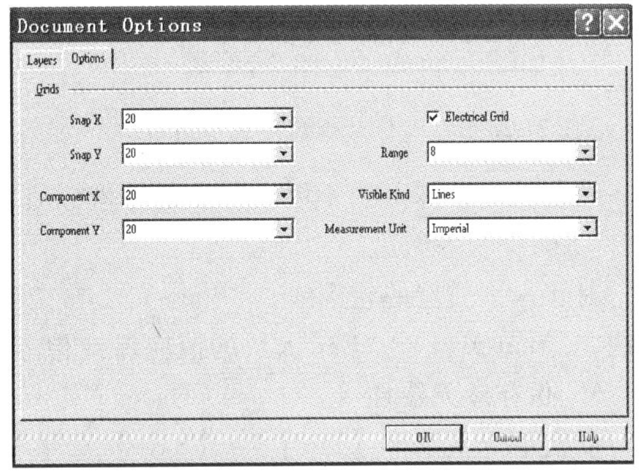


图 3-122　计量单位选择窗口

**3. 放置焊盘**

依次单击主菜单【Place】→【Pad】菜单项，在库元器件的编辑区中任意放入一个焊盘，并将该焊盘的序号修改为“1”，将焊盘的尺寸参数“X-Size”与“Y-Size”设置为 75mil，将焊盘的孔径设置为 30mil。

依次单击主菜单【Edit】→【Set Reference】菜单项→【Location】，将刚才放入的焊盘定义为坐标原点。

根据图 3-120 的参数可以换算出 2 号焊盘的坐标位置为（0，-256mil）、3 号焊盘的坐标位置为（-157mil，0）、4 号焊盘的坐标位置为（-157mil，-256mil）。

使用者可以根据相对位置大致地放置另外 3 只焊盘，然后双击 2 号焊盘，弹出如图 3-123 所示的“Pad”（焊盘）属性窗口。

将图 3-123 中的焊盘坐标值“X-Location”与“Y-Location”修改为 0 与 -256mil。同理修改其余两只焊盘的坐标参数。

**4. 放置元器件的轮廓线**

一般在制作 PCB 库元器件时，都建议用轮廓线将所有焊盘包含在其中，并使焊盘与轮廓线保持一定的安全距离。根据图 3-120 的参数，这里可以将按键的外围轮廓尺寸设定为 250mil（宽）× 300mil（高），并由此计算 4 根轮廓线的实际坐标值。

接下来先切换至PCB库元器件轮廓线所处的“TopOverLayer”（丝印顶层），接下来依据大致的位置关系放置4根轮廓线，然后依次双击每一根轮廓线，弹出如图3-124所示的“Track”（轮廓线）属性窗口。

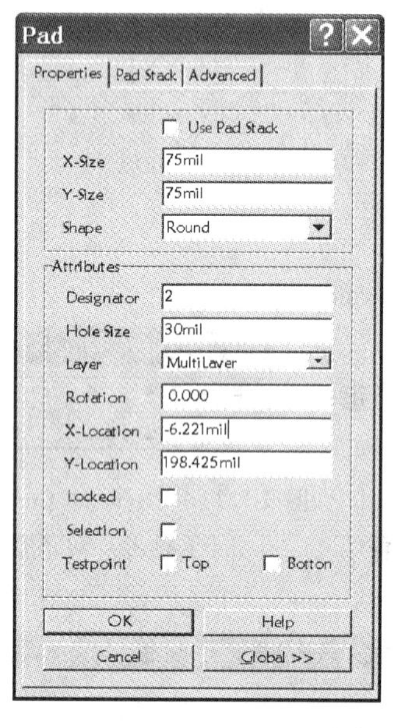


图3-123 “Pad”（焊盘）属性窗口

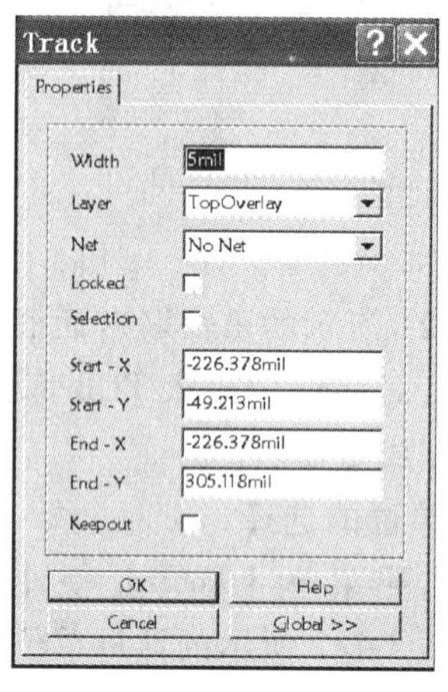


图3-124 “Track”（轮廓线）属性窗口

根据前面计算出的4根轮廓线实际坐标值对图3-124中的“Start-X”、“Start-Y”、“End-X”、“End-Y”参数进行精确设定。

对于水平放置的轮廓线，“Start-Y”与“End-Y”的值是相等的，而对于垂直放置的轮廓线，“Start-X”与“End-X”的值应保持相等。

**5. 保存库元器件**

依次单击主菜单【File】→【Save】菜单项，完成PCB库元器件“KEY”的保存。

### 3.5.4 加载自制PCB库文件

加载自制的PCB库文件与调用自制的原理图库文件的方法完全一致，在加载时同样需要找出库文件的准确路径。

使用者在熟练掌握Protel 99SE软件的使用后，可以尝试建立自己的PCB库文件，而不要随意修改系统提供的原始PCB库文件。

## 习 题

3-1 在Protel 99SE中，原理图库元器件存放在哪个文件夹下？主要的分立元器件，如电阻、电容、电感等，存放在哪一个库文件中？CMOS系列数字电路芯片位于哪些原理图库文件中？

3-2 元器件属性窗口内“Footprint”项的含义是什么？

3-3 创建7段数码显示器的电气图形符号（引脚排列见图3-80），并将它保存到DesignExplorer 99 SE \ Library \ Sch \ User. ddb文件包内。

3-4　丝印层的作用是什么？元器件标号、型号等注释信息能否放在焊盘、过孔上，为什么？

3-5　印制导线宽度由哪一条设计规则决定？如何修改？选择 PCB 图中印制导线宽度的依据是什么？

3-6　按照图 3-101 给出的 7 段数码显示器的外形尺寸，自行设计一个 7 段数码显示器的库文件。

# 第4章 PCB制作工艺

印制电路板（PCB）是电路的载体，用 Protel 99SE 软件设计出的 PCB 图在被制作成具体的印制电路板后，方能体现出真正意义上的设计价值。

PCB 的生产、制作工艺种类较多，制作成本与最终产品的质量差异也比较大，应根据实际情况进行合理选择。

## 4.1 PCB 制作工艺概述

常见的 PCB 制作工艺包括：丝网印刷工艺、雕刻工艺、曝光工艺、金属墨水工艺、热转印工艺以及手绘工艺等。

集成电路应用的日益广泛，对 PCB 的制造工艺和精度也提出了更高要求。不同条件、不同规模的印制电路板生产厂家采用的技术、工艺也不尽相同，但是主流的 PCB 制作工艺仍然是铜箔蚀刻法。

铜箔蚀刻法是将设计好的导电图形转移在覆铜板表面并形成防蚀刻的保护层，然后用化学方法或机械方法除去保护层之外的铜箔，从而形成导电图形。

### 4.1.1 丝网印刷制板工艺

工程师将设计好的 PCB 图发给专业的 PCB 生产厂家，几天后就可以得到加工好的 PCB。这些大规模生产、制作 PCB 的专业厂家无一例外地都采用了丝网印刷工艺，PCB（Printed Circuit Board）也正是由此而得名。

PCB 生产厂家利用自动丝印机制作感光膜，然后经过曝光、显影、去膜等一系列的化学感光工艺处理，将电气图形转移到丝网上，形成阻止印料（如油墨）渗透的区域，再通过刮刀（刮板）将印料经过没有电气图形保护的丝网漏印到覆铜板表面。在进行大规模的电路板丝印时，由于每一张丝网要刮上万次，因而普遍采用了不锈钢丝网。与之类似，阻焊图形、丝印图形也是通过丝印工艺印刷到 PCB 表面。

丝网印刷单层 PCB 的完整工艺流程如图 4-1 所示。

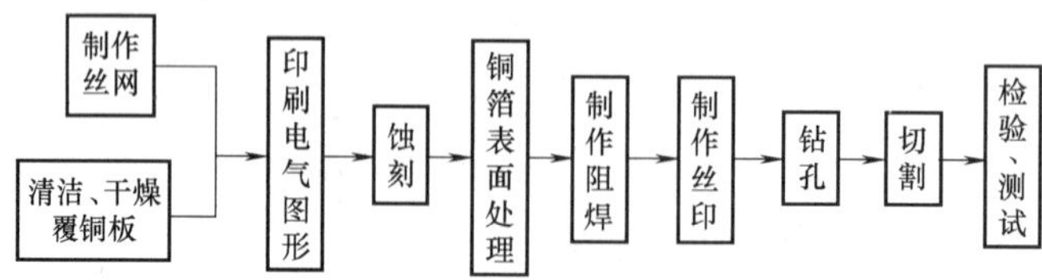


图 4-1　丝网印刷单层 PCB 的完整工艺流程

双层 PCB 的工艺流程与单层 PCB 略有不同，需要在图 4-1 的基础上首先对覆铜板打孔并进行金属化孔的制作。

采用丝网印刷制作 PCB 的工艺操作简单，效率高，精度高，可以完成单层、双层、多层 PCB 的制作。但丝网印刷制板工艺的生产周期长，生产成本高，整体性价比较差，因而被广泛应用在 PCB 制造企业中，不宜用于实验室条件下制作 PCB。

### 4.1.2　手绘工艺

手绘工艺首先用复写纸将电路图形复写到覆铜板上，然后用鸭嘴笔或细毛笔蘸取油漆、油墨等材料将需要保留的图形内容覆盖，再利用化学蚀刻液去除多余的铜箔即可完成 PCB 的制作。也可以购买油性记号笔对需要保留的图形进行均匀涂覆，效果略好一些。

手绘工艺的定位精度很差，对错误线条的修改非常麻烦。现在广泛使用的 SMT 元器件体积小，引脚间距更小，因而铜箔走线也同样细小，这都使得手绘工艺困难到几乎无法实现。

目前手绘工艺主要被用在覆铜板蚀刻加工前的修补，或者用于元器件引脚弹性较大的分立元器件（如晶体管）电路中。

### 4.1.3　曝光制板工艺

曝光制板工艺需要使用一种特殊的覆铜板，俗称“感光板”。感光板是在洁净的覆铜板表面涂覆一层专用感光材料而成。

曝光制板工艺的操作步骤为：

1）将设计完成的 PCB 图用激光打印机打印在半透明的专用硫酸纸表面。

2）按照硫酸纸表面实际图形的大小进行裁剪。

3）取一张与电路图形尺寸基本相当的感光板，撕去板子表面的保护膜。

4）将硫酸纸覆盖在感光板表面，放入紫外线曝光机并压紧。

5）启动紫外线曝光机进行自动曝光。

6）配置显影药水。

7）将感光板投入显影液中进行显影。

8）显影完毕后，用蚀刻液蚀刻覆铜板。

9）用清水冲净感光板表面的残余胶体，即可得到精度较高的 PCB。

曝光制板工艺技术先进，制板的精度也比较高，但是感光板的成本较高且无法长期保存，如果自行涂覆感光胶制作感光板则容易造成胶层厚度不匀，影响曝光效果，因此推广起来还存在一定难度。

### 4.1.4　雕刻工艺

雕刻制板工艺将丝网印刷工艺中的“印刷”与“蚀刻”两道工序合二为一，利用机械铣削工艺直接除去覆铜板表面多余的铜箔，形成实际的导电图形。常用的雕刻技术分为手工雕刻、机械雕刻及激光雕刻三种，对 PCB 板进行雕刻加工的设备常常被称为雕刻机。

雕刻制板工艺的加工精度较高，但加工速度不高，生产成本偏高。

**1. 手工雕刻技术**

手工雕刻技术首先将设计好的 PCB 图用复写纸复写到覆铜板的铜箔面，然后使用尖锐的硬质雕刻刀具直接在覆铜板上沿着铜箔图形的边缘用力刻断，最后揭掉不需要的铜箔即可。

在覆铜板的铜箔面进行手工雕刻时，由于铜箔面比较光滑，因而雕刻难度很大，特别是雕刻弧形与圆形图案时非常困难。因此建议在设计 PCB 图时，应尽量将线条绘制成直线或折线。用雕刻刀具刻划铜箔时的力度要大，同时一定要注意安全防护。

手工雕刻制板技术耗时长，安全性差，加工出的 PCB 毫无精度可言，因而只有在制作非常简单的小型实验电路板时会被偶尔采用。

**2. 激光雕刻技术**

激光雕刻制板是利用高强度激光瞬间切开覆铜板的铜箔面，并用强力风嘴及时吹（吸）掉铜屑后形成 PCB 图形的高速制板工艺，特别适用于极高精度的射频板、微波板的加工。激光雕刻技术非常先进，但是激光雕刻设备的硬件成本及维护成本都非常高。

**3. 机械雕刻技术**

机械雕刻制板技术在国内比较流行，其核心设备是一台数控雕刻机，能够对 PCB 进行铣削加工，去掉不需要的铜箔而形成所需的电气图形。

为了提高机械雕刻技术的速度，往往需要对设计好的 PCB 进行修改，以增加导电线条的宽度，使线条、焊盘间的间距仅仅为雕刻刀铣削 1～2 次后形成的宽度，以减少雕刻刀在 PCB 表面的加工轨迹，提高工效。

如果电路板复杂程度不高，机械雕刻制板工艺的加工速度比较快，可以在数小时内完成 A4 幅面大小的 PCB 加工。

### 4.1.5　热转印制板工艺

热转印制板工艺是将 PCB 图用激光打印机打印到特殊的热转印纸表面，然后在一定的温度与压力条件下，将转印纸表面的墨粉（俗称“碳粉”，是激光打印机墨盒内含磁性物质的黑色树脂微粒）熔化后转印到覆铜板的铜箔表面，墨粉冷却后形成印制图形附着在覆铜板表面。由于激光打印机的墨粉为致密的高分子材料，对酸性蚀刻液（如 $FeCl_3$ 溶液）具有良好的抗蚀刻性，因而能够充当蚀刻保护层。最后使用蚀刻液去除没有墨粉保护的区域即可生成 PCB。

热转印制板工艺可以直接用于单面板、无金属化孔的“准双层板”的制作，如果配合金属孔化机，热转印制板工艺也能够制作出真正意义上的双层板。

### 4.1.6　金属墨水制板工艺

金属墨水制板工艺与前面的 5 种制板工艺存在明显的区别，它直接将具有导电能力的微小金属墨水滴喷涂或打印到绝缘基板上形成电路图形，然后使用成型剂将墨水固化后即可形成导电图形。

金属墨水制板工艺的显著特点是不需要使用覆铜板，同时免去了蚀刻流程，因而加工速度快，线条精度高。由于塑料、纸张一般都是绝缘的，因而利用金属墨水制板工艺完全可以将电路制作在塑料或纸张等柔性的基板上，形成可以卷绕、弯曲、折叠的异形电路。

金属墨水制板工艺的成本很高，目前只在国外有少量应用。但是，随着技术上的突破，金属墨水工艺必将成为未来 PCB 制板的一个重要发展方向。

## 4.2 热转印制板的详细流程

热转印工艺制作PCB的流程并不复杂，对操作者的技术要求不高，制板的时间也比较短，反复练习多次即可熟练掌握。

**1. 热转印制板的特点**

相比其他的PCB制板工艺，热转印制板具有以下优点：

1）制板精度高，理论上热转印制板的精度能够接近激光打印机的最低分辨率。

2）制板成本低廉，制作一块电路板仅消耗一张热转印纸，其成本只有丝网印刷制板的几十分之一。

3）制板速度快，制作小面积单层PCB耗时仅10~20min。

4）工艺简单，易学易会，对技术要求不高。

5）设备价格低廉，性价比高。

凭借上述优点，热转印制板工艺成为了目前实验室制作PCB的首选方案。

**2. 热转印制板的准备工作**

进行热转印之前，应首先准备好热转印纸与覆铜板，同时调整好热转印机的工作参数。

（1）准备覆铜板

覆铜板的选择非常关键，这是保证最终制板质量的重要环节。为了达到较好的热转印效果，一般建议选取厚度在1.6mm左右的单面覆铜板。覆铜板的铜箔面不要用手去摸，以免手指表面的油污沾染铜箔面而影响热转印效果。

较大面积的覆铜板需要根据实际电路的图形尺寸用锯子、剪板机（切板机）裁剪成合适的形状。裁减覆铜板时要注意在板子的四边留出5~10mm的余量。裁剪完成的覆铜板边缘可能会出现尖锐的毛刺，需要用砂纸或锉刀打磨光滑，以保护热转印过程中热转印机的橡胶轧辊不会受损。

对于存放时间较长的覆铜板，或多或少会因为被氧化而引起铜箔面色泽暗淡，这时可用尼龙砂轮或软毛牙刷蘸取少量的牙膏、洗衣粉轻微打磨，直至氧化膜去掉，露出光亮的铜箔面为止。此外，还可以将覆铜板放入浓度很低的盐酸溶液（或者上次蚀刻剩下的稀释废液）中略微浸泡后洗净、擦干待用。

处理好的覆铜板铜箔面不能再用手触摸，以防重新沾上油渍；经过处理的铜箔应及时使用，避免被再次氧化。

进行热转印前的覆铜板必须保持干净、干燥，为了提高热转印质量，建议将清洗完毕的覆铜板置于烘箱内保持50~60℃的适中温度。

（2）准备热转印纸

热转印纸是一种特殊的专用介质纸，纸的其中一面涂覆有一层高分子材料制成的薄膜，触摸时有光滑感。热转印纸具有抗高温易于转印的特点，不能用普通打印纸代替。

转印后的热转印纸表面或多或少会残留一些碳粉以及图痕，可能影响激光打印机的硒鼓或者下一次的转印效果，因此，建议不要重复使用热转印纸。

在无法购买到专用热转印纸时，可以使用粘贴不干胶的黄色背膜纸代替。一定要将PCB图打印到光滑的贴膜面。

(3) 设置热转印制板机

热转印制板机的外形及工作原理类似于照片洗印店的相片过塑机，但其温控精度更高、热轧辊的转动速度更慢。

热转印制板机内部有两组耐高温的特制硅橡胶圆柱形轧辊构成的传动机构，橡胶轧辊能够被红外线电热石英管加热到100℃以上的较高温度。轧辊在工作过程中将附有热转印纸的覆铜板卷入，同时也对覆铜板和热转印纸施加一定的温度与压力，将转印纸表面熔化后的墨粉转印到覆铜板的铜箔表面。

1) 通电预热。热转印制板机通电后，橡胶轧辊开始低速转动，其表面温度也开始缓慢上升。使用者需要认真观察轧辊的转动与温升情况，如果发生故障应及时切断热转印机工作电源。

2) 工作参数设定。热转印机工作时一般需要设定三个参数：热转印温度、轧辊转速、轧辊转向。合适的转印温度一般可以设置为130～150℃，轧辊夹持覆铜板的水平传动速度控制在2～5mm/s即可。

覆铜板一般从热转印机的后方进入，这样转印完毕的覆铜板将自动停在热转印机前方的平台上而不会坠落。建议使用者以此操作习惯来对轧辊的转向进行设置。

3) 关机。由于电热石英管的功率与热轧辊的热惯性均比较大，在高温下直接切断电源后电动机立即停转，容易造成轧辊局部的热量不易散失，从而对系统产生不良影响。

常见的热转印机一般采用软关机模式，长按关机键后，石英管停止加热，但是橡胶轧辊仍然继续转动，直到轧辊温度下降到100℃以后，系统自动切断整机电源。

**3. 打印PCB图至热转印纸**

进行热转印之前，需要在热转印纸上打印出清晰的PCB图。

(1) 修改PCB图

为了适应热转印制板的特点，需要对已完成的PCB图进行适当的调整。具体的调整包括以下几个方面：

1) 修改PCB图中电气连线的线宽，所绘线条宽度尽可能不低于15mil（约0.4mm），安全间距也不低于15mil，焊盘孔的尺寸设置为20～25mil（约0.5～0.6mm，不是焊盘孔的实际大小，而是便于钻孔时钻头的对准），条件允许的情况下尽可能加宽线条，增大焊盘直径。

2) 在对覆铜板进行图形转移时，图形会发生水平180°翻转，因而PCB图的底层“BottomLayer”可以直接打印，但对于顶层“TopLayer”的图案则需要进行整体镜像处理。

如果希望在底层“BottomLayer”中打印出PCB的编号或设计者信息时，同样需要将这些字符内容做镜像处理。镜像处理的典型操作步骤为：选中需要镜像处理的内容，单击“X”键或“Y”键，在弹出的“Confirm”（确认）窗口中单击【Yes】按钮即可。

3) 调整激光打印机分辨率至少在600dpi（dpi表示每英寸长度内的点数）以上，先打印到普通打印纸上仔细检查并确认没有错误和设计缺陷后，再打印到热转印纸表面。

(2) 打印PCB图

本节以图4-2所示的单层板为例讲解单层PCB图的详细打印过程。图中的电路图形放在电路板的底层，因此可以直接打印。

具体的打印设置步骤如下：

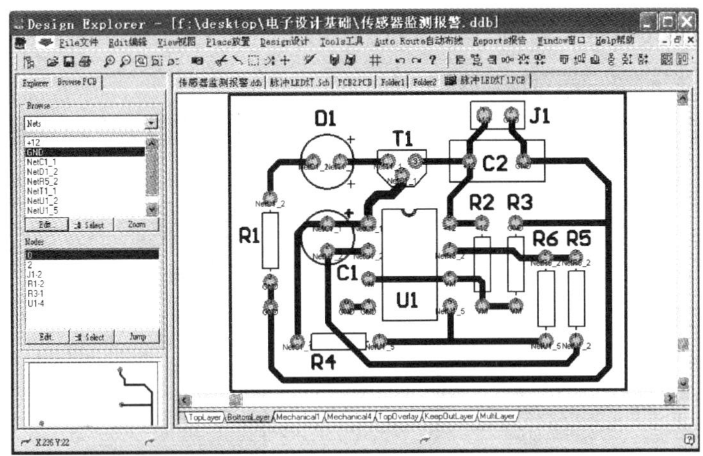


图 4-2　PCB 打印图例

1）依次单击主菜单【File】→【Print/Preview…】菜单项，切换到打印预览界面，如图 4-3 所示。

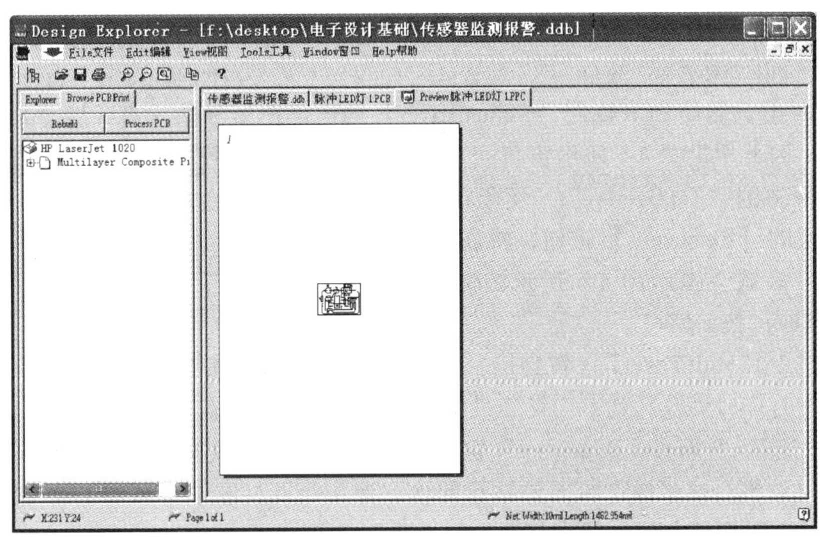


图 4-3　PCB 打印预览界面

2）按下计算机键盘中的【Page Up】键或【Page Down】键，将 PCB 图调整到合适的大小。

3）依次单击主菜单【File】→【Setup Printer…】菜单项，弹出如图 4-4 所示的“PCB Print Options”（PCB 打印选项）窗口。

单击图 4-4 窗口上方“Printer”列表窗中的【Properties】按钮，可以打开目前与计算机连接的打印机参数设置窗口，建议选中“将所有文字打印成黑色”选项，以保证打印到热转印纸表面的墨粉浓度。

4）“PCB Print Options”（PCB 打印选项）窗口中的其他选项直接使用系统默认设置即可，单击【OK】按钮退出。

5）依次单击主菜单【Edit】→【Change…】菜单项，弹出如图 4-5 所示的“Printout Properties”（打印输出属性）窗口。

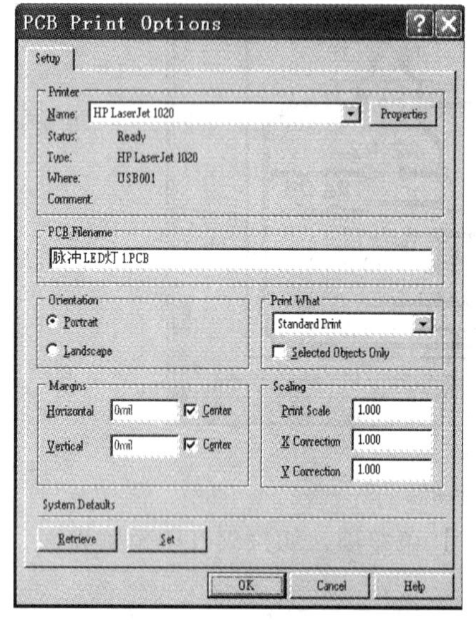


图 4-4　“PCB Print Options”（PCB 打印选项）窗口

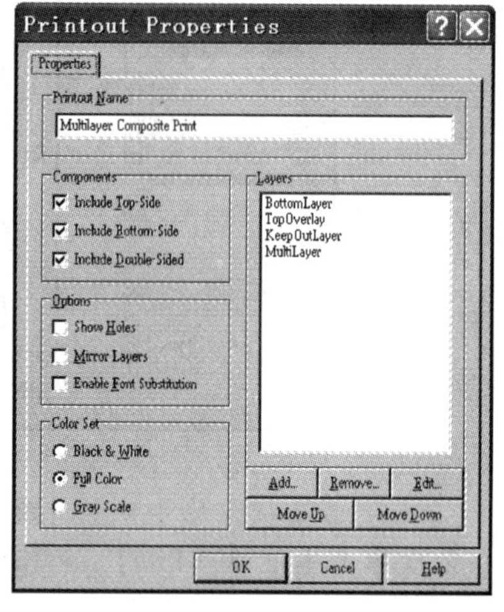


图 4-5　“Printout Properties”（打印输出属性）窗口

由于 PCB 上只需要 PCB 底层“BottomLayer”的电路图形和禁止布线层“KeepoutLayer”的轮廓边框，因此单击图 4-5 所示窗口“Layers”（层面设置）列表框中的“TopOverlay”（丝印顶层），然后单击列表窗下方的【Remove…】按钮，将该层从打印内容中去掉。此时系统会提示图 4-6 所示的删除确认窗口，直接单击【Yes】按钮即可。

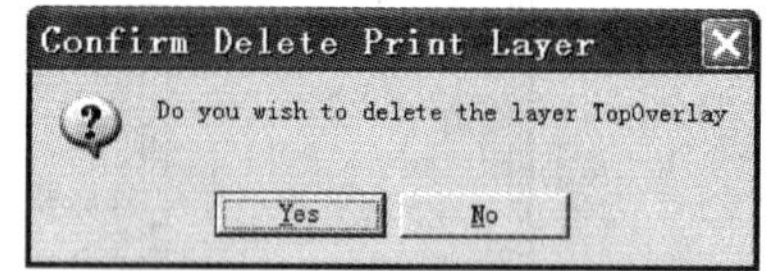


图 4-6　打印层面删除确认窗口

接下来选中“MultiLayer”（贯穿层），单击【Move Up】按钮，将该层移到列表框的最上方，这样在打印时焊盘孔就不会被经过焊盘孔的电气布线遮盖而无法露出。

在图 4-5 所示“Printout Properties”窗口的“Options”列表窗中选中“Show Holes”（焊盘孔显示）复选框，这步操作给需要钻孔的地方留出小孔，在蚀刻后的 PCB 上会形成小坑以便于钻孔的准确定位，避免钻头打滑。

在“Color Set”列表窗中选中“Black & White”（黑白图形）单选框后，单击【Close】按钮退出打印属性设置窗口。PCB 打印效果预览图如图 4-7 所示。

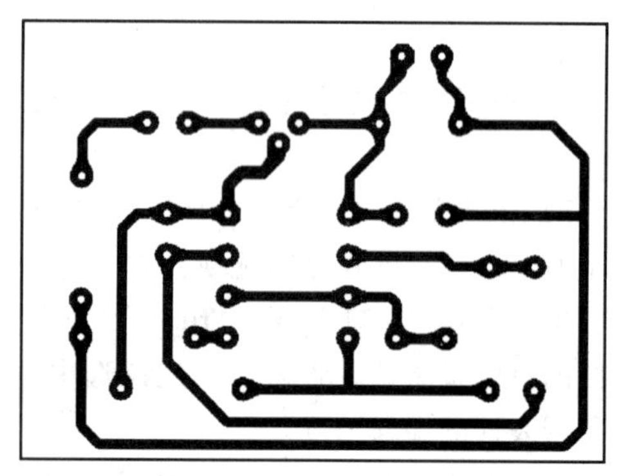

图 4-7　PCB 打印效果预览图

6）将热转印纸放入打印机的进纸口，依次单击主菜单【File】→【Print Current】（打印当前文件）菜单项，即可将图 4-7 按照 1:1 的比例打印到热转印纸光滑的高分子涂层表面。

7）刚打印出来的转印纸表面温度较高，墨粉还不能形成牢固的粘附，因此在取出热转印纸时不要触摸到任何部位的墨粉线条，以免引起断线。

待热转印纸冷却后，用剪刀按照禁止布线层“KeepoutLayer”的轮廓边缘将电路图形剪下、备用。

8）如果没有激光打印机，也可以使用喷墨打印机，然后再使用复印机复制到热转印纸的覆膜面即可。由于增添了一道工序，完成的实际图形效果可能会略差一些。

**4. 热转印**

覆铜板与打印好电路图形的热转印纸准备好后，即可进入热转印制板工序。

1）热转印机通电加热5～8min后，待橡胶轧辊的温度上升至设定温度。

2）将热转印纸的图形面覆盖在PCB表面，用胶带将热转印纸的边沿粘贴好，避免热转印纸与PCB之间出现错位而造成制板失败。

3）将覆铜板和热转印纸送入轧辊的进料口进行热转印。

4）热转印完毕的覆铜板和热转印纸从轧辊的出料口被送出后，不要急于揭开热转印纸，待覆铜板的温度下降至室温后，再小心地将转印纸从覆铜板表面揭除，此时转印纸上的墨粉图形已经被转印到覆铜板的表面。

5）如有覆铜板表面墨粉构成的电路图形存在轻微断线等缺陷，可以使用油性记号笔进行修补。油性记号笔在铜箔面画出的线条可以保护线条下方的铜箔不会被蚀刻液蚀刻。

**5. 蚀刻PCB**

热转印完成后的PCB需要进行蚀刻加工，以去除覆铜板表面多余的铜箔面。实验室条件下对覆铜板进行蚀刻的基本方法有以下三种：

（1）三氯化铁蚀刻法

三氯化铁蚀刻液用固体的三氯化铁（黄色固体或黑色粉末）用温水溶解而成，$FeCl_3$ 蚀刻覆铜板的化学反应方程式为：

$$2FeCl_3 + Cu = 2FeCl_2 + CuCl_2 \tag{4-1}$$

由于 $FeCl_3$ 蚀刻PCB的速度比较低，因此建议使用温度较高的热水（特别是冬天室温较低时）配制蚀刻液。$FeCl_3$ 的浓度一般在28%～42%之间，最佳蚀刻液浓度为34%～38%。业余条件下如果不能进行精确的测量，则按照 $FeCl_3$ 与水的比例大致在1:2左右即可。

$FeCl_3$ 呈强酸性，取用 $FeCl_3$ 应戴上乳胶手套。$FeCl_3$ 溶液溅射到皮肤、地板或衣物后，应及时用抹布擦去或用清水冲洗。容器内盛装的蚀刻液体积不宜过多，以基本淹没PCB即可。待蚀刻的PCB铜箔面向上，蚀刻过程中不断晃动盛装蚀刻液的容器，让蚀刻液来回冲刷PCB表面的裸露铜层，以进一步加快蚀刻速度。

在蚀刻过程中，需随时观察蚀刻的进度，特别是PCB的线宽较小时，蚀刻一旦完成就要立刻将PCB从蚀刻液中捞出并用清水洗净、吹干。

$FeCl_3$ 蚀刻PCB的成本低、技术成熟，但是蚀刻过程中将产生铁离子的沉淀，Cu的回收比较困难，因而只在实验室中使用较多。

（2）双氧水+盐酸蚀刻法

使用双氧水和盐酸对PCB进行蚀刻时的反应方程式为：

$$H_2O_2 + 2HCl + Cu = 2H_2O + CuCl_2 \tag{4-2}$$

双氧水加盐酸蚀刻PCB的效果一般，但是蚀刻速度很快，单层PCB的蚀刻可以在1min之内完成。

蚀刻液是用 2 份的双氧水（浓度 27.5% 或 30%）加 1 份盐酸（浓度 30%）和 1 ~ 2 份的清水配制而成，蚀刻液以刚好淹没覆铜板为宜。蚀刻过程中同样需要轻轻晃动盛装蚀刻溶液的容器，直至蚀刻完成。

盐酸的挥发性很强，对人的健康有害；另外，盐酸对金属下水管道、周围环境中的金属产品都具有很强的腐蚀性。因此在使用该工艺蚀刻覆铜板时，一定要注意室内环境的通风，使用完毕的废液需要使用 NaOH 溶液中和后再进行排放。

使用双氧水加盐酸蚀刻 PCB 时，一定要事先配制好蚀刻液，在蚀刻过程中不能再加入 $H_2O_2$ 或 HCl，以免破坏覆铜板表面的墨粉。

（3）过硫酸钠蚀刻法

过硫酸钠蚀刻覆铜板的化学方程式为：

$$Na_2S_2O_8 + Cu = Na_2SO_4 + CuSO_4 \tag{4-3}$$

过硫酸钠易于购买，其化学性质相对也比较温和，蚀刻覆铜板的效果也还不错，在工业现场有一定的应用。

（4）其他蚀刻方法

在 PCB 加工企业中还常常使用其他蚀刻方法，如酸性氯化铜蚀刻法、碱性氯化铜蚀刻法等。

酸性氯化铜蚀刻法以氯化铜和盐酸为主要成分，其特点是成本低、Cu 容易回收、对环境污染小。碱性氯化铜蚀刻法的化学成分比较复杂，包括了氯化铜、氯化铵、氢氧化铵、碳酸铵等，蚀刻速度快，最大优点是不会对锡铅合金进行蚀刻，因而被广泛应用在双层板与多层板的蚀刻加工中。

**6. 钻孔**

在蚀刻完成的 PCB 中，没有覆盖墨粉的铜箔全部被蚀刻掉了，只剩下半透明的绝缘基材。为了避免铜箔边缘残留的盐酸对电气图形产生二次蚀刻，建议对蚀刻完成后的 PCB 先用弱碱性水浸泡一段时间，然后再用清水冲洗干净。

接下来对 PCB 上的焊盘进行钻孔加工。

实验室条件下一般选择小型高精度台钻，钻夹夹持钻头的直径在 0 ~ 6.5mm 之间。使用台钻时，不允许佩戴手套进行操作，以免出现安全事故。在钻夹内固定好钻头后，通电观察钻头尖部的摆动幅度，如果摆动幅度过大，说明钻头在钻夹内安装偏心，需要及时调整与重装夹。

钻孔加工时，移动 PCB，将焊盘孔的中心对准钻头尖部，柔和地压下钻杆即可进行钻孔加工。PCB 的底部可以垫上一块厚度适中的木板。

对于普通电阻、电容、集成电路等元器件的焊盘孔而言，使用 0.7 ~ 0.9mm 的钻头基本可以满足要求，对于排针、大功率晶体管等元器件的焊盘孔，建议使用 1.0mm 的钻头。

钻头与台钻的碳刷、皮带都是钻孔加工中的易损件，需要准备好备件。

**7. 后续处理**

钻孔完毕后，覆盖在 PCB 焊盘及线条表面的墨粉还需要进行打磨处理。比较规范的方法是在钻夹上安装焊盘铣刀，起动电钻后轻轻磨削焊盘，直至露出铜箔即可。上述铣削操作一定要反复试验几次，掌握钻杆下压的幅度，以免过度铣削而降低焊盘的铜箔厚度甚至损伤焊盘。电气图形线条表面剩余的墨粉可以充当阻焊层，不必打磨。

如果板子上焊盘孔的数量过多，或者觉得黑色墨粉影响PCB的美观性，也可以用细砂纸直接将铜箔面的所有墨粉全部打磨除尽。为了避免损伤PCB表面的电气图形，最好在覆铜板表面喷洒一些水后再打磨。另外，也可以采用尼龙砂轮蘸水后进行打磨。无论哪种方式，打磨墨粉时的力度一定要小，以去掉墨粉、不伤及铜箔为基本原则。

条件允许的情况下，也可以采用汽油等其他有机溶剂直接擦洗PCB表面的黑色墨粉，以充分保护焊盘与线条的铜箔。

打磨干净的铜箔面非常光亮，但也比较容易被氧化，可以配制浓度较低的松香酒精溶液涂覆在铜箔表面起保护作用。松香酒精溶液在随后的焊接工序中可以起到助焊剂的作用。

最后一步工序是对制作完成的PCB进行检测，业余条件下可以按照以下步骤对PCB进行检验：

1）检查PCB有无较大幅度的翘曲、扭曲。

2）检查铜箔是否红、亮，有无氧化。

3）检查导电图形和焊盘有无凸起、凹痕、缺损、划伤、针孔及表面粗糙等缺陷。

4）检查导电图形是否完整、清晰，有无短路、断路、毛刺等。

5）检查焊盘孔的孔径是否合适，有无偏心、漏打。

## 习　题

4-1　列举4种最常见的制作PCB的工艺，并分析它们的优缺点。

4-2　简述热转印制板的一般流程。

4-3　采用热转印制板方法制作PCB时，对线宽有什么要求？

# 第 5 章　电子元器件

电子电路由各类电子元器件组成，了解和掌握常用基本电子元器件的种类、结构、性能及使用条件，对电路的电气性能、可靠性及成本都有较大影响。

电子元器件一般分为无源元件和有源器件两大类，通常将电阻器、电容器、电感器、接插件、开关归属于无源元件，而将二极管、晶体管、场效应晶体管、集成电路等归属于有源器件范畴。

如果从封装类型来看，可以将电子元器件分为传统的直插式元器件和目前发展迅猛的表面贴装式元器件两大类。

## 5.1　阻抗元件的参数

常见的阻抗元件包括电阻器、电容器和电感器，本节主要讲述这类元件的标称值与元件参数的标注方法。

### 5.1.1　阻抗元件的标称值

为了高效率地组织电阻、电容、电感的生产与使用，国际电工委员会（IEC）于 1952 年发布了国际标准，采用 E 数列作为元器件参数的系列化规格，E 数列的计算公式如下：

$$a_n = 10^{\frac{n-1}{E}} \quad (E = 6、12、24、\cdots;\ n = 1、2、3、\cdots、E) \tag{5-1}$$

E 的取值不同，将对应不同的标称系列。E6、E12、E24 是最常用的 E 标称系列。E6、E12、E24 系列的标称值在数字 1 ~ 10 内，分别对应着 6、12、24 个有效数字取值，如表 5-1 所示。

表 5-1　E24 ~ E6 标称值系列及精度

| 系列 | 允许偏差 | 标称值 | | | | | | | | | | | |
|---|---|---|---|---|---|---|---|---|---|---|---|---|---|
| E24 | ±5% | 1.0 | 1.1 | 1.3 | 1.6 | 2.0 | 2.4 | 3.0 | 3.6 | 4.3 | 5.1 | 6.2 | 7.5 | 9.1 |
| | | | 1.2 | 1.5 | 1.8 | 2.2 | 2.7 | 3.3 | 3.9 | 4.7 | 5.6 | 6.8 | 8.2 | |
| E12 | ±10% | 1.0 | 1.2 | 1.5 | 1.8 | 2.2 | 2.7 | 3.3 | 3.9 | 4.7 | 5.6 | 6.8 | 8.2 | |
| E6 | ±20% | 1.0 | | 1.5 | | 2.2 | | 3.3 | | 4.7 | | 6.8 | | |

实际应用中，标称值乘上倍率 $10^n$（$n = \cdots、-2、-1、0、1、2、\cdots$）就构成了实际的参数值，如标称值 4.7 对应的电阻取值包括 0.47Ω、4.7Ω、47Ω、470Ω、4.7kΩ、47kΩ、470kΩ、4.7MΩ、47MΩ 等，标称值 3.3 对应的电容器取值包括 3.3pF、33pF、330pF、3300pF（3.3nF）、33nF（0.033μF）、330nF（0.33μF）、3.3μF、33μF、330μF、3300μF 等。

若电路指标较高，上述标称值、偏差范围已经不能满足要求时，可以选用 E48 数列

（允许偏差 ±2%）、E96 数列（允许偏差 ±1%）、E192 数列（允许偏差 ±0.5%）等高精度元件，其精度更高，参数取值范围更广，但相对价格也较高。

## 5.1.2　阻抗元件的标注方法

阻抗元件的种类、参数繁多，要正确识别出元件的各项参数，一般是通过元件的标注进行读取。阻抗元件常用的标注方法有直标法、色标法、数码法三大类，标注的参数信息包括元件数值、允许偏差、生产日期等。

**1. 直标法**

直标法是按照电子元件的命名规则，将主要参数或相关信息用字母和数字直接标注在元件体表，这种标注方法主要适用于大功率电阻器、高耐压或大容量电解电容等体积较大的元件。早期的国产元件也多采用了这种标注方法，如碳膜电阻、模制电感等。

图 5-1 是一个采用直标法标注的电阻元件。从电阻器表面标注的信息可以看出电阻器的材料、类型、功率、标称阻值、精度等级。

直标法中广泛采用字母表示元件的精度等级，表 5-2 列出了字母所代表的常用阻抗元件的精度等级与偏差。

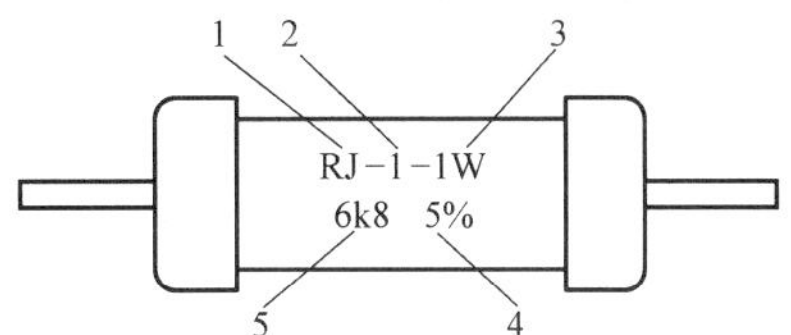


图 5-1　直标法标注的电阻元件
1—材料　2—类型　3—功率
4—精度　5—标称阻值

**表 5-2　字母所代表的偏差**

| 偏差（%） | ±0.1 | ±0.25 | ±0.5 | ±1 | ±2 | ±5 | ±10 | ±20 | +20 / -10 | +50 / -20 | +80 / -20 | 100 / 0 |
|---|---|---|---|---|---|---|---|---|---|---|---|---|
| 精度等级 | | | 005 | 01 | 02 | Ⅰ | Ⅱ | Ⅲ | | | | |
| 字母 | B | C | D | F | G | J | K | M | — | S | E | H |
| 备注 | 精密元件 | | | | | 普通精度元件 | | | 电解电容、电感 | | | |

对于标称值中含有小数部分的阻抗元件，直标法中一般用字母“R”、“k”表示电阻元件的小数点，用“μ”表示电容元件的小数点。

例如，“3R9”表示电阻器的阻值为 3.9Ω，“6k8”表示电阻器的阻值为 6.8kΩ；标注“4μ7”的电容器容量为 4.7μF；标注“2R2”的电感器电感量为 2.2μH。

**2. 色标法**

为了适应电子元器件小型化的发展趋势，大量采用各种颜色的色环、色带或色点在元件体表表示该元件的标称值、偏差等主要参数，这种标注方法被称为色码（color code）法，也称色标法。

图 5-2 为一只轴向引脚的色环元件示意图。目前绝大多数直插式小功率电阻元件、低 $Q$ 值模制电感元件、部分高频电容元件均采用了色标法进行参数标注。

图 5-2　色环元件的常见外形

发热量偏大的功率元件较少采用色环法，这是因为色环一般是由颜料构成，高温下颜料的颜色会发生一定改变，不利于准确识读出实际的标称参数。

在常见4色环或5色环电子元件中，电阻器以5环居多，而电感器、电容器主要以4环为主。在对4色环的元件进行读数时，前两环表示数字的有效值（该有效值的取值应该落在表5-1所示的范围内），第三环表示10的倍率，第四环表示元件的偏差。对于5色环的元件，前三环表示数字的有效值，第四环表示10的倍率，第五环表示元件的偏差。5环元件的精度一般比4环元件的精度高。

色标法没有给出元件的单位，默认采用实际元件的基本单位，电阻为“Ω”，电感为“μH”，电容为“pF”。

表5-3列出了各种颜色色环所代表参数的意义。

**表5-3 各种颜色色环所代表参数的意义**

| 颜色 | 有效数值 | 10的倍数 | 允许偏差 |
|---|---|---|---|
| 黑色 | 0 | $10^0$ | — |
| 棕色 | 1 | $10^1$ | ±1% |
| 红色 | 2 | $10^2$ | ±2% |
| 橙色 | 3 | $10^3$ | — |
| 黄色 | 4 | $10^4$ | — |
| 绿色 | 5 | $10^5$ | ±0.5% |
| 蓝色 | 6 | $10^6$ | ±0.2% |
| 紫色 | 7 | $10^7$ | ±0.1% |
| 灰色 | 8 | — | — |
| 白色 | 9 | — | -20% ~ +50% |
| 金色 | — | $10^{-1}$ | ±5% |
| 银色 | — | $10^{-2}$ | ±10% |
| 无色 | — | — | ±20% |

图5-3a所示4环电感的色环排布从左到右依次为“红红金银”，其电感量为$22\times10^{-1}$ μH $=2.2$μH，误差为±10%；图5-3b所示的5环电阻的色环排布依次为“黄紫黑红棕”，则其电阻值大小为$470\times10^2\Omega=47\text{k}\Omega$，误差为±1%。

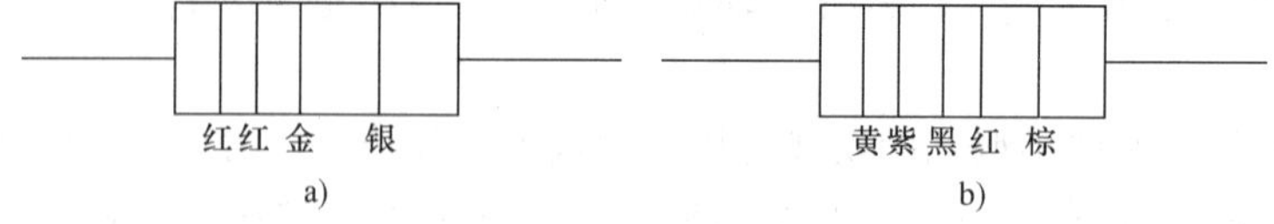


图5-3 色环元件标注法示例

a）4环电感元件 b）5环电阻元件

**3. 数码法**

数码法直接采用阿拉伯数字表示元件的标称值，主要用于体积较小的元件参数标注。常用的表面贴装电阻元件、直插式瓷介电容元件、贴片电解电容元件、小电流贴片电感元件主要采用这种标注方法。

数码法一般使用3位或4位数字表示元件标称参数值。如果只有3位数字，从左至右的前2位数字表示有效数值，第3位为10的倍率，当$n=9$时为特例，表示$10^{-1}$。

与色标法相同，数码法同样没有给出元件的单位，仍然采用了默认单位（电阻为“Ω”，电感为“μH”，电容为“pF”）。对于标注有4位数字的数码标注，从左至右的前3位数字表示有效数值，第4位为10的倍率。

某只电阻标注的数码为223，则该电阻阻值为 $22\times10^{3}\Omega=22k\Omega$。

某只直插式瓷介电容器上的标注信息为“104”和“1kV”，则表明该电容的标称容量为 $10\times10^{4}pF=0.1\mu F$，其耐压值为1kV。

某只贴片钽电容标注的数码为“226”、“16K”以及一根色带，则体现出的元器件参数信息为 $22\times10^{6}pF=22\mu F$，耐压值为16V，精度等级为“K”（Ⅱ级精度，±10%偏差），色带对应的引脚为钽电解电容的正极。

某只贴片电感器标注的数码为“100”，则该电感器的电感量为 $10\times10^{0}\mu H=10\mu H$。

## 5.2 常用电子元器件

电子元器件种类繁多，性能及应用范围也存在较大的区别。对常用电子元器件的性能及种类有充分的认识，将有助于电路设计时合理地进行器件选型与参数选择。

本节主要介绍电阻器、电容器、电感器、半导体器件和集成电路的主要参数、常见种类、特点、选用的原则及检测方法。

### 5.2.1 电阻器

电阻器是组成电路的基本元件之一，据不完全统计，电阻器在电子产品使用的元器件总数量中所占比例超过30%。随着集成电路在电路中的大量使用，这个比例呈逐年递减的趋势。

电阻器是典型的耗能元件，在电路中主要被用作分流、分压、去耦、取样、负载、阻抗匹配、调节时间常数等功能。

**1. 电阻器的命名及图形符号**

根据国家标准GB2470—1981的规定，国产电阻器的型号由以下几部分构成：

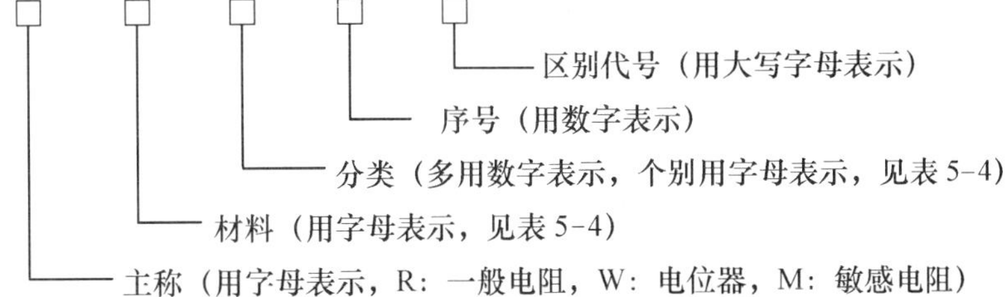


RJ71型表示精密金属膜电阻器，每位代码对应的含义如下：

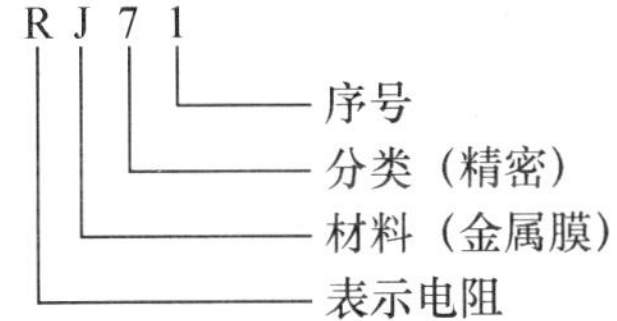


构成电阻器的材料种类很多，不同材料的电阻器对应的性能差异也比较大。表5-4列出

了常用电阻器的材料、分类代号及其意义。

表 5-4 电阻器的材料、分类代号及其意义

| 材料 | | 分类 | |
|---|---|---|---|
| 字母代号 | 意义 | 数字或字母代号 | 意义 |
| T | 碳膜 | 1 | 普通 |
| H | 合成膜 | 2 | 普通 |
| S | 有机实芯 | 3 | 超高频 |
| N | 无机实芯 | 4 | 高阻 |
| J | 金属膜 | 5 | 高温 |
| Y | 金属氧化膜 | 7 | 精密 |
| C | 化学沉积膜 | 8 | 高压 |
| I | 玻璃釉膜 | 9 | 特殊 |
| X | 线绕 | G | 高功率 |
| | | T | 可调 |

注：新型产品的分类根据发展情况予以补充。

### 2. 电阻器主要技术参数

电阻器的主要参数包括标称阻值、阻值精度、额定功率、温度系数及构成材料，了解这些参数的意义有助于设计电路时正确选用合适的电阻器。

(1) 标称阻值

标称阻值是电阻器最重要的参数之一。电阻器的取值一般遵从 E12、E24、E96 数列，常用的电阻以 E24 数列为主，其系列取值参见表 5-1。

标称值数列不相同的电阻器，其精度等级也不同。在设计电路，尤其是在设计模拟电路时，条件允许的情况下应尽可能选择 E96 数列的电阻器，以减小参数误差。

(2) 阻值精度

阻值精度是指实际测量的阻值与标称阻值的相对误差（允许偏差）。普通电阻器的允许偏差可分为 ±5%、±10%、±20% 等，精密电阻器的允许偏差可分为 ±2%、±1%、±0.5%、…、±0.001% 等多个等级。一般说来，精度等级高的电阻器，价格也更高。在电子产品设计时，应该根据电路的实际要求，选用不同精度的电阻器。

电阻器的精度等级有时也使用字符符号标注，如表 5-5 所示。

表 5-5 字符符号对应的电阻器精度等级

| 精度等级（%） | ±0.001 | ±0.002 | ±0.005 | ±0.01 | ±0.02 | ±0.05 | ±0.1 |
|---|---|---|---|---|---|---|---|
| 符号 | E | X | Y | H | U | W | B |
| 精度等级（%） | ±0.2 | ±0.5 | ±1 | ±2 | ±5 | ±10 | ±20 |
| 符号 | C | D | F | G | J | K | M |

常用的 5 色环电阻器的阻值精度一般为 ±1%。

(3) 电阻器的额定功率

电阻器的额定功率是指电阻器在正常大气压力（86～106kPa）及额定温度条件下，能在直流或交流电路中长期连续负荷工作而不至损坏或不显著改变其性状所允许消耗的最大功率。

电阻器的标称功率值有 1/16W、1/8W、1/4W、1/2W、1W、2W、3W、5W、10W 及更大的功率值，一般允许安装在电路板上的电阻器标称功率大多在 1/16～5W 之间，在进行电路绘制时，建议按照图 5-4 所示的图形符号进行标注。

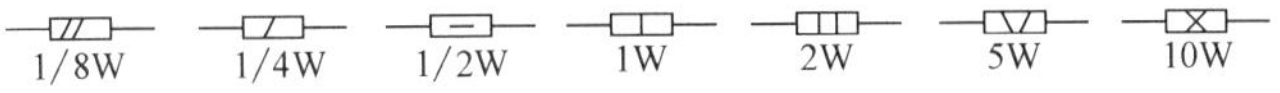

1/8W　1/4W　1/2W　1W　2W　5W　10W

图 5-4　电阻器额定功率符号

对于相同材料的电阻器而言，电阻器的额定功率与体积之间存在正相关特性，体积越大的电阻器能够承受的功率也就越大。

电阻器如果工作在通风、散热条件较好的工作环境中，其实际承受的功率可以比额定功率值略大。

（4）温度系数

电阻器的阻值与温度之间存在密切的关系，普通的电阻材料都会随温度的改变而发生变化，如低温超导（温度降到一定值后电阻器的阻值会消失）、白炽灯灯泡冷态电阻远小于其额定功率下等效阻值等。

工程上一般采用温度系数来衡量电阻器的温度稳定性，即

$$\alpha_{\gamma}=\frac{R_2-R_1}{R_1\ (t_2-t_1)} \tag{5-2}$$

式中，$\alpha_{\gamma}$ 是电阻器的温度系数，单位为 1/℃；$R_1$ 和 $R_2$ 分别是温度为 $t_1$ 和 $t_2$ 时测得的阻值，单位为 Ω。

一般情况下应该采用温度系数较小的电阻器。金属膜、合成膜电阻器具有较小的正温度系数，而碳膜电阻器具有负温度系数。

（5）电阻材料

常用电阻元件的材料如表 5-4 所示，目前使用较多的电阻器包括以下几类：

1）碳膜电阻器。碳膜电阻器“RT”是 20 世纪六七十年代应用广泛的电阻元件，它是由碳氢化合物在真空中通过高温热分解，使碳在陶瓷基体表面上沉积形成导电膜后加工制成。

碳膜电阻器的阻值范围宽（1Ω～10MΩ），可靠性高，价格低廉。但碳膜电阻器也存在负荷功率较小，使用环境温度较低，精度比金属膜电阻器差等明显的劣势。凭借其较高的性价比，碳膜电阻器在低档次的电子产品（如小功率开关电源电路）或消费类电子产品中（如玩具电路）仍然被大量使用。

2）金属膜电阻器。金属膜电阻器“RJ”是目前应用较为广泛的一种电阻器，它是在真空条件下的空心陶瓷管表面蒸发沉积一层合金膜后形成电阻膜。然后对电阻膜进行切削加工而成，其内部结构示意图如图 5-5 所示。

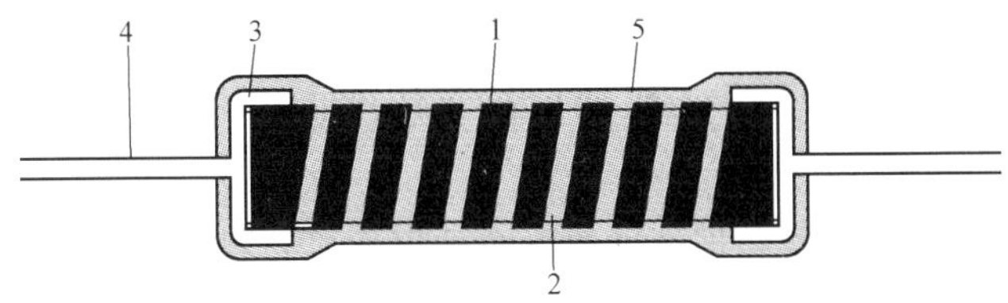


图 5-5　金属膜内部结构示意图

1—膜层　2—膜层切削后形成的沟槽　3—端盖　4—引脚　5—绝缘涂层

在金属膜上加工出的沟槽数越多，则等效电阻体的长度“$l$”越长、横截面积“$S$”越小，根据电阻阻值的计算公式

$$R=\rho\frac{l}{S} \tag{5-3}$$

可以看出，电阻器的实际阻值将会变得越大。

金属膜电阻器的工作温度范围较宽（-55～+125℃），温度系数很小，阻值稳定性好，噪声低、精度高。与相同功率、阻值的碳膜电阻器相比，金属膜电阻器的体积要小一半左右，价格则比碳膜电阻器略贵。

3）金属氧化膜电阻器。金属氧化膜电阻器“RY”是在高温条件下，将锡和锑的盐类配制成液体喷洒在陶瓷本体表面而形成的电阻。

由于金属氧化膜电阻器的电阻膜层比金属膜电阻器和碳膜电阻器要厚得多，与基体附着力更强，因而具有极好的脉冲、高频、过负荷性能和化学稳定性；同时，金属膜电阻器具有坚硬、耐磨等优异的力学性能，承受的峰值功率可高达25W以上。

金属氧化膜电阻器的缺点在于阻值分布范围过窄，一般在1Ω～200kΩ之间。

4）线绕电阻器。线绕电阻器“RX”在目前的大功率电阻器领域处于绝对优势地位，它是将锰铜丝或镍铬合金丝绕制并固定在瓷管上制成，其结构示意图如图5-6所示。

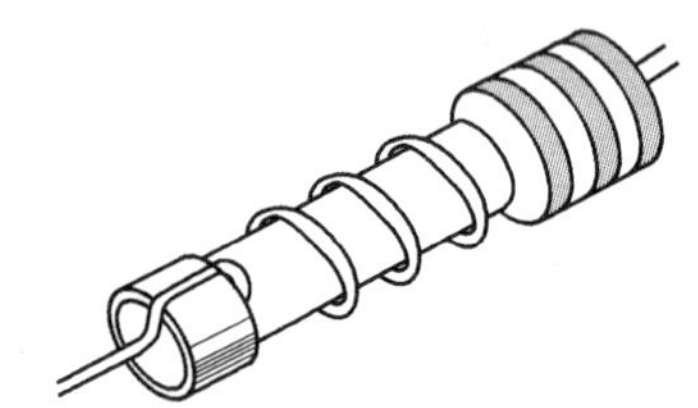

图5-6　线绕电阻器的结构示意图

由于采用的线绕工艺与电感器的基本结构有些类似，因而线绕电阻器存在较大的寄生电感和分布电容，不适宜在高频电路中使用。

线绕电阻器分为精密型和功率型两类。

精密型线绕电阻器主要用在测量仪表或其他对精度要求较高的电路中，其精度一般可达±0.01%，最高可达到±0.005%，温度系数小于$10^{-6}$/℃，长期工作性能稳定可靠，阻值范围在0.1Ω～5MΩ。

功率型线绕电阻器使用的金属丝相对较粗，因而承受的额定功率一般在2W以上，个别功率型线绕电阻器的最大额定功率可达500W。功率型线绕电阻器的阻值范围在0.1Ω～1MΩ。功率型线绕电阻器的精度等级不高，一般仅为±5%～±20%。某些超过10W的线绕电阻器为了避免因高温损坏，在电阻体外部安装有鳍型铝壳，起到散热的作用，如图5-7所示。

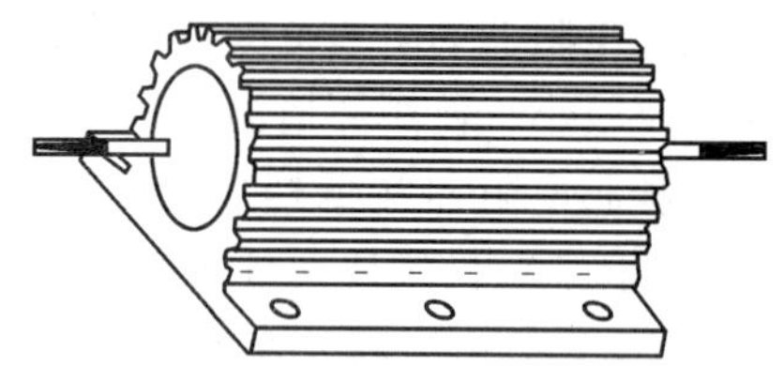

图5-7　大功率铝壳电阻的外形

5）片式固定电阻器。片式固定电阻器俗称“贴片电阻”，是金属玻璃铀电阻器中的一种小封装产品。

片式固定电阻器是将金属粉和玻璃铀粉混合，以无机材料做粘合剂，采用丝网印刷工艺印在陶瓷基体上形成电阻膜后烧结而成，具有生产成本低、体积小、耐潮湿、耐高温、温度系数小等显著优点，使用日趋广泛。

片式固定电阻器的外形如图5-8所示，一般采用数码法进行参数的标注，图中所示的电

阻阻值为 $150\times10^2\Omega=15k\Omega$。

片式固定电阻器有 1812、1210、1206、0805、0603、0402、0201 等多种封装形式，数值越小则体积越小。

图 5-8　片式固定电阻的外形

**3. 电阻器的选用**

在进行电阻器的选择时需要充分考虑以下几项基本原则：

1）从技术性能角度考虑所选电阻能否保证整机的正常工作。

2）从经济上考虑所选电阻的价格、成本、货源及供应情况。

3）电阻器的额定功率比理论计算出的耗散功率应大 1.5 ~2 倍。

4）充分了解电子产品整机工作环境条件。

根据上述原则，可以归纳出电阻器的选用方法：

1）在普通小功率电子电路中，直插封装的电阻元件采用金属膜电阻器与碳膜电阻器均可，表面贴装的电阻元件建议采用片式金属玻璃釉电阻器。

2）在低频大功率电路中，一般很少采用贴片封装的电阻器（标称功率太小），更多应采用直插式的线绕电阻器或金属膜电阻器。

3）在高电压电路中，一般采用实芯电阻器提高系统的可靠性。

4）在参数指标要求不高、数量需求巨大的电子产品中，优先选择廉价的碳膜电阻器，突出产品的经济性。

5）在高频、低噪声、高稳定性电路中，优先选择金属膜或金属氧化膜电阻器，尽量避免使用线绕电阻器（电感效应）或碳膜电阻器（电流噪声过大）。

6）电阻阻值选取接近计算值的一个标称值即可，不要片面采用高精度和非标准系列的电阻产品。在对电阻阻值有一定精度要求的场合，可以考虑采用电位器预调的方式获得精密的阻值，也可以使用电阻器的串联、并联获得某些非标称系列的阻值。

**4. 其他特种电阻器**

电阻器的概念很宽，种类也很多。除了基本电阻器之外，还有一些特种电阻器在电子电路中使用也很广泛。

（1）排阻

如果电路中需要使用阻值参数、特性基本相同的电阻元件，例如 80C51 系列单片机中 P0 口需要外接的 8 只 kΩ 级上拉电阻器，如果采用 8 只分离电阻器直接连接会造成电路结构复杂、PCB 布线困难，这时就建议选用排阻。

排阻是利用掩膜、光刻、烧结等技术工艺，在一块绝缘基片上制成若干个参数、性能一致（不一定是相等）的电阻器所连接的电阻网络，也称为集成电阻、电阻排。排阻内部的电阻一致性较好、温度系数低、稳定性高。

排阻一般采用单列直插的“SIP”封装，如图 5-9a、b、c 所示；也有的排阻采用了双列直插的“DIP”封装，如图 5-9d 所示。使用集成封装的排阻能够有效降低电路的体积，提高电路的安装效率。

图 5-9a 所示的排阻一般用在模拟电路中实现串联分压，如万用表内部的精密分压电阻；图 5-9b 所示的排阻一般用作数字电路的上拉电阻或下拉电阻；图 5-9c 所示的排阻为分立型结构，主要目的在于提高电阻器的集成度，便于提高机械手自动插装的效率；图 5-9d 所示

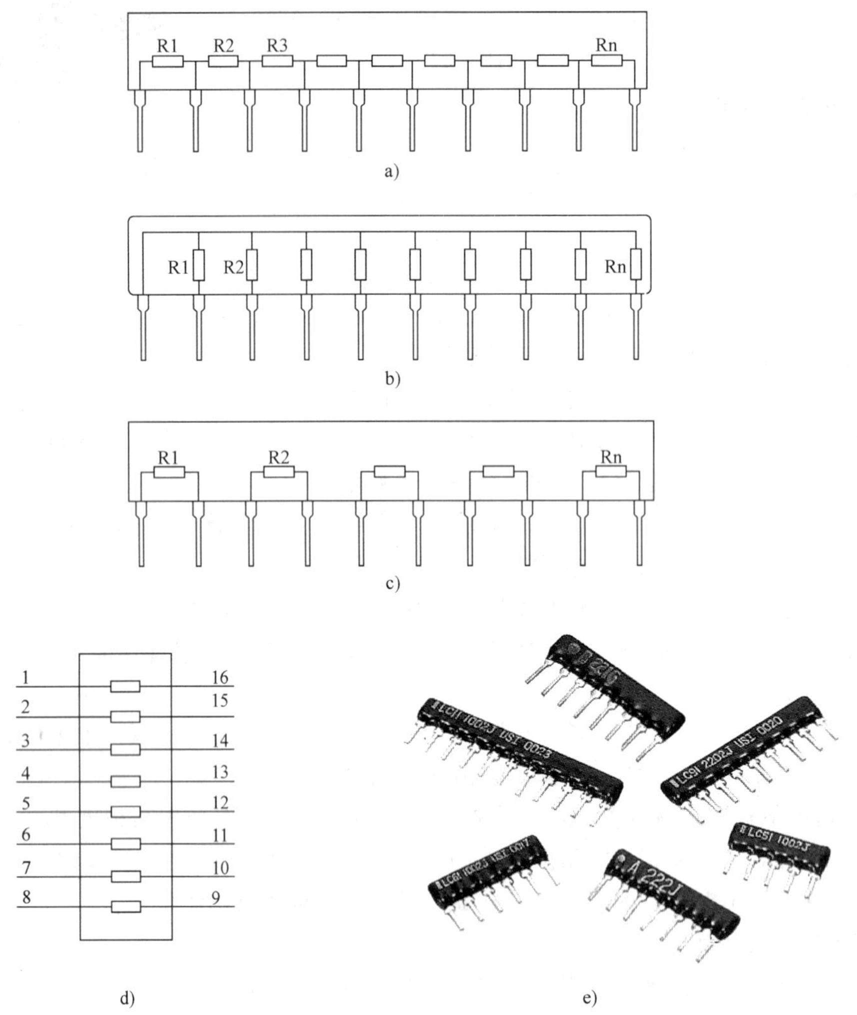


图 5-9 排阻的内部结构连接示意图

a）串联分压型 b）公共端型 c）电阻分立型 d）双列直插型 e）常用 SIP 封装的排阻外形

的排阻一般用作多通道的限流电阻。图 5-9e 所示为常用 SIP 封装的排阻外形。

排阻的阻值采用数值法标注，前两位数字为有效数字，第三位是倍率 $10^n$，例如“103”表示排阻的阻值为 10kΩ。

（2）敏感电阻器

使用不同材料及工艺制造的半导体电阻，具有对温度、光通量、湿度、压力、磁通量、气体浓度等非电物理量敏感的性质。相当比例的传感器都采用测量电阻的方式进行非电量的测试，这类特殊的电阻器被称为敏感电阻器。

利用敏感电阻器，可以制作成检测某些物理量的传感器，广泛应用于自动控制等领域。

敏感电阻器的种类较多，通常包括热敏、压敏、光敏、湿敏、磁敏、气敏、力敏等不同类型，前三种敏感电阻使用较为广泛。

国产敏感电阻器的分类代号及其意义如表 5-6 所示。

表 5-6　国产敏感电阻器的分类代号及其意义

| 字母代号 | 敏感电阻种类 |
| --- | --- |
| F | 负温度系数热敏 |
| Z | 正温度系数热敏 |
| G | 光敏 |
| Y | 压敏 |
| S | 湿敏 |
| C | 磁敏 |
| L | 力敏 |
| Q | 气敏 |

1）热敏电阻器。热敏电阻器的阻值随着环境和电路工作温度变化而变化。

热敏电阻器有两种类型：一种是正温度系数型（PTC）热敏电阻器，温度越高，阻值越大；另一种是负系数型（NTC）热敏电阻器，温度越高，阻值越低。

2）光敏电阻器。光敏电阻器是利用半导体的光电效应制成的光电传感元件，其阻值随入射光的强弱而改变，当入射光增强时，电导率随之增大，因而电阻值随之减小。

光敏电阻器主要用于遥控、遥测。图 5-10 为光敏电阻器的结构与电路符号示意图。

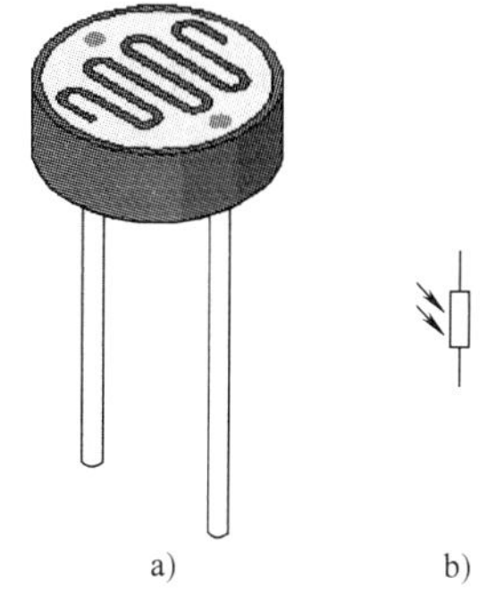

图 5-10　光敏电阻器的结构与电路符号示意图
a）结构　b）外形

光敏电阻器表面的“S”形线条一般是用硫化镉（或硫化铝、硫化铅和硫化铋）材料制作而成，这些材料具有在特定波长的光照射下，其阻值迅速减小的特性。可以利用该特性设计路灯控制单元。

3）压敏电阻器。压敏电阻器的伏安特性是非线性的，对外加电压非常敏感，当电阻器两端电压增加到某一特定值时，其电阻值将急剧减小，触发保护单元迅速动作。

4）气敏电阻器。气敏电阻器是利用半导体表面吸附某种气体分子之后电阻率发生变化的特性制成的敏感元件，主要用于对 CO、$CH_4$、$H_2S$、酒精等气体分子进行检测。

5）力敏电阻器。某些金属和半导体材料的电阻率会随外加应力的变化而改变，这种现象称为“压—阻”效应，利用“压—阻”效应制成的电阻器称为力敏电阻器，主要用来进行压力、应力的测量。

（3）熔断电阻器

熔断电阻器是一种双功能元器件，既有一般电阻器的功能，又能够在过负荷（电流过大）时熔断，起到保护功能。

金属膜熔断电阻器和线绕熔断电阻器是常用两种熔断电阻器。

1）金属膜熔断电阻器的电阻体中加有一种熔断剂，当超过额定负荷时，构成电阻的特殊金属膜层将在熔断剂的作用下很快烧断，使电阻器开路。

2）线绕熔断电阻体上使用低温合金熔珠将磷铜丝连接起来，当超过额定负荷时，低温合金熔珠被熔化而使磷铜丝断开，造成电阻器开路。这种熔断电阻器经过人工修复还可继续使用，主要被用于功率较大的场合。

**5. 电阻器的测量**

电阻器易发的故障包括端子开路、电阻体烧断，因而电阻器的质量检测一般是通过检测其阻值进行判别。

电阻器不能仅凭外形判断其质量好坏。某些功率电阻器因故障引起外壳有烧黑、烧焦的痕迹时，并不一定是彻底损坏，往往在使用万用表测试后会发现其电阻值是正常的。其原因主要是电阻器的功率过大引起温度过高，造成电阻表面的漆膜烧焦，电阻体并没有本质性的损伤，待电路检修完毕后，选择等值电阻器更换即可。

若电阻器的外形完好，可以先通过标志方式读出电阻器的电阻值，然后用万用表的欧姆档测量出其实际阻值，将测量值和标称值进行比较，从而可判断电阻器是否出现端子开路（阻值无穷大）、变质（实际阻值与标称阻值相差较大）等故障现象。

在使用万用表测量电阻器时，需要注意以下三点：

1）万用表档位选择要合理，所选档位应大于该电阻器的标称阻值，且最接近该阻值的一个档位，否则测量误差较大。

2）测量电阻器时，可以捏住电阻体进行测量，也可以捏住电阻器的某一只引脚进行测量，但是要绝对避免用手指将电阻器两只引脚同时握住进行测量、读数。同时握住两只引脚的测试方法会将人体电阻并在电阻器的两端，引起较大阻值电阻的测量值偏小。

3）不要对焊接在电路上的电阻器进行直接测试，由于该电阻器可能会与其他电阻器发生复杂的连接关系，而使得实际测得的电阻值小于实际阻值。对此可以采用“Y-Δ”变换的思路进行在线电阻器测量，具体内容可以参考文献［13］。

## 5.2.2 电位器

电位器也称为可调电阻器，其阻值可通过调节滑动头的位置进行改变。电位器的内部结构及工作示意图如图 5-11 所示。

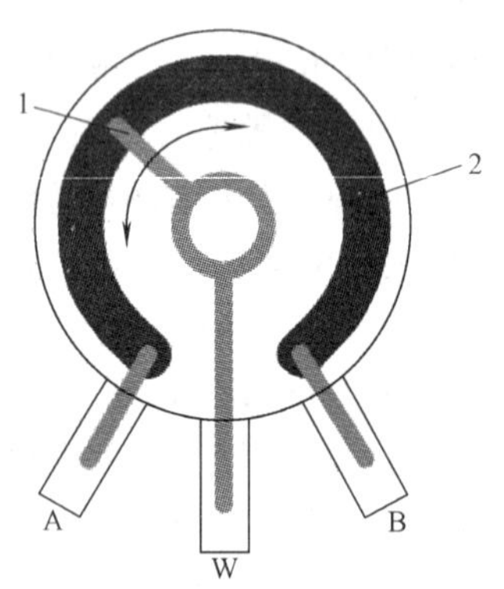

图 5-11 电位器的内部结构及工作示意图
1—金属接触刷 2—电阻体

在图 5-11 中，电位器的“A”、“B”两只引脚为电阻体的固定引出端，两只引脚间的电阻阻值是固定的；另一只引脚为滑动端“W”，也称为中心抽头。滑动端在固定端之间的电阻体上做机械运动而发生位置改变时，即可与固定端之间的电阻阻值发生改变。常用电位器外形如图 5-12 所示。

如果将电位器做阻值可变的 2 引脚电阻使用时，只需要将滑动端“W”与任意一只固定引出端短接即可。

图 5-12 常用电位器外形

**1. 电位器的主要技术指标**

描述电位器技术指标的参数很多，在设计电路时考虑较多的有标称阻值、额定功率、滑动噪声、分辨力等。

（1）标称阻值

电位器的标称阻值是指电位器两个固定端之间的电阻值，这也是电位器的最大阻值。国产电位器的常见标称阻值为 E6 数列，种类较少。而小功率的玻璃釉电位器（如 3296）中，其标称阻值一般只有“1”、“2”、“25”、“5”这四种取值。

电位器的允许偏差相对电阻而言较大，常见的有 ±20%、±10%、±5%，个别多圈精密线绕电位器的精度可达 ±1%。

（2）额定功率

电位器的额定功率是指两个固定端之间允许消耗的最大功率，电位器的功率由体积及种类决定。线绕电位器的额定功率较大，有机薄膜电位器的额定功率次之，而实芯电位器与碳膜电位器的额定功率普遍较小。

在调节电位器时，注意滑动头不要调节到固定端附近使其实际阻值较低可能引发电流过大并烧毁元件，滑动头与固定端之间所能承受的功率要小于电位器的额定功率。

（3）阻值特性

根据阻值变化规律，线绕电位器可以分为线性、对数函数特性、指数函数特性三种。

线性电位器的电阻阻值变化与电位器的旋转角度成直线关系，多用于分压场合，一般用英文字符“B”或“X”表示。

对数型电位器在开始转动时，电阻阻值变化较小，而在转角越接近最大阻值时，阻值变化幅度显著加大。阻值与旋转角度接近对数关系变化，多用在音调调节电路中，一般用英文字符“C”或“D”表示。

指数型电位器在开始转动时，阻值变化幅度很大，当转角接近最大阻值一端时，阻值变化幅度则比较小，主要用在音量调节电路中，一般用英文字符“A”或“Z”表示。

（4）滑动噪声

当滑动头在电阻体上滑动时，滑动头与固定端之间的电压出现无规则的起伏，这种现象称为电位器的滑动噪声。滑动噪声主要是由电阻材料的电阻率分布不均匀以及滑动头在滑动时接触电阻的无规律变化引起的。

（5）分辨力

对输出量可实现的最精细的调节能力，称为电位器的分辨力。一般线绕电位器的分辨力优于非线绕电位器。

**2. 国产电位器的分类代号**

国产电位器的材料、分类代号及其意义如表 5-7 所示。

**3. 电位器的分类**

电位器可按用途、材料、结构特点、阻值变化规律、驱动机构的运动方式等因素进行分类，常见电位器的分类如表 5-8 所示。

表 5-7　国产电位器的材料、分类代号及其意义

| 材料 | | 分类 | |
|---|---|---|---|
| 字母代号 | 意义 | 数字或字母代号 | 意义 |
| T | 碳膜 | 1 | 普通 |
| H | 合成膜 | 2 | 普通 |
| S | 有机实芯 | 7 | 精密 |
| N | 无机实芯 | 8 | 函数 |
| J | 金属膜 | 9 | 特殊 |
| Y | 金属氧化膜 | W | 微调 |
| C | 化学沉积膜 | D | 多圈 |
| I | 玻璃釉膜 | | |
| X | 线绕 | | |

表 5-8　常见电位器的分类

<table>
<tr><th colspan="3">分类形式</th><th>举　　例</th></tr>
<tr><td rowspan="5">材料</td><td rowspan="2">合金型</td><td>线绕</td><td>线绕电位器（WX）</td></tr>
<tr><td>块金属膜</td><td>金属箔电位器（WB）</td></tr>
<tr><td colspan="2">薄膜型</td><td>金属膜电位器（WJ），金属氧化膜电位器（WY），复合膜电位器（WH），碳膜电位器（WT）</td></tr>
<tr><td rowspan="2">合成型</td><td>有机</td><td>有机实芯电位器（WS）</td></tr>
<tr><td>无机</td><td>无机实芯电位器，金属玻璃釉电位器（WI）</td></tr>
<tr><td colspan="2" rowspan="2">阻值变化规律</td><td>线性</td><td>线性电位器</td></tr>
<tr><td>非线性</td><td>对数式，指数式，正余弦式</td></tr>
<tr><td colspan="3">结构特点</td><td>单圈，多圈，单联，多联，带推拉开关，带旋转开关，锁紧式</td></tr>
<tr><td colspan="3">使用用途</td><td>普通，精密，微调，功率，专用（高频，高压，耐热）</td></tr>
<tr><td colspan="3">调节方式</td><td>旋转式，直滑式</td></tr>
</table>

**4. 常用电位器**

电位器的种类较多，形状、体积、价格差异都比较大，以下为一些常见的电位器类型。

(1) 线绕电位器

线绕电位器是用锰白铜（亦称康铜）、锰铜或镍铬合金等合金电阻丝在绝缘骨架上绕制成电阻体，利用滑动刷头在电阻体上滑动而改变电阻值。国产线绕电位器的型号标注为“WX”。

线绕电位器的精度易于控制，稳定性好，温度系数小，噪声低，耐压高。但阻值范围较窄，一般在几欧到几十千欧之间，其分布电容和分布电感较大，一般不宜用在高频电路中。

(2) 合成碳膜电位器

合成碳膜电位器在绝缘基体上涂覆有一层合成碳膜，经加温聚合后形成碳膜片，根据电位器转轴的调节方式可以分为锁紧型与不带锁紧型两种。国产合成碳膜电位器的型号标注为“WTH”。

合成碳膜电位器的阻值连续可调，噪声低，阻值范围宽（100Ω ~5MΩ），价格便宜，在

精度要求不高的消费类电子产品中经常用到；合成碳膜电位器的缺点是碳膜易磨损，工作寿命不长。

（3）有机实芯电位器

有机实芯电位器由导电材料与有机填料、热固性树脂配制成电阻粉，在基座上经热压成型制得。国产有机实芯电位器的型号标注为“WS”。

有机实芯电位器耐高温，体积小，寿命长，可靠性高，机械强度高；缺点是耐压值较低，噪声较大，转动力矩大，这类电位器多用于可靠性要求较高的电子仪器中。阻值范围在 47Ω ~4.7MΩ 之间，功率一般不超过 2W。

（4）多圈电位器

多圈电位器属于精密电位器，通过转轴的转动来调节电位器的输出阻值。现在常用的多圈电位器的圈数在 10 圈以上，由于调节行程较长，因而可以实现较高的分辨率。

（5）数字电位器

除了上述接触式电位器外，与目前高速发展的嵌入式技术相呼应，数字电位器正在得到广泛使用。

接触式电位器的最大特点是滑动触头与电阻体之间采用机械式的摩擦接触，容易出现接触不良、阻值波动的故障，滑动过程中必然存在摩擦噪声，长期使用后性能劣化明显。

数字电位器实际是数字控制的模拟开关加上一组串联电阻器构成的功能电路，外观看起来像一片集成电路，其特性和应用方式与其他集成电路相同。由于采用了非接触技术，数字电位器没有电刷与电阻体之间的机械性接触，因此克服了接触式电位器的常见缺点。此外，数字电位器采用数字信号接口，可作为普通外设与 CPU 进行通信，因而容易实现数字程控，这些技术优势都加速了数字电位器的推广与普及。

数字电位器的缺点是承受功率较小，电阻值在步进时存在跳动。常用数字电位器型号有 MAXIM 公司的 MAX5481（1024 级）、Analog Device 公司的 AD8402ARZ（双通道、256 级）、Xicor 公司的 X9C103（100 级）等。

**5. 电位器的合理选用及质量判别**

电位器的形状体积、性能指标、销售价格差别较大，选购电位器时需要在性能、价格之间做一个全面的考虑。

（1）电位器的合理选用

电位器的规格种类很多，选用时不仅要考虑其电阻值及功率的要求，还要考虑调节方式、分辨力和成本等多方面的指标。

在调节不是很频繁的普通工业电子产品中，可选用合成碳膜电位器或有机实芯电位器；大功率低频电路选用线绕电位器或有机薄膜电位器；高精度电路中可选用线绕电位器、导电塑料电位器或精密合成膜电位器；要求高分辨力的电路中宜选用多圈式电位器；在电路中进行参数静态微调时可以首选玻璃釉电位器；要求电压均匀变化的电路中宜选用直线式线性电位器；音量控制电位器宜选用指数式电位器。

（2）电位器的质量判别

只有经过测试合格的电位器才能被装配到电路中。在检测电位器时，应使用万用表欧姆档测量电位器两个固定端的电阻，并与电位器的标称值进行比较。如测量值较标称值偏差过大，则有可能是电阻体磨损严重或者电阻体被杂质污染所致，从而影响到实际的阻值。出现此类故障的电位器需要及时更换。

改变电位器滑动触头的位置，并用万用表欧姆档进行实时监测。如果在转动滑动触头的过程中，电位器的阻值读数呈连续变化的趋势，且最小阻值近似等于0，最大值接近标称值，说明电位器质量较好；如阻值的读数出现跳跃，则说明电位器滑动触头与电阻体之间存在接触不良故障，需要更换。

## 5.2.3 电容器

电容器的基本单元是两块相对的极板，极板之间填充绝缘介质（注意：空气也是绝缘介质的一种）。电容器的结构使其具备储能功能，在电子电路中能够起到耦合、旁路、谐振、调谐、微分、积分、储能、滤波、隔直等重要作用。

### 1. 电容器的命名与分类

国产电容器的型号一般由四部分内容组成，前三部分的意义如表5-9所示，第四部分为出厂序号。

表5-9 电容器的分类代号及其意义

| 第一部分（主称） | | 第二部分（材料） | | 第三部分（特征，依种类不同而含义不同） | | | | |
|---|---|---|---|---|---|---|---|---|
| 符号 | 含义 | 符号 | 含义 | 符号 | 瓷介 | 云母 | 有机 | 电解 |
| C | 电容器 | C | 高频瓷 | 1 | 圆形 | 非密封 | 非密封 | 箔式 |
| | | T | 低频瓷 | 2 | 管形 | 非密封 | 非密封 | 箔式 |
| | | Y | 云母 | 3 | 叠片 | 密封 | 密封 | 烧结粉液体 |
| | | V | 云母纸 | 4 | 独石 | 密封 | 密封 | 烧结粉固体 |
| | | I | 玻璃釉 | 5 | 穿心 | | 穿心 | |
| | | O | 玻璃膜 | 6 | 支柱形 | | | |
| | | B | 聚苯乙烯 | 7 | | | | 无极性 |
| | | F | 聚四氟乙烯 | 8 | 高压 | 高压 | 高压 | |
| | | L | 聚酯（涤纶） | 9 | | | 特殊 | 特殊 |
| | | S | 聚碳酸酯 | G | 高功率 | | | |
| | | Q | 漆膜 | T | 叠片式 | | | |
| | | Z | 纸介 | W | 微调 | | | |
| | | J | 金属化纸介 | | | | | |
| | | H | 复合介质 | | | | | |
| | | G | 合金电解质 | | | | | |
| | | E | 其他电解质 | | | | | |
| | | D | 铝电解 | | | | | |
| | | A | 钽电解 | | | | | |
| | | N | 铌电解 | | | | | |
| | | T | 钛电解 | | | | | |

### 2. 电容器的技术参数

电容器涉及的参数比较多，给选型带来了一定麻烦。常用的电容器的技术参数包括标称容量、容量偏差、额定电压、绝缘电阻、频率特性及温度系数等。

（1）标称容量及偏差

电容量是电容器的基本参数，电容量的基本单位是 F（法拉），实际常用的单位是 pF（皮法）和 μF（微法），有时候也用 nF（纳法），相应的换算公式为：

$$1\mathrm{F} = 10^{6}\mu\mathrm{F} = 10^{9}\mathrm{nF} = 10^{12}\mathrm{pF} \tag{5-4}$$

由于制造工艺差别较大，因而不同类型的电容器执行不同数列的容量标称值，电解电容主要为 E6 数列，少量为 E12 数列；陶瓷电容与薄膜电容一般使用 E24 数列标称值。

与电阻器的阻值偏差相比，电容器的容量偏差较大，基本在 ±5% 以上，最大误差可达 100%。

（2）额定电压

能够保证长期工作而不被击穿的最大电压称为电容器的额定工作电压，俗称“耐压”。额定电压系列随电容器种类不同而有所区别，对相同类型的电容器而言，耐压较大的电容器体积也相对较大。

体积较大的电容器及所有的铝电解电容器都在外壳上直接标出额定电压数值，但大多数的陶瓷电容没有直接标注耐压参数，因而在高压使用时需要查询或测试该电容的实际耐压值。常用电容器的额定电压系列如表 5-10 所示。

**表 5-10　常用电容器的额定电压系列**　（单位：V）

| | | | | | | | |
|---|---|---|---|---|---|---|---|
| 1.6 | 4 | 6.3 | 10 | 16 | 25 | (32) | 40 |
| (50) | 63 | 100 | (125) | 160 | 250 | (300) | 400 |
| (450) | 500 | 630 | 1000 | 1600 | 2000 | 2500 | … |

注：带括号的额定电压主要针对电解电容器制订。

（3）绝缘电阻

电容器的绝缘电阻（漏电阻）是指电容器两极之间的电阻。绝缘电阻的大小主要由电容器绝缘介质的性能决定。绝缘电阻越大，表明电容器的漏电越小，产品质量越好。

对于漏电较大的纸介电容、电解电容，可以根据指针式万用表的电阻档粗略估计其绝缘电阻的高低；对于漏电本身就很小且容量也不大的陶瓷电容、云母电容则只能使用专门的漏电流测试仪进行测试。

（4）频率特性

电容器的频率特性是指电容器在不同频率的电路中工作时，其电容量、损耗角等参数随频率变化的特性。在高频电路中工作的电容器容量会有所减小。

（5）温度系数

温度系数反映了电容器的电容量随环境温度变化而改变的特性，主要被用来评价电容器的温度稳定性，其计算公式为：

$$\alpha_{c} = \frac{1}{C_0}\ \frac{\Delta C}{\Delta t} \times 10^{-6} \tag{5-5}$$

式中，$C_0$ 表示在常温（20 ± 5）℃下的电容量；$\Delta C$ 是当温度改变 $\Delta t$（单位为℃）时，对应的电容改变量，单位为 F（法拉）。

电容器的温度系数越小越好。云母及瓷介电容器的温度稳定性较好，铝电解电容器的温度稳定性最差，其温度系数值很大。

**3. 常用电容器**

电路中较为常见的电容器类型包括薄膜电容器、瓷介电容器、云母电容器、钽电解电容器、铝电解电容器等。瓷介电容器、云母电容器的电容量比较小，一般在 μF 数量级以下，精度在 5% ~20%；而电解电容器的容量一般都比较大，市售的成品一般都大于 1μF，电解电容器的容量偏差也较大。

（1）薄膜电容器

薄膜电容器主要使用有机薄膜作为绝缘介质，以金属箔作为电极板卷绕而成，其结构示意图如图 5-13 所示。

有机薄膜一般使用涤纶、聚乙酯、聚丙烯、聚苯乙烯或聚碳酸酯等材料。在薄膜电容器当中，聚丙烯（PP）电容器和聚苯乙烯（PS）电容器的特性较为优异。

薄膜电容器没有极性，绝缘阻抗很高，介质损耗很小，频率特性优异。此外，薄膜电容器稳定性好、容量范围宽且精度较高，耐热、耐湿性能都较好。基于以上的优点，薄膜电容器被大量应用在模拟电路中。

（2）瓷介电容器

国产瓷介电容器分为低频瓷介电容器（型号：CT）和高频瓷介电容器（型号：CC）两大类。瓷介电容器以陶瓷材料为介质做成薄片或薄管，然后在介质的两面喷涂银层或其他金属涂层并焊接引线，最后喷涂釉浆后烧结而成，其内部结构示意图如图 5-14 所示。

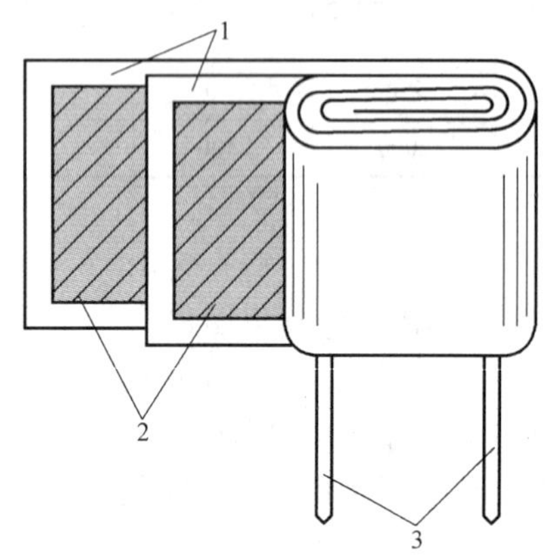


图 5-13　薄膜电容的结构示意图

1—有机薄膜　2—金属箔极板　3—电容器引脚

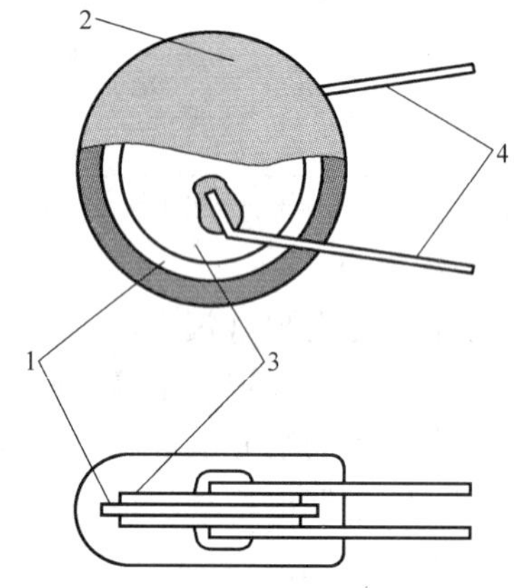


图 5-14　瓷介电容器的内部结构示意图

1—陶瓷基片　2—绝缘层　3—薄银层电极　4—电容器引脚

若在陶瓷薄膜上印制电极后进行叠层烧结，就能制得独石电容器。独石电容器的单位体积比瓷介电容器小很多。

瓷介电容器的体积小、耐热性能好、绝缘电阻大、损耗小、稳定性高、成本低廉，是应用极为广泛的电容器。高频瓷介电容器的容量一般在 0.1pF ~0.1μF 之间，低频瓷介电容器的容量能够做到 1μF 以上。

（3）云母电容器

云母电容器以云母为介质，用锡箔和云母片（或用喷涂银层的云母片）层叠后在胶木粉中压合而成。

云母电容器具有耐压范围宽、可靠性高、性能稳定、容量精度较高等优点，被广泛用在一些具有特殊要求（如高频、高温、高脉冲、高稳定性）的电路中。

目前应用较广的云母电容器容量一般在4.7～51000pF之间，精度最高可达到±0.01%，耐压通常在100V～5kV之间。云母电容器的温度系数小，一般可做到$10^{-6}$/℃。云母电容器可用于高温条件下，最高环境温度可达到460℃，这是其他绝大多数电容器所不具备的特性。长期存放后，云母电容器的容量变化很小。但是，生产成本高、体积大、容量偏小这些因素，限制了云母电容器的广泛应用。

（4）玻璃釉电容器

玻璃釉电容器是将玻璃釉粉压成薄膜，在膜上印制图形电极，交替叠合后剪切成小块，在高温下烧结成整体而形成。

玻璃釉电容器具有良好的防潮性和抗振性，能在200℃的较高温度下长期稳定工作；玻璃釉电容器体积小，成本低廉，在高密度的SMT电路中应用较广。

（5）铝电解电容器

铝电解电容器（型号：CD）是用铝箔和浸有电解液的纤维带交叠卷成圆柱形后封装在铝壳内而成，如图5-15所示。

铝电解电容器以金属氧化膜为介质，导电物质是电解液，以金属极片作为电容器的正极，电解质作为负极。如果电解电容器的极性接反，介质反向极化会导致内部迅速发热，电解液气化，膨胀的气体产生的较大压力会使器件发生结构损坏而出现漏液。大容量的电容器外壳顶端通常有“+”或“K”字形的压痕，压痕处铝壳较薄，内部压力过大后会首先破裂并释放气体进行减压，避免外壳爆裂伤人，如图5-15所示。发生破裂、漏液后的电解电容器不能继续使用。

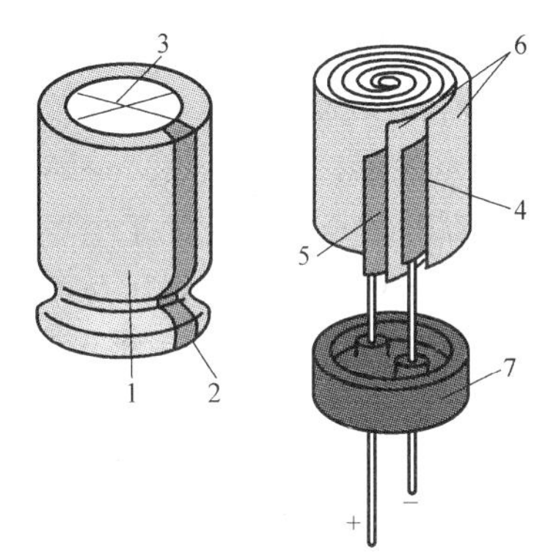


图5-15　铝电解电容器的内部结构示意
1—铝壳　2—极性色带　3—防爆阀　4—阴极
5—阳极　6—介质　7—橡胶帽

铝电解电容器是使用最广泛的通用型电解电容器。具有价格低廉（相对其他类型的电解电容器），容量范围大（0.33～10000μF），在要求耐压高、容量大的场合（如储能单元）中，均应优先选择铝电解电容器。

铝电解电容器的绝缘电阻小、损耗也偏大，温度特性、频率特性、绝缘性能较差，精度不高（20%～100%），耐压值一般不超过450V。此外，铝电解电容器的漏电流很大，因而使用年限不长，在高温下铝电解电容器的使用寿命将会显著缩短。

（6）钽电解电容器

钽电解电容器在1956年由美国贝尔实验室研制成功，采用了金属钽（钽粉或溶液）作为电解质。钽电解电容器的综合性能良好，既能够做到较大容量又能实现较小体积的封装，较好地兼顾了体积与容量之间的矛盾。国产钽电解电容器的型号是“CA”。

相对于铝电解电容器，钽电解电容器具有绝缘电阻大、漏电小、寿命长、长期存放性能稳定、温度及频率特性较好等优点；但因为钽材料的稀缺性，造成了钽电容器的制造成本居高不下，价格偏高；另外，钽电容器的耐压值较低，一般不超过160V。这两方面的因素制约了钽电解电容器的广泛应用。

钽电解电容器主要用于电气性能要求较高的电路，如大时间常数的积分电路、时钟电路、高频滤波电路等。固体钽电容器各项性能普遍优于液体钽电容。

（7）可变电容器

可变电容器是由半圆形的动片和定片组成的平行板式结构，动片和定片之间用介质（如空气、云母或聚苯乙烯薄膜）隔开，动片可绕转轴相对于定片旋转一定角度，从而改变电容器的实际容量。可变电容器的外形如图 5-16 所示。

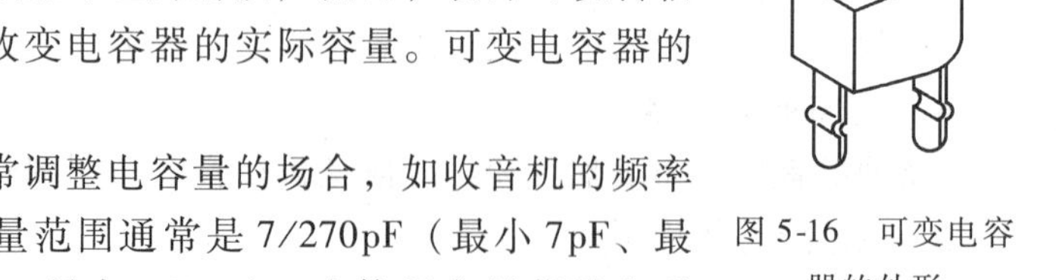
图 5-16 可变电容器的外形

可变电容器主要用在需要经常调整电容量的场合，如收音机的频率调谐电路。单联可变电容器的容量范围通常是 7/270pF（最小 7pF、最大 270pF）或 7/360pF（最小 7pF、最大 360pF）。小体积密封薄膜介质可变电容器（型号：CBM），采用聚苯乙烯薄膜作为片间介质，主要用在高频电路中。

**4. 电容器的合理选用**

电容器的种类繁多，性能指标各异，合理选用电容器对于产品设计十分重要。在具体选用电容器时需要全面考虑以下几方面的参数：

（1）电容器的额定电压

电容器的耐压一般应高于电容器两端实际电压的 1.5 ~ 2 倍才能保证电容器长期稳定工作。但是，选用电容器的耐压并不是越高越好，这主要是由于耐压高的电容器体积大、价格高。另外，采用液体电解质的铝电解电容器如果实际工作电压低于其额定电压的一半时，让高耐压的电解电容器在低电压的电路中长期工作，容易使电容器容量减小、损耗增大，导致其性能劣化。

（2）电容器的标称容量及精度等级

电容器在使用过程中，只有极少数电路要求电容器的精度，如有源高阶滤波器电路或多谐振荡电路。电容器用在滤波、耦合或旁路等场合中，其容量只需要满足一个数量级即可，容量值的偏差可以允许比较大。

相同容量、不同精度的电容器价格相差很大，在设计电路时不宜盲目追求电容器的精度等级。

（3）电容器的体积

容量相同的同类型电容器，体积越小，价格也越贵。在设计电路时应根据整机的尺寸合理选用电容器。

除了考虑上述三方面的参数，在实际选择电容器时，还要综合考虑电容器的成本、可靠性等多方面的因素，以下为电容器选择时的一些推荐原则：

1）模拟放大电路各级之间的耦合多选用有机薄膜电容器。

2）电源滤波、储能电容多选择铝电解电容器。

3）电源旁路电容宜选用固态钽电解电容器和低频瓷介电容器。

4）高频电路应该选用高频瓷介电容器、云母电容器或钽电解电容器。

5）要求电容量稳定的场合中，适宜选用有机薄膜电容器。

6）如果在使用中要求电容量经常调整，可选用可变电容器。

7）如果要求电容量能够被调整但不是需要经常调整，可使用微调电容器。

**5. 电容器的检测**

电容器的故障率要明显高于电阻器，特别是电解电容器，其故障率几乎是所有电子元器件中最高的。

（1）无极性电容器的检测

无极性电容器容量一般较小，大多都在 μF（微法）数量级之内，数字万用表电容档的最大测量范围一般为 20μF，因而可以直接测量无极性电容器的容量值。

测量电容器前先用万用表表笔或镊子短接电容器的两只引脚进行放电，然后把数字电表切换到电容档。电容档是有“Cx”标记的两个插槽，一般在万用表左下角，把电容器的两个引脚插到插槽中的铜质簧片中即可读出电容器的测试容量值。

万用表测量电容器的原理是将被测电容器的充电时间通过 NE555 时基电路变换为脉冲后积分，然后测量这一积分值而得到与之对应的容量值，误差值较大。合理选择电容器的测量档位，不要用较大的测量档位去测量容量较小的电容器。对应于精度要求较高的电容器，不宜采用万用表的电容档进行测量，建议使用数字电桥。

无极性电容器的主要故障类型为引脚间开路，电解电容器的主要故障的电解液干涸导致电容器容量显著降低，上述故障均可在电容器容量的读出结果中反映出来。

（2）电解电容器的检测

电解电容器一般都有正、负极性。没有使用过的电解电容器，长引脚为正极。对已经剪脚使用的电解电容器，可通过体表标志识别正负极。找到电容器圆柱体表面的色带，如色带中包含有“－”（负号）标记，则距离色带最近的这只引脚就是负极；少数电解电容器的色带上含有“+”（正号）标记，则色带附近的这只引脚为电容器的正极。

容量较小的电解电容器可用数字万用表直接测量其电容值，测量方法与无极性电容器测量相似，不需要区分极性，但读出的容量值偏差可能会比较大。

数字万用表的最大电容档位一般不超过 200μF，如果被测电容器的实际容量大于 200μF，数字万用表将无法直接测量，这时可选择其他大容量的仪器仪表，如专用的电容表或者数字电桥。另外，也可以运用电容器串联后实际容量比任何一只电容器的容量均要小这一特点来进行测量。

取一支容量范围在 1～10μF 之间的电容器，用数字万用表读出实际容量 $C_1$，将该电容器与待测的大容量电解电容器串联后插入数字万用表的电容插孔，读出串联后的容量值 $C_2$，根据公式

$$C_x = \frac{C_1 C_2}{C_1 - C_2} \tag{5-6}$$

计算出 $C_x$ 的取值。

这种等效测量方法误差比较大，其容量的计算结果只有一定的参考意义。

### 5.2.4　电感器

电感器俗称电感或电感线圈，是利用电磁感应原理工作的元件。电感器用漆包线或其他带有绝缘层的导线在磁心或塑料骨架上绕制而成，塑料骨架内部可以插入铁心或磁心以增加电感量。空心电感器则是将材质较硬的漆包线在某些支架上绕制成型后脱胎而成。

图 5-17 为环形电感器的结构示意图，这种电感器将漆包线直接绕制在环形磁心上形成，漏磁很小，但加工工艺比较复杂。

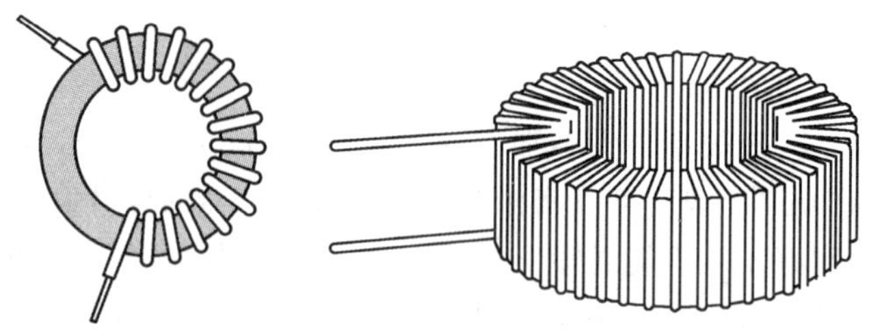

图 5-17 环形电感器的结构示意

电感器的使用非常广泛，它在调谐、振荡、耦合、匹配、滤波、陷波、延迟、补偿及偏转聚焦等电路中都具有不可替代性。

**1. 电感器的基本参数**

电感器的参数与电阻器、电容器均有所不同，除了电感量之外，在选择电感器时还需要关注品质因数与额定电流等指标。

(1) 电感量

电感器的电感量也称自感系数，是表示线圈自感应能力的一个物理量。电感量大小与线圈的匝数、线圈绕制的紧密程度、线圈中有无铁心或磁心密切相关。电感器的匝数越多、绕制越紧密则电感量越大；电感器增加磁心或铁心后，其电感量会大幅度增加。

电感器的基本单位是 H（亨利），实际工程中常用的单位是 mH（毫亨）和 μH（微亨），换算关系为：

$$1\text{H} = 10^3\text{mH} = 10^6\mu\text{H} \tag{5-7}$$

(2) 额定电流

额定电流是指电感线圈长期工作时所允许通过的最大电流。电感器通过的电流过大会引起电感线圈的特性改变甚至烧毁线圈。

(3) 品质因数

电感线圈的品质因数（$Q$ 值）是反映线圈质量高低的参数，定义为：

$$Q = \frac{\omega L}{R} = \frac{2\pi f L}{R} \tag{5-8}$$

式中，$f$ 是工作频率，单位为 Hz；$L$ 是线圈的电感量，单位为 H；$R$ 表示线圈的损耗电阻（包括线圈的直流电阻、高频电阻及介质损耗电阻等成分），单位为 Ω。

电感器的 $Q$ 值越高，则功率损耗越小。谐振电路要求电感器的 $Q$ 值比较高，以获得更好的选择性。

(4) 分布电容

电感线圈的各匝绕组之间、绝缘层和骨架之间、绕组与底板之间存在着分布电容。电感器实际上等效成如图 5-18 所示的电路。

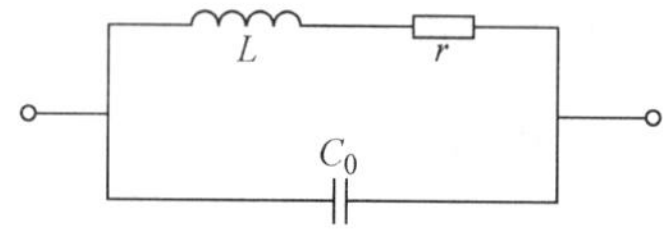


图 5-18 电感器的等效电路

图 5-18 中的等效电容 $C_0$ 是电感器总的分布电容。由于固有电容的存在，使线圈有一个固有频率或谐振频率，记为 $f_0$，其值为：

$$f_0 = \frac{1}{2\pi\sqrt{LC_0}} \tag{5-9}$$

使用电感线圈时，为避免出现自励，应使其工作频率远远低于线圈的固有频率。为了减小线圈的固有电容，可以减小线圈骨架的直径，用多股细导线并绕后进行线圈绕制，或者采用间绕法、蜂房式绕法等其他途径。

**2. 几类常用的电感器**

常用的电感器种类并不多，通常可分为模制小电流固定电感器和大电流电感线圈两类。

（1）模制小电流固定电感器

模制小电流固定电感器是在棒形、“工”字形或“王”字形磁心上直接绕制一定匝数的漆包线或丝包线后，在外壳表面包裹环氧树脂而成，也有一些产品是将绕制完成的电感器封装到塑料壳中。模制小电流固定电感器分为卧式电感（轴向引脚）与立式电感（径向引脚）两大类，其外形如图5-19所示。

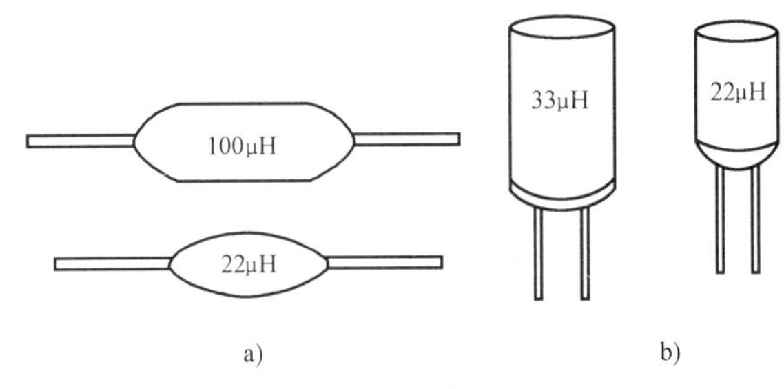


图5-19 模制小电流固定电感器的外形

a）卧式电感器 b）立式电感器

模制小电流固定电感器一般由厂家按照E6或E12数列进行批量生产，但电感量普遍在μH数量级，允许偏差一般为±5%、±10%和±20%。模制小电流固定电感器的体积小、线径细、品质因数$Q$较低。由于其重量轻、结构牢固（耐振动、耐冲击）、防潮性能好、安装方便等优点，仍然得到了较为广泛的应用。

小电流模制固定电感器的参数标注主要采用数字直接标注法和色环标注法两种方式，默认单位为μH。

（2）大电流电感线圈

大电流电感线圈的特点是额定电流较大、体积较大、品质因数$Q$值较高，高性能的圆环形磁心得到了广泛应用。

大电流电感线圈有单层绕制、多层绕制和间绕等多种绕制工艺。单层电感线圈只在磁心表面绕单层，电感量一般在1～1000μH之间，在电路中应用较多；多层电感线圈的电感量更大，但在绕制时为克服层与层之间的电压差及容易产生跳火击穿绝缘等现象，多采用线圈分段绕制法，分布电容较大；间绕法绕制出的电感器分布电容小，高频特性较好。

大电流电感线圈一般不容易直接购得，往往需到工厂定制或自行用漆包线绕制。

**3. 电感器的选择和使用**

选择电感器时主要考虑电感量、最大允许电流和品质因数等参数。

电感量是电感器最重要的参数，常用电感器的电感量在μH～mH的数量级。最大允许电流和品质因数$Q$均与绕制电感的线径相关，导线越粗则电感器允许通过电流越大，$Q$值越高。

选择电感器时，首先要检查其外观，不允许有线匝松动、引线接点活动等现象。然后需要对电感器的内阻进行检测，电感线圈的阻值一般都比较小，多为mΩ～Ω数量级。如果测试过程中发现电感器内阻值较高的情况，则需要重点检查电感器是否存在内部开路的故障。

模拟或数字万用表不能直接测量电感器的电感量，可以通过RLC测试仪或电桥等专用设备进行测量。

### 5.2.5　变压器

应用互感作用的电感器称为变压器。变压器是一种静止的电磁装置，在电子产品中能够起到交流电压变换、交流电流变换、阻抗变换、耦合和功率传递的作用。变压器使用了大量的金属铜，因而成本较高、价格较贵。

变压器的主要部件是铁心（或磁心）和绕组，变压器的图形符号及工作示意图如图 5-20 所示。

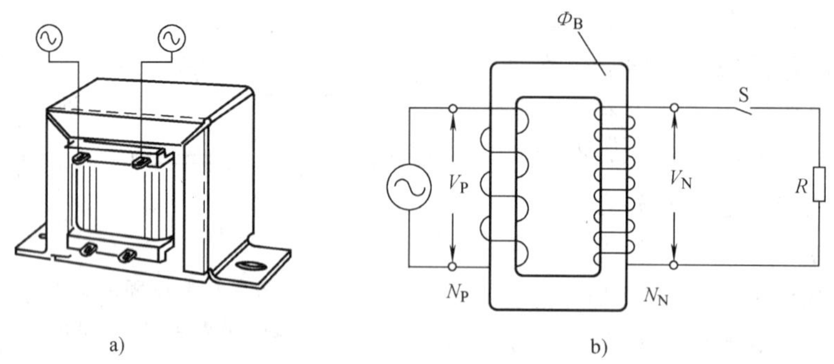


图 5-20　变压器的外形及工作示意图

a）变压器外形　b）变压器工作示意

变压器进行电压、电流变换的基本计算公式为：

$$\frac{V_P}{V_N}=\frac{N_P}{N_N} \tag{5-10}$$

$$\frac{I_P}{I_N}=\frac{N_N}{N_P} \tag{5-11}$$

根据式（5-9）和式（5-10）可知，通用的降压型变压器一次侧匝数比二次侧匝数多；但是一次电流比二次电流要小，因此降压变压器一次绕组的漆包线线径较细，而变压器二次侧的漆包线线径则要粗很多。

**1. 变压器的主要参数**

变压器的主要参数包括额定功率、电压比、效率、温升、绝缘电阻、空载电流等。

（1）额定功率

在规定的频率和电压下，以及额定工作环境温度之下，变压器长期工作而不超过规定温升的输出功率。

（2）电压比

变压器一次电压和二次电压的比值，或一次绕组匝数与二次绕组匝数的比值。

（3）效率

变压器工作时存在铜损与铁损两种不同类型的功率损耗，其二次侧功率与一次侧功率比值的百分比定义为变压器的效率。通常变压器的额定功率愈大，效率就愈高。20W 以下的小功率变压器的效率一般不到 75%，而 1kW 以上的大功率变压器效率可达到 90% 以上。

（4）温升

变压器工作后线圈和铁心都会发热，当变压器温度过高时会影响其绝缘性能与阻燃性能，绕组线圈容易老化，温升即为变压器自身的温度与工作环境温度之差。

（5）绝缘电阻

绝缘电阻是指变压器各线圈之间、各线圈与铁心之间的绝缘性能，它是判断电源变压器能否安全工作的重要参数。绝缘电阻的大小与所使用的绝缘材料的性能、温度高低和工作环境的潮湿程度有关。

（6）空载电流

变压器二次绕组开路时，一次绕组加上额定电压时所产生的电流称为空载电流。空载电流由磁化电流（产生磁通）和铁损电流（由铁心损耗引起）组成。空载电流大的变压器自身损耗大，输出效率低。

**2. 常用变压器**

变压器的种类较多，外形、功能差异均比较大，以下为常用的 5 种变压器。

（1）电源变压器

电源变压器主要给家用电器、电子仪器、机电设备等提供较低的交流电压，也有少量的电源变压器是升压类型，用于产生特殊设备所需的交流高压。

（2）隔离变压器

隔离变压器的一次绕组与二次绕组的匝数比为 1∶1，即输出电压等于输入电压。由于隔离变压器的二次绕组与一次绕组在电气上进行了隔离，因而二次绕组的任意抽头与大地之间均没有电位差，使用者即使无意中接触到二次绕组的任意一个抽头都不会发生触电事故，安全性较高。

在进行开关电源调试、微波炉维修时，一般都建议使用隔离变压器。

（3）音频变压器

音频变压器被用于音频放大电路和音响设备中进行阻抗变换，以实现阻抗匹配。音频变压器的工作频率范围一般为 10Hz～20kHz。按照在音频电路中所处的位置，音频变压器可分为输入变压器、输出变压器和级间变压器三类。

（4）开关变压器

开关变压器是指开关电源中所用的高频变压器，工作频率在 10～1000kHz 之间。由于工作频率较高，开关变压器主要采用了高磁导率的铁氧体材料（磁心）而没有采用硅钢片材质的铁心。

（5）自耦变压器

自耦变压器的一次绕组和二次绕组均共用同一绕组，旋转二次绕组的滑动触头可以改变变压器的匝数比，从而实现二次绕组输出电压的调整。但需要注意的是，由于一次和二次绕组之间有直接的电气连接，即使自耦变压器输出远远低于 36V 的安全电压，其二次绕组也不安全，不允许随意碰触。

**3. 变压器的检测**

变压器的故障率相对较低，常见的故障多为绕组开路和绕组匝间短路。这里以电源变压器为例讲述变压器的检测方法。

（1）一次绕组检测

将数字万用表切换到 2kΩ 或 20kΩ 的电阻档，测试一次绕组的直流内阻。一般小功率变压器一次绕组的直流内阻阻值在 kΩ 的数量级。如果测出的直流内阻阻值接近∞，说明一次绕组存在开路故障；如果测出的直流内阻阻值仅为“Ω”数量级，则说明输入绕组可能存在匝间短路的故障。出现上述两种情况的故障变压器均需要进行更换或维修。

一般而言，降压型电源变压器一次绕组所用漆包线的线径比较细，当变压器的二次侧发生短路或负载过重的情况时，容易引发一次绕组因工作电流过大而烧断的故障，这也是电源变压器的主要故障之一。

对于一次侧有三个接线端子的绕组，第三个接线端子有可能是AC110V绕组的抽头或者初级屏蔽层的接线端。对于前者，抽头两端与其他两个接线端子的阻值应该基本对称相等；对于后者，屏蔽层的接线端与一次绕组任一接线端之间的电阻阻值均为∞。

（2）二次绕组检测

电源变压器的二次绕组由于铜线的线径较粗，不易出现大电流烧断的故障，但是较粗的漆包线容易与变压器二次侧的固定焊片之间发生松动或虚焊而出现开路故障。

电源变压器二次绕组的内阻较小，应采用数字万用表的200Ω档进行检测，实测值一般小于10Ω，容易与短路故障相混淆，因此在测试电源变压器二次绕组的内阻时，需要首先短接万用表的两只表笔，记下万用表的内阻（包括接触电阻与表笔线阻），然后再测试变压器的二次绕组电阻阻值，最后两者求差，得出实际的二次绕组阻值。

二次侧采用双线并绕的变压器，其中间抽头至二次侧其余两个绕组端口的阻值应该近似相等。

（3）测试轻载（空载）温升

变压器绕组发生局部匝间短路后，使用万用表难查出故障，这时可以将变压器一次侧通电一段时间，二次侧接入一个合适的大功率电阻，使之产生变压器额定输出电流的10%～20%的负载电流（如果变压器的额定输出功率较大，也可以直接将二次侧开路）。通电一定时间后用温度计检测变压器外壳的温升。如果被测变压器轻载（空载）的温升超过70～80℃，则说明该变压器可能存在局部匝间短路的故障。

### 5.2.6 半导体分立器件

半导体分立器件包括半导体二极管、双极型晶体管（BJT）、场效应晶体管等。虽然集成电路已经广泛使用，并在不少场合取代了半导体分立器件，但受限于集成电路的制造工艺，在高压、高频、大电流、高精度电路中，仍然可以见到大量半导体分立器件的身影。

**1. 半导体二极管**

半导体二极管简称二极管，其典型特征是单向导电性。

（1）二极管的功能与分类

二极管的种类繁多，分类标准也比较复杂。常见二极管的图形符号如图5-21所示。

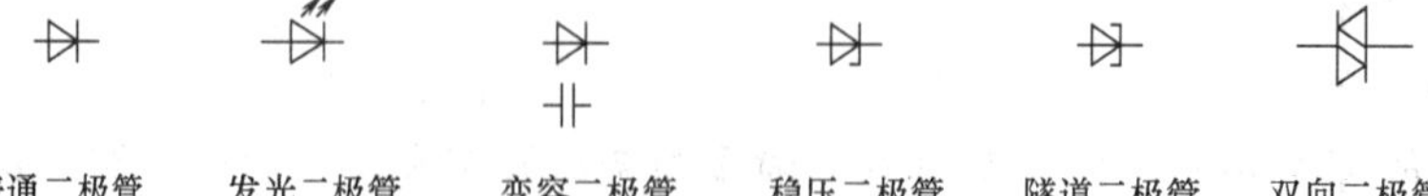


图5-21 二极管的符号

二极管根据结构工艺可分为点接触型和面接触型，点接触型二极管PN结的接触面积小，适合通过高频信号，但其允许通过的电流和承受的反向电压也较小；面接触型的二极管PN结接触面积大，结电容较大，对高频信号的阻碍较大，但可以承受较大的正向电流。

按制作材料的不同可分为锗二极管、硅二极管和其他材料二极管。锗二极管的正向电阻小，正向导通电压约为0.2V，但反向电流大，温度稳定性较差、成本高，目前已经很少使用；硅二极管正向饱和电压约0.6～0.8V，反向电流很小，生产成本低廉，使用较为广泛；其他材料二极管主要包括砷化镓、磷砷化镓等。

二极管的主要封装形式包括玻璃封装、塑料（硅酮）封装、金属封装，如图5-22所示。玻璃封装主要用于工作频率较高的二极管，金属封装则适用于耗散功率较大的二极管。

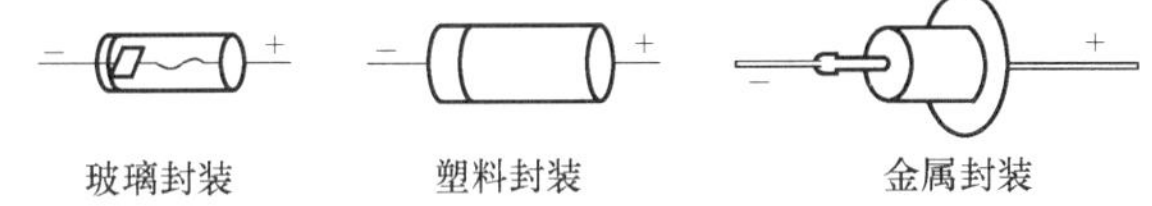


图5-22 二极管的常用封装

以下介绍常见二极管的类型：

1）稳压二极管。稳压二极管工作在反向击穿状态，可以提供一个相对较为稳定的电压值，也称为齐纳（Zenar）二极管。

稳压二极管的规格、种类较多，表5-11列出了1N系列小功率稳压二极管的标称稳压值。

**表5-11 1N系列小功率稳压二极管的标称稳压值** （单位：V）

| 型号 | 稳压值 | 型号 | 稳压值 | 型号 | 稳压值 | 型号 | 稳压值 |
|---|---|---|---|---|---|---|---|
| 1N4678 | 1.8 | 1N4688 | 4.7 | 1N4698 | 11 | 1N4708 | 22 |
| 1N4679 | 2 | 1N4689 | 5.1 | 1N4699 | 12 | 1N4709 | 24 |
| 1N4680 | 2.2 | 1N4690 | 5.6 | 1N4700 | 13 | 1N4710 | 25 |
| 1N4681 | 2.4 | 1N4691 | 6.2 | 1N4701 | 14 | 1N4711 | 27 |
| 1N4682 | 2.7 | 1N4692 | 6.8 | 1N4702 | 15 | 1N4712 | 28 |
| 1N4683 | 3 | 1N4693 | 7.5 | 1N4703 | 16 | 1N4713 | 30 |
| 1N4684 | 3.3 | 1N4694 | 8.2 | 1N4704 | 17 | 1N4714 | 33 |
| 1N4685 | 3.6 | 1N4695 | 8.7 | 1N4705 | 18 | 1N4715 | 36 |
| 1N4686 | 3.9 | 1N4696 | 9.1 | 1N4706 | 19 | 1N4716 | 39 |
| 1N4687 | 4.3 | 1N4697 | 10 | 1N4707 | 20 | 1N4717 | 43 |

2）检波二极管。检波二极管是利用二极管的非线性将调制在高频载波上的低频信号检测出来。检波二极管的结电容小，反向电流小，工作频率高。

常用的检波二极管型号有2AP9、2AP13、1N60等。

3）整流二极管。整流二极管利用PN结的单向导电性，把交流信号整形成脉动的直流信号。整流二极管的工作电流较大，属于面接触型的二极管。

工作电流为1A的常见整流二极管型号为1N4001～1N4007，1.5A的整流二极管型号有1N5391～1N5399，3A的整流二极管型号有1N5401～1N5408等。

4）开关二极管。开关二极管利用二极管的单向导电性，在电路中起开关的作用。开关二极管具有结电容小、开关速度快、可靠性高等特点，被广泛用于各类高速电路、开关电源。

常用的开关二极管型号有1N4148、1N4448、FR104等。

5）发光二极管。发光二极管（LED）同样具有单向导电性，在通过一定的正向电流后会发光。

常见 LED 的发光颜色有红色、绿色、黄色、蓝色、白色等，与 PN 结的材料有关。不同颜色 LED 的正向压降也有所不同。

6）变容二极管。变容二极管是利用 PN 结之间电容可变的原理制作而成。加在变容二极管两端的反向偏压越高，则结电容越小，反向偏压越小，则结电容越大。变容二极管可在高频调谐电路中做受控的可变电容器使用。

常用变容二极管的型号有 BB910、1SV166。

7）肖特基二极管。肖特基（Schottky）二极管是利用金属与半导体接触形成的“金属—半导体结”进行工作的一种热载流子二极管。肖特基二极管具有开关频率高和正向压降低等优点，被广泛应用在开关电源低压侧的高频整流电路中。

常用的肖特基二极管型号有 1N5817、1N5818、1N5819、1N5822 等。

8）整流桥堆。桥式整流电路的效率高，应用较为广泛，但是 4 只整流二极管的结构比较复杂、且不能接错任何一只二极管。整流桥堆把 4 只硅整流二极管接成桥式电路，再用环氧树脂（或绝缘塑料）封装而成，避免了二极管引脚接反的麻烦。整流桥堆的外形、内部结构与接线方式如图 5-23 所示。

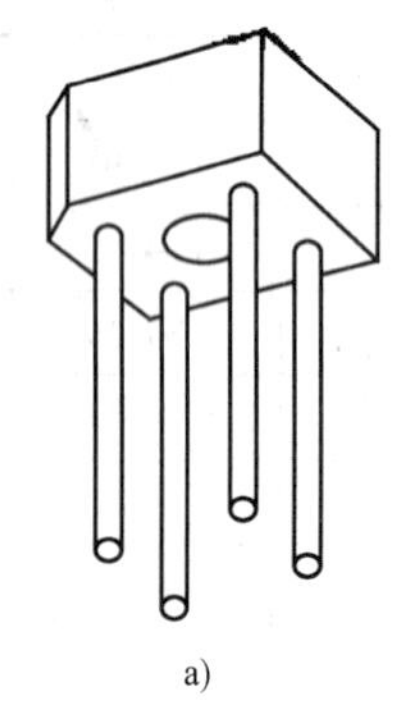

a)

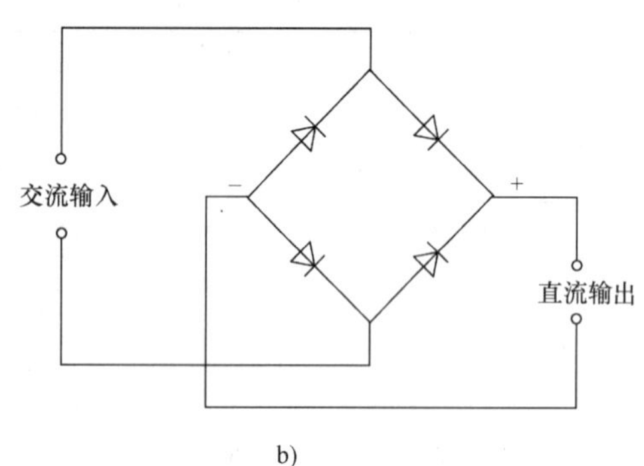


b)

图 5-23　整流桥堆的外形、内部结构及接线方式

a）整流桥堆的外形　b）整流桥堆内部结构及接线方式

整流桥堆的种类较多、形状各异。在桥堆表面一般标注有引脚功能，如“～”代表交流输入端，“+”代表直流高电位输出端，“-”代表直流低电位输出端。桥堆的“+”端一般比其他三只引脚略长，便于识别。

整流桥堆的最大整流电流从 1A 到上百安不等，其外形封装差别也比较大。小电流的桥堆可以制作成贴片样式，以节省装配空间；大电流的整流桥堆工作时发热量较大，需要安装散热片。图 5-23a 中整流桥堆底部的圆孔即为固定散热片的螺钉孔。

从图 5-23 可以看出，交流输入端“～”之间总会有一只二极管处于截止状态使交流输入端的总电阻趋向于无穷大。直流输出端的管压降则等于两只硅二极管的管压降之和。因此，用数字万用表的二极管档测交流输入端“～”的正、反向管压降时均显示“1”（溢出），而在测试直流输出端若显示“1. ×”，即可证明桥堆内部无短路现象。如果有一只二极管发生了击穿故障，则测试桥堆直流输出端管压降时，必定有一次显示值小于 0.8。

整流桥堆由于工作电流、反向耐压均比较大，因而故障率相对较高。

（2）二极管的主要参数

二极管的参数比较多，平时在选购二极管的时候应该全面考虑管子的正向电流、反向耐压、工作频率、开关速度等参数。

1）额定电流。额定电流是指二极管长时间工作所允许的最大正向平均电流。不同种类的二极管，其额定电流会有很大差别，在使用二极管时，电路中的最大电流不能超过此值。

2）最高反向工作电压。最高反向工作电压是指二极管工作时能承受的最高反向电压，是击穿电压的一半，在使用时一般不要超过此值。

3）反向电流。反向电流是指二极管在最高反向工作电压下允许流过的反向电流值。反向电流值的大小，反映了二极管单向导电能力的好坏，反向电流值越小越好。

4）最高工作频率。最高工作频率是指二极管在正常工作下的最高频率值。如果通过二极管的信号频率大于该值，二极管特性将发生改变。

（3）使用二极管时应注意的事项

二极管的特性相对比较稳定，但错误的操作容易导致造成管子的损坏。在使用二极管时应关注以下事项：

1）切勿使二极管的工作电压、电流超过其额定值。

2）焊接时应注意焊接时间不要过长，确保二极管不会因过热而损坏。

3）稳压二极管和发光二极管在使用时需要串联限流电阻，避免因工作电流过大而损坏器件。限流电阻的阻值多在几十欧至几百欧之间，具体的取值范围需要综合管子的工作电流、电源电压的高低进行估算得出。

4）二极管在使用时不能接反，整流二极管、发光二极管在使用时阳极接高电位，阴极接低电位；而稳压二极管、光敏二极管在使用时必须反接，即阴极接高电位，阳极接低电位。极性接反将使电路系统不能正常工作并可能引起管子损坏。

（4）二极管的识别与测试

二极管在接入电路时需要注意极性。普通二极管在管子表面的一端有一个色环，色环对应的引脚为阴极；发光二极管和光敏二极管的长脚为阳极，短脚为阴极。

对于外观无法判断的二极管，可用数字万用表的二极管档进行测试。将数字万用表的红、黑表笔分别接在二极管的两只引脚，若万用表读数为“.×××”或“1.×××”的数值，交换表笔后万用表读数为超量程“1”，则有正常读数时与红表笔相接的引脚是二极管的阳极，与黑表笔相接的引脚是二极管的阴极。

万用表上读出的数值表示被测二极管的正向导通电压值，单位为V。普通硅整流二极管的正向导通电压值在0.5~0.7V；肖特基二极管的正向导通电压值在0.1~0.3V；稳压二极管的正向导通电压值一般会大于0.7V；发光二极管在正向接通时会微微发光，其正向导通电压值多超过1.6V。

若交换表笔时的两次读数均为超量程“1”，则说明二极管已经开路；若两次读数均为有限数值则说明二极管的漏电比较大、单向导电性能较差，不能继续使用。

**2. 双极型晶体管**

双极型晶体管（BJT）的发明，极大地推动了全球范围内半导体电子工业的迅猛发展。双极型晶体管是一种典型的电流控制型放大器件，其主要作用是进行电流放大。双极型晶体管简称为晶体管。

晶体管的种类很多，封装形式的差异也比较大，图 5-24 给出了常见晶体管的封装形式与引脚排列规律。

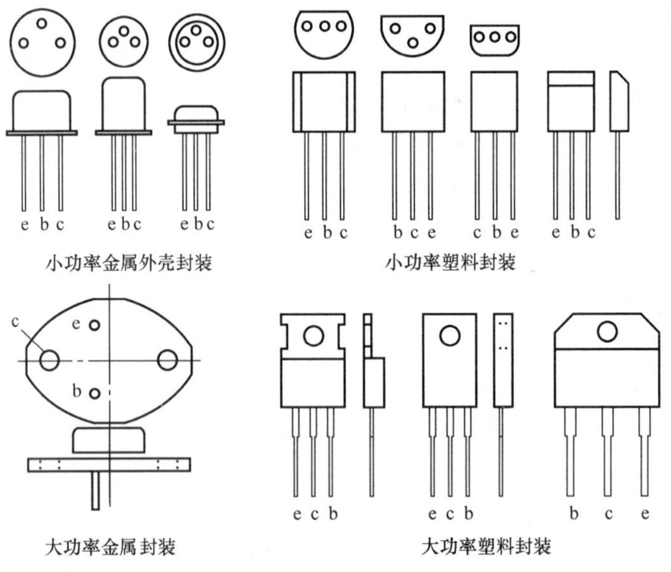


图 5-24 常见晶体管的封装形式与引脚排列规律

(1) 晶体管的分类

根据制造材料的不同，晶体管可以分为硅晶体管和锗晶体管，锗晶体管以 PNP 型为主，但是由于综合性能较差，目前已经较少使用。硅晶体管分为 NPN 型与 PNP 型两大类，目前使用广泛。

除了通用型的硅 NPN 管与硅 PNP 管外，其他常见的特殊硅晶体管如表 5-12 所示。

**表 5-12 特殊的硅材料晶体管**

| 分类 | 特性 | 应用 | 耗散功率 |
|---|---|---|---|
| 达林顿管 | 将两只晶体管按照一定规律组合为一只等效晶体管，具有较高的 $\beta$ 值与较大的集电极电流 $I_{CM}$ | 主要用于电路的功率驱动，电源电路中应用较广 | 主要是中、大功率管 |
| 带阻晶体管 | 基极与发射极一般接有电阻器，不同的管子里面配置电阻的方法、数量及阻值不同 | 主要用于数字电路；管子饱和压降很小 | 小功率管 |
| 光敏晶体管 | 集电极电流不只是受基极电流控制，同时也受光辐射强度的控制；通常基极不引出 | 光照灵敏度很高，用于光控电路 | 小功率管 |
| 阻尼晶体管 | 晶体管的 b、e 之间有保护电阻，c、e 之间接有一只阻尼二极管，具有高耐压、大电流特性 | 主要用作 CRT 显示器的行驱动管 | 大功率管 |

(2) 晶体管在使用中的注意事项

晶体管正常工作时需要满足一定的条件，超过允许条件范围晶体管可能无法正常工作，甚至遭到永久性损坏。选用晶体管时应充分考虑以下因素：

1) 晶体管的工作电压、电流、功率不能超过手册中规定的各项极限值，并适当留取一定的裕量。

2）晶体管的引脚不要装反。

3）大功率晶体管的集电极需要加上合适的散热片，散热片与晶体管的集电极尽量不要连通。

4）小功率晶体管应尽量远离热源。

（3）晶体管简单测试

晶体管的引脚排列基本是有规律可循的，可以参考图 5-24 的标注；另外也可以采用数字万用表对晶体管进行极性检测、引脚排列识别和 $\beta$ 值估测。

1）判断晶体管型号与基极。晶体管内部的等效电路如图 5-25 所示。

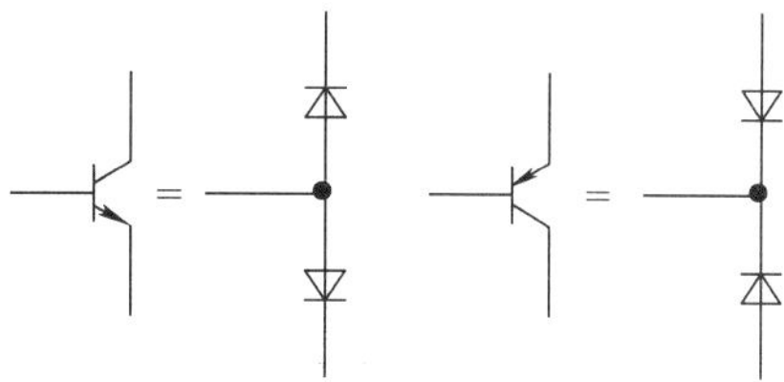

图 5-25 晶体管内部的等效电路

从上图中不难看出，晶体管等效为两只二极管的反向串联，公共端即为晶体管的基极 B。

切换到数字万用表的二极管档，将红表笔连接至晶体管的某一只引脚，用黑表笔分别连接到晶体管的其余两只引脚，如果两次测量的结果都为几百 mV 的正向导通电压值，则说明与红笔相连的引脚为晶体管的基极 B，且该晶体管的型号为 NPN 型。

如果固定黑表笔，用红表笔依次测量其余两只引脚后的两次读数均为几百 mV 的正向导通电压值时，说明该晶体管为 PNP 型，与黑笔相连的引脚为基极 B。

2）判断发射极和集电极、估测电流放大系数。切换到数字万用表的 $h_{FE}$档，在该档位设置有一个 8 孔的插座，分别对应 NPN 管的“E”、“B”、“C”、“E”极和 PNP 管的“E”、“B”、“C”、“E”极。出现重复的“E”极主要是为了适应小功率晶体管的“E-B-C”或“E-C-B”两种典型的排列规则。

根据上一步测出的晶体管极性和基极“B”，对剩余两只引脚分别假设为“C”极或“E”极，按照两种假设结果分两次插入对应的插孔，读出并记录两次不同的电流放大系数值。读数明显较大的那一次为正确插入，根据插孔对应的“C”、“E”标志即可识别出晶体管的集电极 C 和发射极 E。

**3. 场效应晶体管**

场效应晶体管属于电压控制型器件，通过栅-源电压 $U_{GS}$来控制漏极电流 $I_D$，与电流控制型的双极型晶体管相比，场效应晶体管具有以下特点：

1）场效应晶体管的栅极输入电流极小，因而管子的输入电阻可高达几百兆欧甚至几千兆欧。

2）场效应晶体管只利用多数载流子（多子）导电，不存在双极型晶体管内部少数载流子的杂乱流动，因而噪声很低，温度稳定性很好。

3）场效应晶体管比双极型晶体管更易于实现大规模集成，抗辐射能力较强。

4）场效应晶体管能在很小电流和很低电压的条件下工作。

5）场效应晶体管漏极与源极间的导通电阻小至毫欧的数量级，从而减小了管耗，提高了效率。

6）场效应晶体管的放大能力偏弱，组成放大电路的放大倍数要小于双极型晶体管。

场效应晶体管被大量应用在电源电路、数字集成电路中，有逐步取代传统双极型晶体管的趋势。

（1）场效应晶体管的结构

场效应晶体管的三个电极分别为漏极“D”、源极“S”和栅极“G”，可以把它们类比为双极型晶体管的集电极“C”、发射极“E”和基极“B”。

场效应晶体管分为结型场效应晶体管（JFET）和绝缘栅型场效应晶体管（MOSFET）两大类，如表5-13所示。

表5-13 场效应晶体管的分类

| | | |
|---|---|---|
| 绝缘栅型场效应晶体管（MOSFET） | 增强型 | N沟道 |
| | | P沟道 |
| | 耗尽型 | N沟道 |
| | | P沟道 |
| 结型场效应晶体管（JFET） | N沟道耗尽型 | |
| | P沟道耗尽型 | |

场效应晶体管的电气图形符号如图5-26所示。

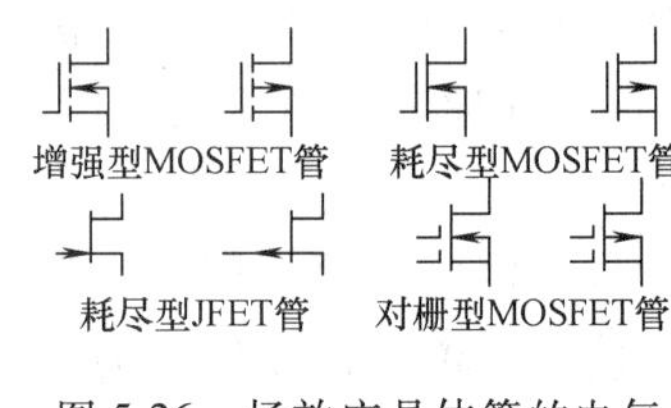


图5-26 场效应晶体管的电气图形符号

增强型MOSFET管的使用较为普遍：JFET管只有耗尽型的产品，一般以小功率管为主，其D、S极能够互换使用；双栅型MOSFET管主要为小功率管，多用于高频放大电路。

（2）使用场效应晶体管时的注意事项

结型场效应晶体管和一般小功率双极型晶体管的使用方法基本一致，但其构成放大器的输入阻抗比双极型晶体管放大器要高得多，在传声器内部基本都使用了结型场效应晶体管做信号放大。

早期的绝缘栅型场效应晶体管生产出来以后，其三只引脚被铜丝短接在了一起，以防感应电动势将栅极击穿。焊接时不能拆掉短路线。焊接顺序应按照先焊源极（S），再焊漏极（D），最后焊栅极（G），待三只引脚均被可靠焊接之后再用斜口钳剪断短接线。这样处理的目的是由于MOSFET管的输入阻抗太高，栅极上感应出的电荷很难泄放掉，加之栅极“G”与源极“S”之间的等效电容很小，电荷的积累使得“G”与“S”之间的静电电压升高，直至管子被击穿。

目前生产的缘栅型场效应晶体管栅极“G”和源极“S”之间一般接入了二极管和电阻构成的泄放通道，使电荷积累不致过多或使电压不致超过某一极限值，避免了管子的损坏。在焊接MOSFET管时，仍然建议采取必要的防静电措施，如将电烙铁外壳良好接地等。

损坏或性能不良的场效应晶体管能够通过万用表进行检测，参考文献［9］介绍了场效应晶体管的基本检测方法，供参考。

## 5.2.7 集成电路

集成电路是利用半导体工艺或厚膜、薄膜工艺，将电阻、电容、二极管、晶体管、场效应晶体管等元器件按照设计要求集成在同一硅片上，成为具有特定功能的电路。与分立元器件组成的电路相比，集成电路具有体积小、功耗低、性能好、重量轻、可靠性高、成本低等优点，得到了极其广泛的应用。

**1. 集成电路的分类**

集成电路种类繁多。按制造工艺可分为半导体集成电路、薄膜集成电路、厚膜集成电路；按照基本单元核心器件的构架可分为双极型（TTL）集成电路、MOS型集成电路、双极-MOS型（BiMOS）集成电路；按照集成度可分为小规模（集成了几个门电路或几十个元器件）集成电路、中规模（集成了一百个门或几百个元器件以上）集成电路、大规模（一万个门或十万个元器件）集成电路和超大规模（十万个元器件以上）集成电路；按照电气功能可分成数字集成电路和模拟集成电路两大类。常见半导体集成电路的分类如表5-14所示。

表5-14　常见半导体集成电路的分类

| | | |
|---|---|---|
| 数字集成电路 | 逻辑电路 | 门电路、触发器、计数器、加法器、延时器、锁存器、算术逻辑单元、编码器、译码器、脉冲发生器、多谐振荡器、可编程逻辑器件（PAL、GAL、FPGA） |
| | 微处理器 | 通用微处理器、单片机电路、数字信号处理器（DSP）、通用/专用支持电路、特殊微处理器 |
| | 存储器 | 动态/静态RAM、ROM、PROM、EPROM、$E^2$PROM |
| 模拟集成电路 | 接口电路 | 缓冲器、驱动器、A/D、D/A、电平转换器、模拟开关、模拟多路器、数字多路/选择器、采样/保持电路 |
| | 光电器件 | 光电传输器件、光发送/接收器件、光电耦合器、光电开关 |
| | 音频/视频电路 | 音频放大器、音频/射频信号处理器、视频电路、电视机电路、音频/视频数字处理电路 |
| | 线性电路 | 线性放大器、模拟信号处理器、运算放大器、电压比较器、乘法器、电压调整器、基准电压电路 |

**2. 集成电路的使用**

集成电路往往需要按照厂家规定的电路结构进行硬件连接及使用，与传统的电阻、电容、晶体管等元器件使用有着明显的区别。要科学、合理使用集成电路，就应该在网络上全面、仔细地查阅生产厂家提供的技术文档与应用笔记，文档一般为英文，pdf格式。

（1）集成电路的引脚排列

集成电路的引脚比较多，而且随着超大规模集成工艺的发展，集成电路的引脚还有进一步增加的趋势。引脚越来越多，但芯片的体积不可能无限制地被增大，这就使得集成电路的引脚越来越密、引脚越来越细。

传统的“DIP”双列直插式集成电路相邻两只引脚间的间距为2.54mm（100mil），而主流的“TSSOP”双列表面收缩型封装芯片的相邻两只引脚距离缩减到了0.66mm（26mil）。

在使用Multisim软件进行电路仿真和Protel软件进行电路绘制时，集成电路的引脚位置建议根据信号的流向摆放，便于识读。但在电路板上安装集成电路，就必须严格按照引脚的分布位置和计数方向装插。

集成电路的表面一般都设计了引脚计数的起始标志。把集成电路有文字符号描述的一面正对自己，在“DIP”封装的集成电路中，最左端往往有一个圆弧形的缺口，或者有一个圆形的浅坑，这些标记对应的集成电路最左下方的引脚是第 1 引脚，再按照逆时针方向即可数出第 2 引脚、第 3 引脚……位于集成电路左上方的那只引脚一般为最后一个引脚，如图 5-27 所示。

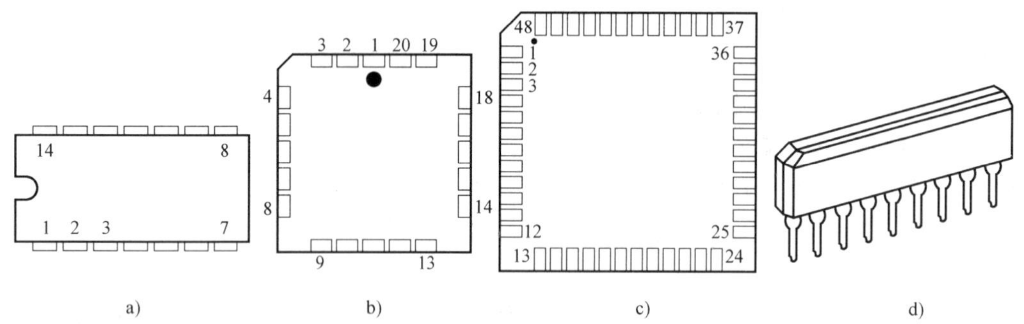


图 5-27 集成电路的常见封装

a)“DIP”封装 b)“PLCC”封装 c)“QFN”封装 d)“SIP”封装

对于四面均有引脚的“PLCC”（塑料有引脚四边封装）或“QFN”（塑料四边引脚扁平封装）等封装形式，找到标记点尤为关键。图 5-27b 所示的芯片第 1 引脚在芯片正上方居中的位置，而图 5-27c 所示芯片的第一脚在芯片斜切口处。找到第 1 引脚后，剩余的引脚按照逆时针方向计数即可。

对于“SIP”单列直插封装的集成电路，将标有芯片参数、型号的那面正对自己，最左边的那只引脚为第 1 引脚，然后即可从左到右即可数出其余的引脚。

（2）集成电路的正确使用

目前国内已经能够生产大多数的通用型集成电路，物美价廉；但高性能的集成电路更多还依赖进口，因而实际售价并不便宜，在使用时如果不加以注意，很容易造成器件的损坏。作为系统或单元的核心器件，集成电路损坏后将直接影响整个产品的性能，因此一定要对集成电路加以正确、规范的使用。

1）在使用集成电路时，其负荷不允许超过极限值；施加到集成电路上的电源电压也不能超过其极限电压值；有条件的情况下，尽量设置软启动电路，避免集成电路在接通电源的瞬间引发的尖峰脉冲损坏芯片。

2）输入信号的上限电平一般不得高于电源电压的上限，输入信号的下限电平也尽量不要低于电源电压的下限；对于单电源供电的集成电路，应避免输入电平出现负值。必要时，可以在集成电路的输入端增加信号电平转换电路。

3）一般情况下，数字集成电路的多余输入端不允许悬空，否则容易造成逻辑错误。“与门”、“与非门”的多余输入端应该接电源正极，“或门”、“或非门”的多余输入端应该接地。某些情况下，也可以把多余的输入端和在用的输入端并联使用。

4）数字集成电路的负载能力虽然比较强，但是将其用于驱动继电器、发光二极管等大电流的元器件时，应该在集成电路的输出端增加一级驱动电路。

5）使用模拟集成电路前，要仔细查阅它的技术说明书和典型应用电路，特别注意外围元器件的配置，保证工作电路符合规范。对线性放大集成电路，要注意调整零点漂移，防止信号堵塞，消除自激振荡。

6）商业级集成电路的使用温度一般在 0 ~ +70℃。在系统布局时，应使集成电路尽量远离热源。在手工焊接电子产品时，一般应该最后装配焊接集成电路；不要使用大于 45W 的电烙铁，每次焊接时间不得超过 10s。

7）对于超大规模的 CMOS 集成电路，要特别防止栅极静电感应击穿。测试仪器均须良好接地，电烙铁建议使用具备“ESD SAFE”特征的低压恒温焊台。

8）存储、运输 CMOS 集成电路时，必须将其放置在防静电口袋内或用金属箔将引脚包裹起来，防止因摩擦造成的静电损坏。

9）集成电路是在硅片上集成了大量元器件制成的电路形式，当集成电路发生损坏后，需要做的就只有更换这项工作了，试图维修损坏的集成电路并没有实际意义。

## 习　题

5-1　说明 E 系列的含义。

5-2　电阻、电容、电感元件标称值的基本单位是（　　）、（　　）、（　　）。

5-3　某电容器上标有 103 的数字，其容量是（　　），3p3 =（　　）；某电阻上标有 R22，其阻值是（　　），6K8 是（　　），203 是（　　）。

5-4　5 环电阻元件的色环排布为“红紫黑黄棕”，其大小是（　　）Ω，误差是（　　）。

5-5　电阻器的主要技术指标有哪些？家用电器一般要求电阻用量大、性能要求不高、价钱便宜，应选用什么种类的电阻元件较好？如何用数字万用表正确测量电阻器？

5-6　电位器的主要技术指标有哪些？在一个输出电压为 48V，输出电流为 2A 的电源电路中，应该选用什么种类和参数的电位器较好？

5-7　电容器有哪些技术参数？哪种电容器的稳定性较好？怎么用数字万用表测量小容量的电容器？

5-8　电解电容器与普通电容器相比有什么不同（列举 4 条）？

5-9　用数字万用表的哪个档位判断电感的通断？

5-10　变压器的作用是什么？变压器的主要性能参数有哪些？

5-11　二极管具有什么特性？能否用于电路整流？怎么用数字万用表判断二极管的正极？

5-12　怎么用数字万用表判断晶体管的引脚分配？

5-13　数字集成电路的引脚通过标志怎么进行识别？数字集成电路的输入信号电平可否超过它的电源电压范围？

# 第6章　电路的装配、焊接与调试

电路PCB制作成功后，接下来需要将电子元器件装配到电路板上，再通过焊接实现电子产品的电气连接。装配过程是否合理，焊接质量是否可靠，均会对整机性能指标产生重大的影响。要保证电子产品能够长期、稳定、可靠地工作，还需要对装配、焊接完成的电路进行反复调试。

## 6.1　元器件装配工艺

电路装配是进行系统组装的第一步工作，它主要包括将直插式元器件插入焊孔或者将贴片式元器件对齐焊盘，为下一步的焊接工序做好准备。

良好的装配工艺是保证电子产品工作可靠的重要环节，不合理的装配可能会导致电路性能劣化、整机工作失常。

### 6.1.1　元器件的插装

直插式元器件需要插入PCB的焊盘孔中进行焊接，常见的插装方法有卧式插装、立式插装、横向插装等。

**1. 卧式插装**

卧式插装是将元器件水平贴近PCB的顶层，如图6-1所示。轴向引出引脚的大多数元器件都采用了卧式插装形式，如电阻器、二极管等。

卧式插装应用较为广泛，尤其适用于较高频率的各类电路。卧式插装将绝大多数元器件放置在同一个平面高度，便于机械手进行大规模的批量插装作业；卧式插装后的元器件排列整齐、外形美观，由于元器件的排列高度低，因而电子产品可以做得比较薄。

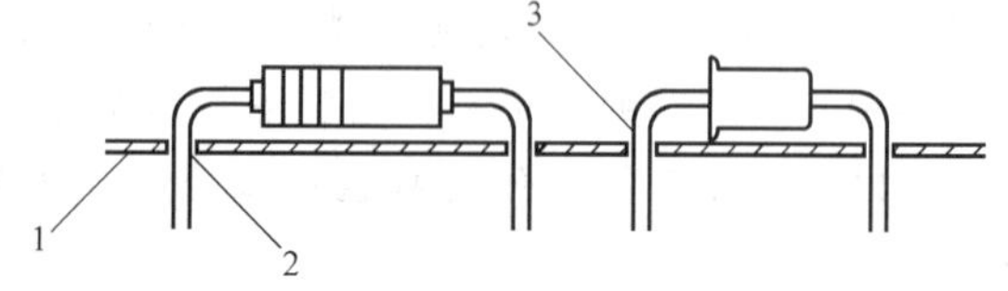

图6-1　元器件的卧式插装

1—PCB板　2—焊盘孔　3—元器件引脚

采用卧式插装的元器件引脚需要被剪短。在单层板上进行元器件的卧式插装时，小功率、小体积的元器件可以平行地紧贴PCB的顶层。双层板由于顶层有布线存在，则可以将元器件适当离开PCB顶层1~2mm，以防止元器件的裸露部位与顶层的电气连线碰触。

把卧式安装的元器件插入焊盘孔的中间位置，排列要整齐。元器件的参数标记（用色码或字符标注的数值、精度、耐压等信息）应朝上或朝着易于辨认的方向，参数标记的读数方向应该基本一致，例如：色环电阻误差环的朝向应该按照统一的方向进行布置，如图6-2所示。

图6-2a中，水平摆放的电阻均是按照从左到右的方式插装，垂直摆放的电阻均是按从上到下的顺序插装（误差环与其他色环的距离相对较大），这样便于以后在调试过程中准确

识读元器件的参数与型号。即使对于图6-2b中同类型元器件摆放比较凌乱的PCB，同样也需要遵守“读数方向一致”的基本原则进行插装。

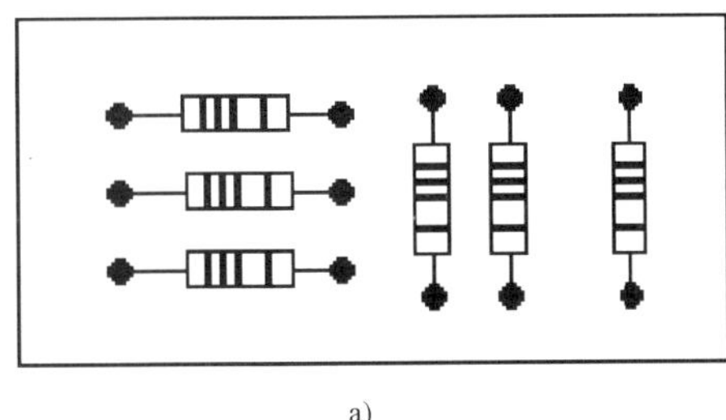

a)

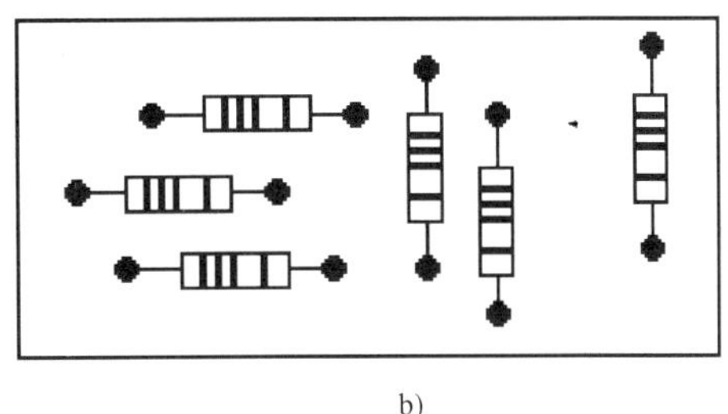

b)

图6-2　电阻器卧式插装示例

a）电阻排列整齐的插装　b）电阻排列凌乱的插装

**2. 立式插装**

立式插装是将元器件竖直地插入PCB，主要用于元器件的引脚都在同一个方向引出的元器件，如晶体管、电解电容等，立式插装的效果如图6-3a所示。

对于引脚从不同方向引出的轴向封装元器件，需要将引脚弯折180°后再插入对应的焊盘孔，如图6-3b所示。

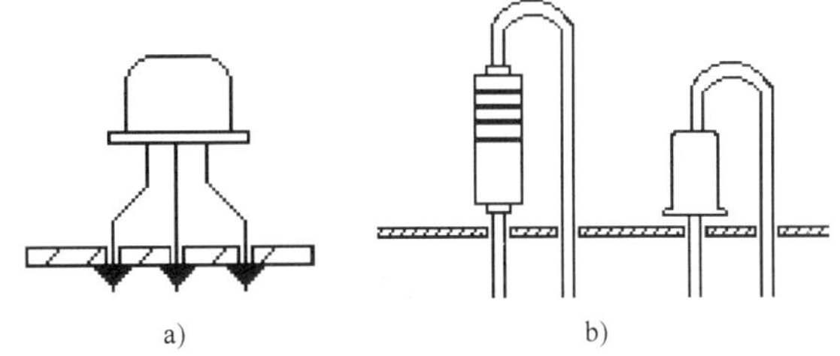


图6-3　元器件的垂直插装

a）引脚在同一个方向元器件　b）引脚在不同方向元器件

（1）立式插装的优缺点

立式插装在早期的收音机电路中应用非常广泛，其最大特点是元器件的排列紧凑，单位面积内容纳的电子元器件数量较多，安装密度大，能够节省一定的PCB面积，适用于PCB所处的机箱、机壳内部水平空间较小的场合。

立式安装的缺点是元器件的引脚弯曲、引线偏长，不适合用于高频电路中。此外，立式插装的元器件高度较大，引脚因振动等原因发生变形后容易倾斜，如果碰触到邻近的元器件容易引起短路故障，降低了产品的工作可靠性。为使邻近元器件的引脚相互隔离，往往采用加装绝缘塑料套管的方法，但在无形中加大了插装的工作量。

立式插装的元器件种类、外形尺寸往往不一致，使得最终装配完成的元器件可能无法位于同一个平面高度，视觉效果较差。

（2）晶体管的立式插装

直插型晶体管基本都采用立式插装形式。在进行晶体管插装前，首先要分清引脚的排列规律，再进行正确的插装；晶体管的引脚不能留得太长，以保持管子的稳定性。不要齐根弯折晶体管的引脚，而应在引脚与管体连接处下方1～2mm处进行弯折，使引脚不容易被折断，如图6-3a所示。

对于带有散热片的大功率塑封晶体管，为保证足够的输出功率，往往需要将其安装在散热器上使用。

（3）立式插装效果示例

同类型立式安装的元器件高度应保持一致，上端的引线不要留得太长以免出现短路。电阻器立式插装的效果对比如图 6-4 所示。

图 6-4a 中所有电阻的插装整齐、规范，但图 6-4b 中电阻的插装高度不一致，且电阻上端的引线普遍留得过长，再有就是色环的排布方向不一致，影响读数的效率与准确性，这些不规范的插装都需要改进。

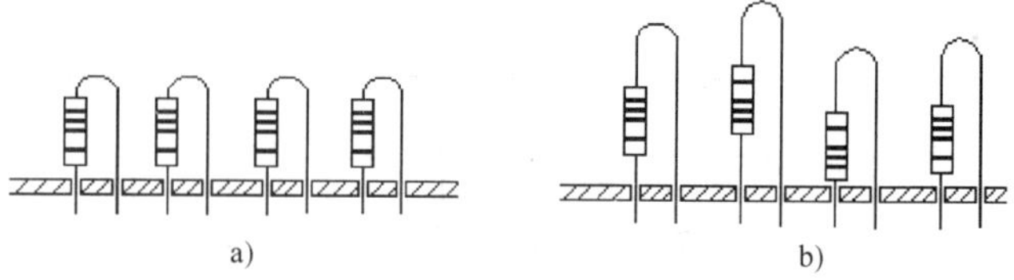

图 6-4 立式插装元器件的效果对比
a）规范的插装形式 b）不规范的插装形式

**3. 横向插装**

横向插装工艺是将元器件垂直插入 PCB 后再将其水平倒置，如图 6-5 所示。

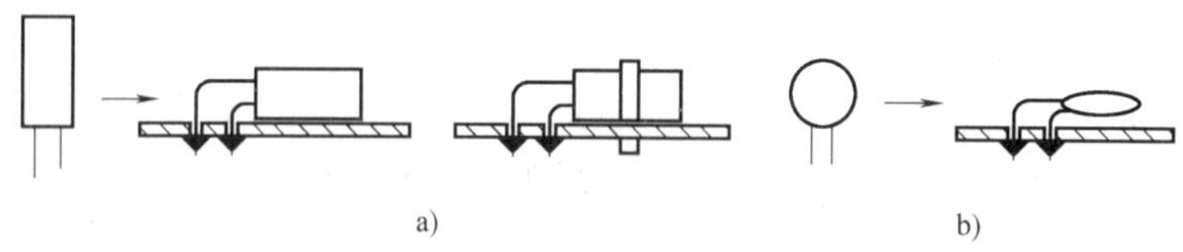

图 6-5 元器件的横向插装
a）电解电容的横向插装 b）无极性电容的横向插装

横向插装本质上也属于立式插装，但是为了减小 PCB 在机箱内部所占的高度，而将高度过高的元器件倒置后紧贴 PCB。圆柱形电解电容在进行横向安装后，电容体与 PCB 之间的接触仅为一条线，对此可以采用热熔胶、绑扎带将其固定在 PCB 表面，如图 6-5a 所示。

**4. 混合式插装**

由于元器件的封装形式、机箱内空间尺寸有所不同，同时考虑到电路结构的一些具体要求，实际的 PCB 上较多地采用了混合插装，对径向引出引脚的元器件采用立式插装，而轴向引出引脚的元器件则多采用卧式插装，如图 6-6 所示。

图 6-6 混合式插装

常用分立元器件的基本插装方法如表 6-1 所示。

**表 6-1 常用分立元器件的基本插装方法**

| 元器件种类 | 封装值 | 推荐插装 | 说明 |
|---|---|---|---|
| 电阻 | Axial×.× | 卧式 | Axial0.7 及以上封装的电阻体插装时需要与 PCB 顶层保持一定距离，便于散热 |
| 无极性电容 | RAD×.× | 立式 | |
| 电解电容 | RB.×/.× | 立式、横向 | 注意插接时的极性 |
| 电感 | Axial×.× | 立式、卧式 | 根据电感实际的封装形式进行选择 |
| 二极管 | DIODE0.4 | 立式、卧式 | 注意插接时的极性<br>以卧式插装为主，整流二极管采用立式插装较多 |
| 晶体管 | TO-92、TO-220 | 立式 | 注意晶体管的引脚排列顺序 |

**5. 集成电路的插装**

对于“DIP-××”和“SIP××”等封装形式的直插式集成电路，建议使用集成电路插座（俗称 IC 座）代替芯片焊接在 PCB 上，然后再将集成电路插装到 IC 座内使用，如图 6-7 所示。使用 IC 座不容易因为错误的焊接工艺而损坏芯片，而芯片在工作过程中损坏后的更换也比较方便、快捷。

插装集成电路之前，首先应分清集成电路的起始引脚。如果是全新的集成电路芯片，还需要适当减小每排引脚的张开角度，使之能够轻松地插入 IC 的对应插槽中。插装集成电路时，不能用力过猛，以防止折断或弄偏引线。集成电路插装到位后，应再稍微用力将其插紧，以避免出现引脚与 IC 座之间的接触不良。

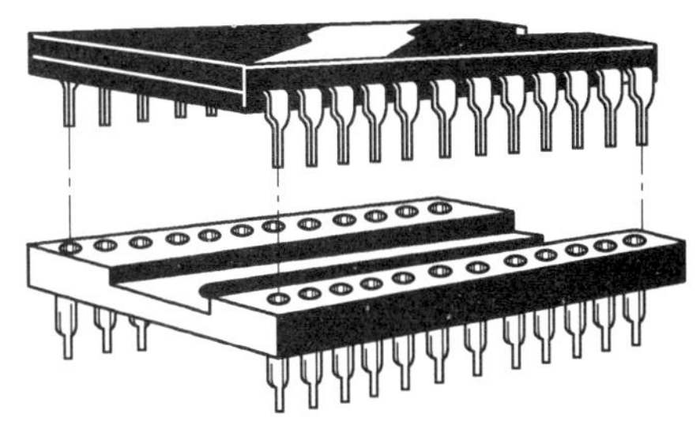

图 6-7　集成电路插装到 IC 座中工作示意

在需要拔下 IC 插座中的芯片时，不允许用手直接拔下芯片，以免尖锐的引脚插入手指而出现意外。正确的做法是用镊子或刀片塞入芯片与 IC 座之间的缝隙，然后轻轻撬动芯片，使之轻柔地脱离集成电路插座。

集成电路的插、拔过程中，一定要避免集成电路的引脚被弯曲或折断。绝不允许将集成电路芯片的方向插反，集成电路的缺口（或凹点）应该与 IC 座的凹槽方向一致。

**6. 重型元器件的插装**

对于焊板式小型变压器、大容量电解电容、大尺寸环形电感器等体积、重量均比较大的元器件，在将其引脚插入 PCB 对应的焊盘孔后，一般还需要使用螺钉、塑料绑扎带、热熔胶、铁箍等辅助材料对其实施固定，确认没有松动后再进入下一步的锡焊工序。

## 6.1.2　插装前的准备工作

将元器件插装到 PCB 之前，需要做一些必要的准备工作。

**1. 元器件型号、参数检测**

对元器件的型号、参数进行检测的主要内容包括：电阻的阻值与功率、电容的容量与耐压、集成电路的型号等。

**2. 元器件的质量检测**

使用仪器仪表对待插装元器件的质量进行测试，淘汰质量不合格的元器件。常用的检测仪器仪表包括：万用表、数字电桥、通用集成电路测试仪等。

电阻器和无极性电容器的质量相对比较稳定，故障率较低；电解电容器需要进行容量测试与漏电阻测试；电感器，特别是小电感量、小体积的模制电感器，需要使用万用表测试其内部是否存在短路故障；对于 TTL（CMOS）数字集成电路、运算放大器、比较器等通用集成电路则建议使用集成电路测试仪判断其工作特性是否正常。

**3. 元器件引脚的可焊性检测**

元器件引脚的可焊性是通过引脚的氧化程度或油污的沾染程度进行判断的。如果引脚氧化严重，则需要进行适当的打磨、镀锡处理。一些国产电位器、接插件、开关等器件在出厂时往往经过机油涂抹的防锈处理工序，因而引脚上会沾染一定的油脂，也需要在装配前及时清除干净并进行镀锡处理。

**4. 元器件引脚的整型**

为使元器件在 PCB 上排列整齐、便于焊接，有时还需要用手工或专用机械把元器件引脚弯曲成一定形状，使之具有合理的安装方位、安装角度与安装尺寸，以便于插装，这个过程即为元器件引脚的整型。

常见元器件引脚的整型样式如图 6-8 所示。

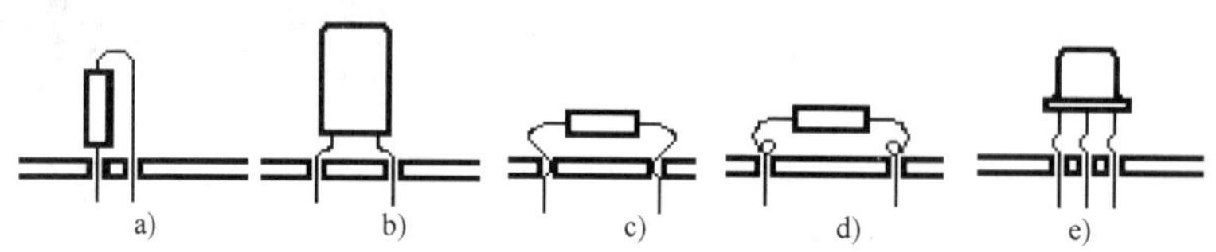


图 6-8　常见元器件引脚的整型样式

a）立式插装电阻　b）引脚间距小于焊盘孔　c）、d）大功率、大电流元器件　e）晶体管

电阻器的引脚一般使用轴向引线方式，如果需要进行立式插装，则需要按图 6-8a 所示进行弯折，进行 180°弯折的那只引脚注意不要齐根弯折，应留出 1～2mm 的余量。

如果元器件的引脚间距小于 PCB 焊盘孔的间距，可以按照如图 6-8b 所示的结构进行对称性的引脚弯折，不要只弯折其中一只引脚。

很多功率电阻、大电流二极管因工作电流较大而产生较多的热量，可采用图 6-8c 或图 6-8d 所示的引脚弯折样式。这类引脚弯折主要是为了卡住电阻的引脚，使其不至于紧贴 PCB 的顶层；另外，在 PCB 翻转焊接过程中这类弯折样式也能够可靠地卡住元器件，使其不易脱落；引脚弯折留出的较多引线体在一定程度上也能够起到散热作用。图 6-8d 所示的引脚弯折样式加工比较麻烦，仅在少数特殊 PCB 工艺中采用。

晶体管可以采用图 6-8e 所示的引脚整型样式，避免晶体管底部直接贴住 PCB 的顶层，也可以采用柔软的毛毡或胶皮垫在晶体管底部与 PCB 之间，起到缓冲的作用。

玻璃封装的二极管（如 2AP 系列检波锗管、1N4148 通用高速开关管）在进行引脚整型时，由于玻璃壳体易碎，在进行引脚弯曲时应留出足够的余量。

## 6.1.3　插装顺序

元器件插装的基本顺序为“先低后高”、“先轻后重”、“先易后难”、“先一般元器件后特殊元器件”。一般地，可以按照电阻、电容、二极管、晶体管、电感、集成电路、大功率元器件的顺序进行插装。

在进行元器件的手工插装时，应该首先插装高度较低的元器件，如 PCB 上的短接线、电阻、二极管之类的轴向元器件；待高度较低的元器件插装完毕后再安装较高的元器件，如立式电感、电解电容等；接下来再对集成电路（或插座）、大功率晶体管等元器件进行插装；最后插装的是散热片、支架等。对于不耐热的普通元器件，如注塑元件、集成器件等，需要最后插装、焊接。如果 PCB 上有需要采用螺钉或卡箍进行机械固定的元器件，则需要固定好此类元器件后再进行焊接。

上述顺序如果发生颠倒，严重时会因机械紧固操作造成 PCB 受力变形、焊点松动或元器件损坏等故障。

### 6.1.4 插装时的常见故障

工厂化规模生产时主要采用了机械手自动插件，故障率很低。但是在业余条件下进行手工插装时的故障率却比较高，增加了调试的难度与工作量。

典型的插装错误包括以下几个方面：

**1. 元器件极性插反**

有极性的元器件插装不正确往往会导致严重的后果，如二极管插反可能造成短路故障，电解电容插反可能造成电容漏液或爆炸，LED 插反将无法正常指示，电源插座插反可能损坏集成电路。因而在插装有极性的元器件时一定要仔细对照电路原理图、PCB 的丝印顶层标记来确定正确的插装方向。

**2. 元器件型号插错**

对初学者而言，电阻器的色环参数标注往往并不直观，因而对电阻的读数有时会出现错误，尤其在电阻种类比较多的情况下，更是经常容易被插错。

外形比较接近的元器件也常常被插错，如立式电感与小电解电容的外形比较相似，色环电感与小功率色环电阻的外形也非常接近，这些都是造成元器件插装错误的主要因素，建议每次插装完成后都要反复对照电路原理图进行检查。

**3. 元器件漏插**

调试用的 PCB 往往是针对多种电路方案进行的设计，因此在进行其中的某个方案调试时某些元器件并不需要插装、焊接，因此电路板上会出现一些空置的焊盘孔。这些空置焊盘孔的存在可能会分散使用者的注意力，从而出现漏装某些必要元器件的现象。类似地，每次结束插装工序时都要反复检查有无元器件的漏插。

**4. 插装短路**

将轴向封装的元器件进行立式安装时容易出现相邻引脚之间的短路故障，插装完毕后需要及时检查有无引脚碰触的故障现象。对于距离太近的引脚需要套上合适的绝缘套管。

当多只功率晶体管共用散热片时，需要在散热片与晶体管背面垫上绝缘垫片（云母片或聚酯薄膜）并涂抹导热硅脂，固定螺钉应套上绝缘粒。如果绝缘垫片、绝缘粒破损，会引起插装短路的故障。因此在散热片装配完毕后，应及时用万用表检测共用散热片的各只功率管集电极是否存在短路现象。

### 6.1.5 SMT 元器件的表面贴装工艺

20 世纪 70 年代问世的表面安装技术（Surface Mounting Technology，SMT），又称表面贴装技术、表面组装技术，是将电子元器件直接安装在印制电路板表面的装接技术，是实现电子产品微型化和集成化的关键。目前，电子产品设计正在不断向小型化方向发展，贴片元器件以其体积小和便于维护等优点已开始大量取代直插式元器件出现在各类电子产品中。

**1. 贴片元器件的特点**

贴片元器件常常被形象地称为片状元器件，它有以下几个显著特点：

（1）体积小、重量轻

在 SMT 元器件的电极上，有些焊端完全没有引线，有些只有非常短的引线；相邻电极之间的距离比标准的双列直插式集成电路的引线间距（2.54mm）小很多，某些元器件相邻引脚的中心间距已经缩小到0.3mm，并且还有进一步减小的趋势。在集成度相同的情况下，SMT元器件的体积比传统的元器件小很多，只有传统元器件的1/3～1/10，可以装在PCB的两面，实现了密集安装，减小了电路板的面积。采用SMT元器件后可使电子产品的体积缩小40%～60%，重量减轻60%～80%。

（2）易于焊接和拆焊

拆卸直插元器件比较费事，在两层或者多层板中，由于存在金属化过孔，因此哪怕元器件只有两只引脚，在拆卸时也容易损坏电路板的焊盘和金属化过孔，多引脚元器件的拆卸难度相应更大。

SMT贴片元器件直接贴装在PCB表面，其焊盘没有贯穿整个PCB，且焊盘面积小、用锡量少。

相比较而言，贴片元器件的拆卸容易得多。不光两只引脚的贴片元器件容易拆焊，即使多达一、二百只引脚的元器件，也只需要直接用热风吹焊台的出风口对准引脚进行均匀加热，待引脚上的焊锡熔化后轻轻撬动贴片元器件即可顺利地实现拆焊，对PCB和焊盘几乎都是无损的，整个拆卸过程耗时一般不超过30s。

（3）稳定性和可靠性更高

SMT减少了PCB中的通孔数量，减小了电磁干扰和射频干扰。在高频电路中能够显著减小分布参数的影响，提高信号传输质量，改善高频特性，达到提升产品性能的目的。

SMT元器件的引脚无引线或引线很短，重量轻，因而抗震能力较强，焊点失效率显著降低，大大提高了产品的可靠性。

（4）降低产品成本

SMT表面安装元器件体积小，可有效减小PCB的面积，降低成本；表面安装元器件的引脚很短，安装时可省去引脚成型、剪脚等工序。通常情况下，采用表面安装技术可使电路的生产成本降低10%以上。

**2. 贴片元器件的贴装工艺**

贴片元器件在PCB上没有固定孔，因而无法直接固定在PCB上。一般的方法是使用点胶方式，在贴片元器件的下方用点胶机点上红胶，接着放上贴片元器件，然后进行固化处理，红胶即可将贴片元器件可靠地粘接在PCB上。

业余条件下如果没有点胶机，则可以采用“边定位、边焊接”的方法，具体的操作请参见本章的6.2.6节。

## 6.2 电路焊接工艺

形形色色的电子元器件只有焊接在PCB上，才能达到真正意义上的电气连接，使电路板、元器件组成一个完整的电路系统。作为电子产品装配过程中最重要的电气连接方法，焊接分为手工装配焊接技术和自动化批量焊接技术。

在专业的工厂化批量焊接时，多采用波峰焊（主要针对直插式元器件）、回流焊（主要针对贴片元器件）等工艺进行自动焊接。

在产品研制、电路维修等非批量生产环节中，手工装配焊接是绝对的主流。对于一个电子从业人员而言，掌握熟练的手工焊接技术更是必须的。

本节主要介绍焊接的基础知识、焊接工具与材料的选取、电烙铁手工焊接工艺和操作步骤、焊接的操作技巧、元器件的拆焊、焊接质量的检查。

## 6.2.1　焊接基础

焊接的基本原理是使用外部能量熔化焊料后使引脚与焊盘、焊盘与导线、导线与引脚、引脚与引脚之间形成良好的导电连接。利用焊接方法形成的金属连接点称为焊点。

早期的电子电路中，元器件没有采用焊接工艺进行连接，而采用了捆扎工艺，效果如图 6-9 所示。

捆扎工艺费时费力而且可靠性也比较差，目前基本已经被淘汰。而焊接工艺则是在捆扎工艺的基础上发展起来的，它采用液态金属固化后形成的金属焊点取代金属导线形成的捆扎点，因而可以实现更为可靠的电气连接。

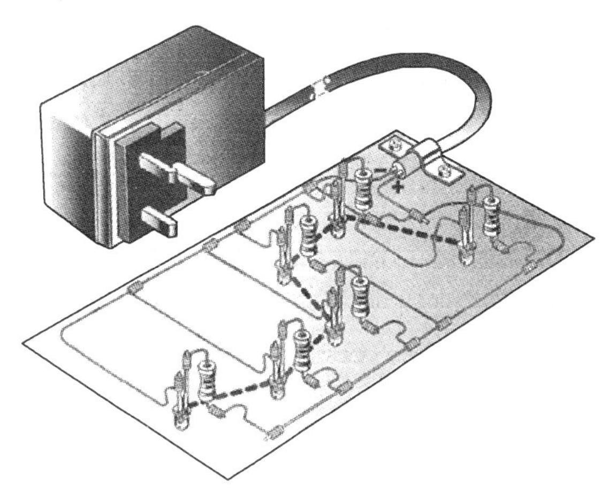

图 6-9　电路元器件的捆扎工艺示意图

**1. 焊接分类**

焊接是金属加工的基本方法之一。按照焊接过程中金属材料所处的状态不同，焊接技术可分为熔焊、压焊和钎焊三大类。

（1）熔焊

焊接过程中，将焊件接头加热至熔化状态，在不加压力的条件下完成焊接的方法称为熔焊。常见的熔焊方法有电弧焊、气焊、电渣焊等，由于工作温度过高，因而在电子电路中一般无法使用。

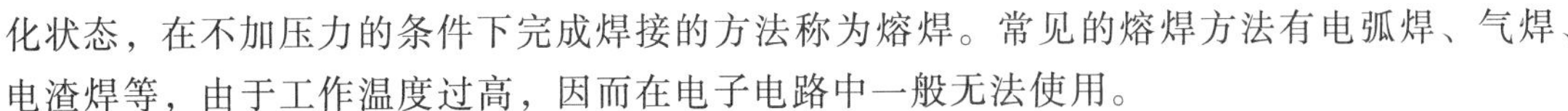

（2）压焊

焊接过程中，对焊件施加压力（加热或不加热）以完成焊接的方法称为压焊。常用的压焊方法有电阻焊（对焊、点焊、缝焊）、超声波焊等。

电池的金属焊片一般采用点焊的方式焊接到电池的金属极板，手机充电器塑料外壳的封闭主要采用高效率的超声波焊接。

（3）钎焊

钎焊是一种母材不熔化，焊料熔化的焊接技术；焊料熔点高于 450℃ 的称为硬钎焊，低于 450℃ 的称为软钎焊。在电子产品的焊接工艺中主要使用以铅锡合金为焊料的软钎焊，俗称锡焊。

采用锡焊焊接时，焊件与焊料共同加热到不超过 300℃ 的焊接温度，对绝大多数电子元器件的热影响均不大。焊锡熔化形成焊点，冷却后的焊点具有足够的机械强度和良好的导电性能。锡焊过程具有可逆性，焊料可以多次熔化，既能焊接也便于拆焊。

锡焊工艺对设备要求低，目前已经成为了电子元器件焊接的主要方法。

**2. 锡焊的原理**

锡焊必须将焊料、焊件同时加热到最佳焊接温度，让不同金属表面互相浸润、扩散，最后形成多组织的合金层。锡焊主要包括以下三个过程：

（1）浸润

浸润是发生在固体表面和液体之间的一种物理现象。加热后的焊料呈液态，沿着工件的金属表面散开。如果焊料表面张力小、焊件表面足够清洁且无氧化现象，焊料原子与工件金属原子就可以接近到能够相互起作用的距离，这个过程就是焊料的浸润。锡焊过程中，如果焊料能润湿焊件，则它们之间就能够实现良好的焊接效果。

（2）扩散

金属原子通常以结晶状态排列，原子间作用力的平衡维持晶格的形状和稳定。两块金属接近到足够小的距离时，界面上晶格的紊乱导致部分原子从一个晶格点阵移动到另一个晶格点阵，从而引起金属之间的扩散。在焊接过程中，焊料和工件金属表面的温度较高，焊件和工件金属表面的原子相互扩散，在两者界面形成新的合金，实现了金属之间真正意义上的“焊接”。

（3）结合

焊料润湿焊件的过程中，满足金属扩散的条件，焊料和焊件的界面有扩散现象发生。扩散的最终结果是在焊料和焊件的界面处形成一种新的金属合金层，通常称之为结合层。结合层的成分既不同于焊料又不同于焊件，而是一种既有化学作用（生成金属化合物，如 $Cu_6Sn_5$、$Cu_3Sn$、$Cu_{31}Sn_8$ 等），又有物理作用（形成合金）的特殊层。正是结合层的作用，将焊料和焊件结合成一个连续的整体。

铅锡焊料和 Cu 生成结合层的理想厚度是 1.2 ~ 3.5μm，以保证足够的机械强度和良好的导电性能。

**3. 锡焊的条件**

要得到合格的焊点，锡焊必须具备以下五个基本条件：

（1）焊件必须具有良好的可焊性

可焊性是指被焊金属材料与焊锡在合适温度及助焊剂的作用下，形成良好结合的合金性能。并不是所有的金属材料都具有良好的可焊性，铜及其合金、金、银、锌、镍等具有良好的可锡焊性。铁、铝、铬、钼、钨、不锈钢、铸铁的可锡焊性很差，一般只适宜采用压接方式实现电气连接，如果一定要焊接，则必须采用特殊的助焊剂及焊接方法。

为了提高可焊性，可采用在焊件表面采用镀锡、镀铜、镀银等方法。早期的电阻引脚主要为铜，成本很高；现在广泛采用铁质基材，然后在基材表面镀有铜、锡的合金材料，在降低生产成本的同时也保证了良好的可焊性。

氧化后的铜材焊接性能很差，因此当元器件引脚出现严重氧化时，应首先用刀片、锉刀或镊子打磨掉氧化层之后再进行焊接。

（2）焊件表面必须保持清洁

为了使熔融的焊锡能够良好地浸润金属表面，让焊料和焊件达到良好的结合，焊接面一定要保持清洁。即使是可焊性良好的焊件，由于焊盘被氧化或粘有油污都有可能使焊点质量不可靠。因此，在焊接前需要及时把油污或氧化膜清除干净。

油污可用湿布擦拭，也可用腐蚀性弱的化学物清洗；金属表面轻度的氧化层可以通过助焊剂来清除，而焊盘氧化程度较严重的，可以采用弱酸性的液体清洗以除去氧化膜。

（3）使用合适的助焊剂

助焊剂的作用是清除焊件表面的氧化膜。助焊剂的种类很多，普通电子产品焊接时可以选择松香助焊剂。对于铝、镍铬合金、不锈钢等可焊性差的焊件，则必须选择专用的酸性助焊剂。

（4）焊件加热温度适当

焊接加热过程中，使锡、铅原子能够获得足够的能量渗透到被焊金属表面形成合金。因此，要获得合格的焊点，一定要有适当的焊接温度。焊接温度过低，焊料没充分熔融，容易在焊盘上堆积形成虚焊，影响外观；焊接温度过高，极易使焊料被氧化，严重时还会导致印制电路板上的焊盘脱落。一般的经验是烙铁头温度比焊料熔化温度高50℃较为适宜。

电烙铁通电升温后最终将达到热平衡状态，烙铁头温度处于一个近似的稳定值，因此烙铁头温度的高低主要取决于电烙铁的额定功率。

（5）合适的焊接时间

当焊接温度确定后，应根据被焊件的大小、性质、特点等来确定合适的焊接时间。控制好焊接的时间对良好焊点的形成尤为关键。

焊接的时间包括加热焊件使之达到焊接温度的时间、焊锡熔化的时间、助焊剂发挥作用以及生成金属合金的时间，每个焊点的焊接时间应该在1～3s内完成，原则上要求焊点一次成型。

多层板中由于焊点多采用金属孔化工艺，热量散失较快，焊接时间可以稍微延长3～5s；焊接集成电路、传感器以及其他热敏元器件的时间不应超过2s；视焊点尺寸与导线的粗细情况，普通元器件的焊接时间控制在1～3s以内即可。

根据覆铜板的结构可知，焊盘是粘接在绝缘基板表面形成，当某个焊点的焊接时间过长时，会因为局部较高的温度破坏绝缘基板与铜箔之间的粘接关系，最终引起焊盘的铜箔翘起、脱落。某些对温度较为敏感的元器件也会因此而发生热损坏，如注塑型接插件、微型封装的传感器芯片等。若在标准时间内焊点未能达到要求，则需要等待焊点基本冷却之后再进行补焊或修整。

太短的焊接时间会导致焊锡无法完全熔化，造成焊点外形不美观、焊点呈豆腐渣状、焊点色泽暗淡，甚至出现“虚焊”等故障。

### 6.2.2　焊接材料

焊接材料主要包括焊料、助焊剂和阻焊剂等。掌握焊接材料的性质、用途，是正确合理选择焊接材料的重要依据。

**1. 焊料**

焊料是易熔金属，熔点要求低于被焊金属。焊料熔化时，在被焊金属表面形成合金而将被焊金属连接到一起，形成导电性能良好的整体。

常见的焊料分为锡铅焊料、银焊料、铜焊料等。在电子产品的焊接中主要使用锡铅焊料，俗称焊锡。

锡（Sn）是一种低熔点的软质金属，熔点为232℃。纯锡较贵，质脆且力学性能差，液态锡流动性不佳。常温下锡的抗氧化性强，容易同多种金属形成化合物。

铅（Pb）是一种浅青白色软金属，熔点为327℃。铅的塑性好，有较高的抗氧化性和抗腐蚀性，但纯铅的力学性能比较差。铅属于对人体有害的重金属，一旦被人体吸收并积蓄到一定量后会引起铅中毒，因此一般的焊接场所都需要安装换气或排气装置，以减小铅对人体的影响。

锡铅合金是指将锡与铅按一定比例熔合成合金（即锡铅焊料）。锡铅合金具有纯锡和纯铅不具备的一系列优点：

1）低熔点。不同成分的锡铅合金熔点均低于锡和铅的熔点，有利于焊接。图6-10展示了锡和铅在不同混合比例的情况下所对应的合金熔点。

当锡铅含量分别为61.9%、38.1%时，锡铅合金熔点最低，为183℃，这种合金称为共晶合金，在各类铅锡焊料中性能较好。

2）机械强度高，合金的机械强度显著优于纯锡和纯铅。

3）表面张力小，粘度下降，液态流动性增大，有利于焊接时形成可靠接头。

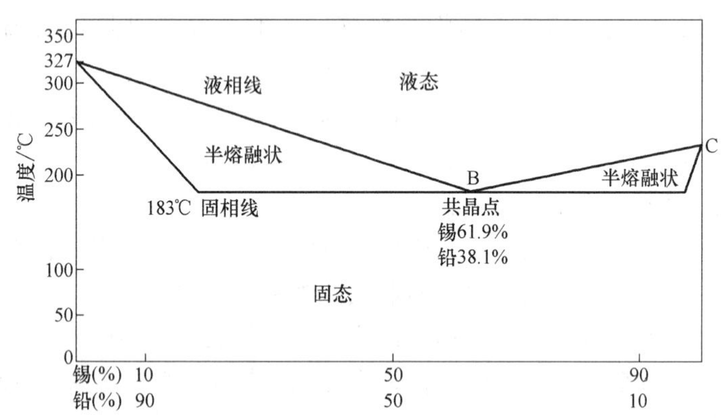


图6-10　不同比例锡、铅混合后对应的合金熔点

4）抗氧化性好，铅具有的抗氧化性优点在合金中继续保持，使焊料在熔化时不易被氧化。

手工焊接时主要使用管状焊锡丝，这种锡丝是将含锡量60%～65%的锡铅焊料制成空心管状结构，在管子内部填充松香和活化剂构成的助焊剂。常用的焊锡丝直径有0.5mm、0.8mm、1.0mm等规格。

由于锡的价格远远高于铅，因而很多劣质焊锡丝中的铅比例严重超标，使焊出的焊点呈豆腐渣状，严重影响到焊接质量。近年来，凭借价格优势在市场上走俏的再生锡铅焊丝，基本都采用回收废料制成，其内部的锡、铅比例不合规范，且包含有如铜、锌、铝、磷、砷、铁、镉等微量金属杂质，将对焊锡性能产生不良影响。此外，这类再生锡铅焊丝为了提高可焊性，在锡丝内部大量填充了酸性助焊剂，对焊点、烙铁头的腐蚀明显，在进行电子产品的焊接时不宜选用此类产品。

出于对人体健康和环保因素的考虑，欧美等发达国家已经开始推广使用无铅（Pb-Free）焊料，以消除铅对环境的不利影响。但无铅焊料熔点高（260℃以上），润湿性差，生产成本高，焊接的工艺难度比较大，焊接的废品率也略高。

**2. 助焊剂**

由于金属表面同空气接触后都会生成一层氧化膜，温度越高，时间越长，氧化程度越严重。氧化膜的存在，会阻止液态焊锡对金属表面的润湿作用，助焊剂就是用于清除氧化膜的一种专用化学材料。

（1）助焊剂的作用

助焊剂所含氯化物或其他酸性物质同氧化物发生化学还原反应后，能够除去元器件引脚与焊盘上的氧化膜，增强可焊性。此外，助焊剂在焊接过程中还具有以下作用：

1）防止氧化。液态的焊锡及加热的焊件金属都容易在空气中被氧化。助焊剂在熔化后，漂浮在焊料表面，形成隔离层，因而防止了焊接面的氧化。

2）减小表面张力。助焊剂通过减小熔化后焊锡的表面张力，增强焊锡液的流动性，有利于焊锡浸润。

3）使焊点美观。合适的助焊剂能够修整焊点的形状，使焊点表面保持光滑。

但需要注意的是，助焊剂主要对氧化膜起清除的作用，并不能除掉焊件上其他污物和多余的焊锡。

（2）助焊剂的分类及选择

助焊剂的分类及主要成分如图6-11所示。

无机助焊剂活性最强，常温下即能除去金属表面的氧化膜，其强腐蚀性也很容易损伤金属及焊点，不建议在电子电路的焊接过程中使用。有机助焊剂的活性次于氯化物，有较好的助焊作用，但也有一定腐蚀性，残渣不易清理，焊接时的挥发物有一定的毒性。

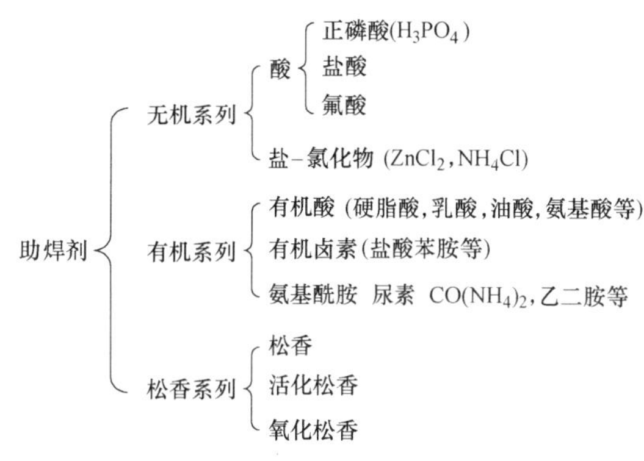

图6-11　助焊剂分类及主要成分

松香的主要成分是松香酸和松脂酸酐。在常温下呈中性，几乎没有任何化学活力，当加热到熔化时，表现为微弱的酸性，能够与金属氧化膜发生化学反应，变成化合物而悬浮在液态焊锡表面，保护焊锡表面不被氧化。松香同时还能降低液态焊锡的表面张力，增加它的流动性。焊接完毕恢复常温后，松香又变成稳定的固体，无腐蚀，并具有一定的绝缘性。

松香在反复加热后会出现碳化（发黑、变脆）的现象而失去助焊剂功效，因此发黑的松香需要及时剔除。

在焊接过程中不要使用过多松香而造成大量残留，一方面松香凝固影响美观，另一方面，松香在PCB上的时间太长后，将缓慢释放酸性物质，对焊点造成不利影响。

在选择合适的助焊剂时，应注意以下基本条件：

1）助焊剂的熔点应低于焊料。在焊接过程中，既能发挥助焊剂的作用，又不影响正常的焊接。

2）助焊剂的表面张力、粘度、密度应小于焊料。

3）助焊剂的残渣容易清除。助焊剂的残渣一方面会腐蚀电路板，另一方面也会影响电路板的外观。

4）助焊剂不应腐蚀母材。助焊剂的酸性太强，在除去氧化层的同时，也会腐蚀焊盘、元器件引脚的金属材料。

5）助焊剂不应产生有害气体和刺激性气味。

焊锡膏是另一类常用的助焊剂，在焊接难以上锡的部件（如铝件、铁件）时常常用到。焊锡膏呈酸性，能够在焊接时起到表面活性剂的作用，去除金属表面的氧化物，同时增加毛细作用，提高润湿程度，从而改善被焊件的可焊性。由于焊锡膏对焊点的腐蚀性较强，因而不能用于PCB的焊接。

**3. 阻焊剂**

阻焊剂是一种耐高温的涂料，可将不需要焊接的部分保护起来，使焊接只发生在焊盘（Pad）区域，PCB 呈现的绿色、蓝色或红色即为阻焊剂的颜色。

阻焊剂避免了焊接过程中桥接、粘连、短路等故障现象的出现，高密度 PCB 中阻焊剂更是必不可少。经过阻焊剂的涂覆，可以保护涂层下的铜箔不易被氧化，同时也节省了焊料，并使 PCB 表面不易出现起泡和分层。

阻焊剂的种类有热固化型阻焊剂、紫外线光固化型阻焊剂（又称光敏阻焊剂）和电子辐射固化型阻焊剂等几种。

热固化型阻焊剂价格便宜，但加热时间较长，PCB 容易变形。目前 PCB 生产企业中多采用紫外线光固化型阻焊剂。利用高压汞灯释放的大量紫外线，连续照射光敏阻焊剂涂层 2 ~3min 即可使阻焊剂固化。

### 6.2.3 焊接工具

将各类电子元器件、材料和结构各异的零部件装配成成型的电子产品，一套基本的工具是必不可少的，正确使用得心应手的工具，才能提高装配效率，保证产品质量。

**1. 电烙铁**

电烙铁是手工焊接的主要工具，正确选择和使用电烙铁，是保证焊接质量的前提和基础。常用的电烙铁分为外热式电烙铁、内热式电烙铁、吸锡式电烙铁、感应式电烙铁和低压恒温焊台等多种。

常用电烙铁的功率有 20W、25W、30W、35W、50W 等多种规格。实际工作中，需要根据被焊接对象（焊件的种类、焊点的大小与性质等）的具体情况合理选择电烙铁的功率、类型及烙铁头形状，一把烙铁“包打天下”是不科学的。表 6-2 给出了不同焊接条件下对电烙铁的选型参考。

**表 6-2 电烙铁的选型参考**

| 焊件 | 烙铁头温度/℃ | 烙铁类型 |
|---|---|---|
| 绝缘导线 | 300 ~ 400 | 20W 内热式电烙铁<br>30W 外热式电烙铁 |
| 集成电路 | 250 ~ 400 | 20W 内热式电烙铁<br>恒温型焊台 |
| 小焊片、电位器、小功率电阻、小体积电容、焊板式晶体管等 | 350 ~ 450 | 20 ~ 35W 内热式电烙铁<br>30 ~ 50W 外热式电烙铁 |
| 8W 以上的大电阻，金属封装晶体管等较大焊点 | 400 ~ 550 | 35 ~ 75W 内热式电烙铁<br>75 ~ 150W 外热式电烙铁 |
| 汇流排、金属板等 | 500 ~ 630 | 300W 以上外热式电烙铁 |
| 野外焊接 | 350 ~ 600 | 燃气加热型烙铁 |

如果使用功率较低的电烙铁，焊接速度会比较慢，并有可能因焊接温度过低而无法施焊。如果错误地选择了功率较大的电烙铁，则容易因高温烫坏焊盘或元器件。

条件允许时，可以用烙铁温度计测量烙铁头的温度。业余条件下，可以利用松香的发烟状态进行粗略估计。将加热后的电烙铁烫化松香后，抬起烙铁头，观察松香的发烟状态，即可大致估计烙铁头当前的温度范围，如表 6-3 所示。一般而言，不同温度的烙铁头蘸上松香后，冒烟越小，持续时间越长，则烙铁头温度越低，反之则温度越高。

**表 6-3　观察法估计烙铁头温度**

| 发烟现象 | 烟细长，持续时间超过 15s | 烟较大，持续时间约 10s | 烟大，持续时间约 3 ~ 5s | 烟很大，持续时间约 2 ~ 3s |
|---|---|---|---|---|
| 估计温度 | < 200℃ | 230 ~ 250℃ | 300 ~ 350℃ | > 350℃ |
| 焊接能力 | 达不到焊接温度 | PCB 上的小型焊点 | 导线焊接，预热较大焊点 | 粗导线，板材及大焊点 |

在使用 30W 以内的内热式电烙铁或 35W 左右的外热式电烙铁时，可以将烙铁头靠近鼻孔，通过呼吸烙铁头散发的热气粗略地感知烙铁头的温度。

（1） 直热式电烙铁

直热式电烙铁是把 220V 交流电直接加载到电热丝两端，利用电热丝产生的热量对烙铁头进行加热。常见的直热式电烙铁包括外热式电烙铁与内热式电烙铁两种，外热式电烙铁的工作寿命优于内热式电烙铁。

图 6-12 为常用外热式烙铁的外形与结构示意图。

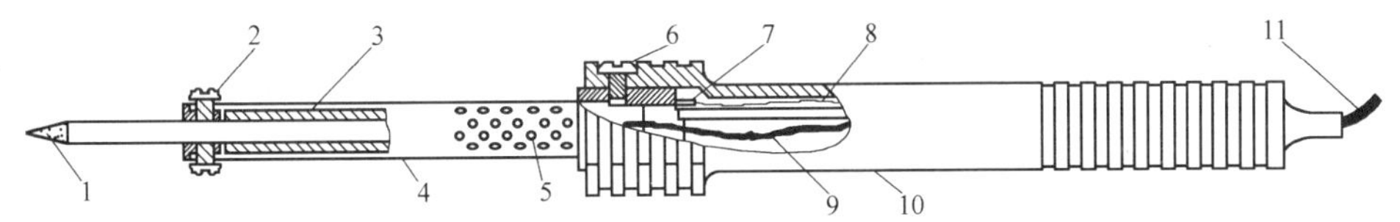


图 6-12　外热式电烙铁的外形与结构示意图

1—烙铁头　2—烙铁头固定螺钉　3—电热芯　4—外壳　5—散热孔　6—外壳固定螺钉
7—外壳接线端子　8—外壳接线　9—电热芯连接线　10—手柄　11—烙铁电源线

内热式电烙铁与外热式电烙铁的外形结构差别不大，如图 6-13a 所示，但是内热式电烙铁的前端结构与外热式电烙铁差别较大，如图 6-13b 所示。

1） 电热芯。电热芯是电烙铁中完成“电能↔热能”转换的关键部件。外热式电烙铁是将镍铬电热丝（电阻材料）缠绕在云母片或陶瓷架等耐热的绝缘材料上构成，具有开放式的结构；而内热式电烙铁是将卷绕好的电热丝直接置于陶瓷材料内部烧制而成。

内热式电烙铁与外热式电烙铁最主要的区别在于外热式发热元件在传热体外部，而内热式发热元件在烙铁芯内部。内热式电烙铁比外热式电烙铁传热快，能量转换效率高，同样温度范围的内热式电烙铁体积与重量均优于外热式电烙铁。但是内热式烙铁电热芯的热量较集中且不易散发，因而使用寿命往往不及外热式电烙铁。

高温状态下的电热丝容易因振动而损坏，因此电烙铁在使用过程中应注意避免敲打和撞击。

2） 烙铁头。烙铁头在烙铁中起热量存储和传递的作用。普通型烙铁头一般用纯铜（亦称紫铜）制成，而合金型烙铁头（俗称长寿型烙铁头）则是在纯铜外层镀有一定厚度的铁

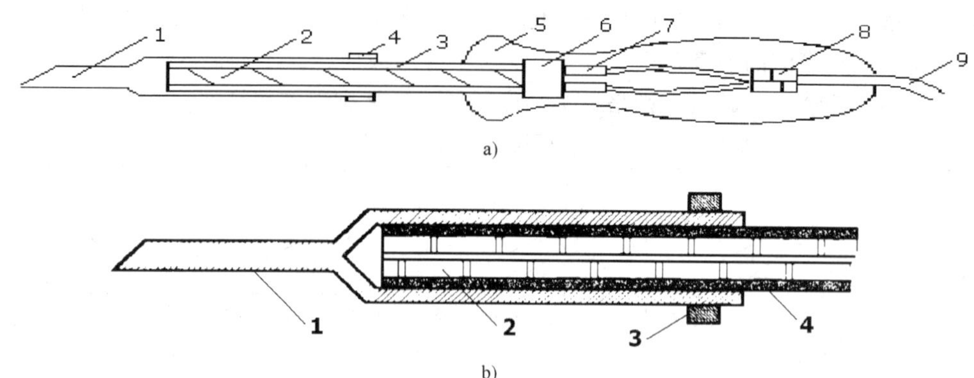


图 6-13 内热式电烙铁外形及烙铁前端结构示意

a）内热式电烙铁的外形结构 b）内热式电烙铁的前端结构

1—烙铁头 2—电热芯 3—卡箍 4—外壳 5—手柄 6—固定座 7—接线柱 8—线卡 9—电源线

镍合金，在500℃的焊接温度以内都不容易发生氧化和腐蚀。

烙铁头尖端与焊盘的接触面积应小于焊盘面积。烙铁头的接触面积过大，会将过多的热量传导给焊接部位，损坏被焊元器件或焊盘。当焊接对象种类较多时，建议给烙铁配备多个不同形状的烙铁头，以满足不同焊接场合的实际需要。常用烙铁头的形状及应用范围如表 6-4 所示。

**表 6-4 常用烙铁头的形状及应用范围**

| 形状 | 型式 | 应用范围 | 形状 | 型式 | 应用范围 |
|---|---|---|---|---|---|
| | 圆斜面 | 通用 | | 圆锥 | 密集焊点 |
| | 凿式 | 较长焊点 | | 弯形 | 大功率、大体积焊件 |

普通的纯铜烙铁头在长期高温使用过程中会因氧化和助焊剂腐蚀而变得凹凸不平，出现这种情况后需要用锉刀及时对烙铁头进行修整、打磨直至烙铁头变得光滑、平整为止。如果准备使用锉刀修整烙铁头，必须在断电状态下并等待烙铁头温度降至室温之后再进行操作，否则会出现“边打磨、边氧化”的情况，同时也存在严重的安全隐患。

修整完成后的烙铁头需要立即镀锡以防再次被氧化。具体的镀锡方法是将烙铁头装好，在松香水中浸一下，然后通电，待烙铁温度上升后，将烙铁头上锡并在松香上来回摩擦，直到整个烙铁头的修整面均匀地镀上一层薄锡为止。

长寿型烙铁头的铁镍合金镀层抗氧化、抗腐蚀能力较强，但不建议将长寿型烙铁头在酸性环境中使用。

3）电烙铁的手柄。电烙铁手柄应具有优良的绝缘性和绝热性，一般用耐高温的塑料制成。早期的烙铁手柄也有采用木材、胶木或电木等材料制成。

4）电烙铁的电源连接。电烙铁的电源线最好选用花线或橡皮软线，这两种线不易被烫坏。在使用过程中，使用者应防止烙铁头烫伤电源线而引起短路或触电事故。

外热式电烙铁与内热式电烙铁的电源插头一般都只有两个接线柱，但在焊接对静电敏感的元器件时，建议使用三接线柱的电源插孔，将电源插孔的地线接线柱（保护零线）与图

6-12 中“外壳接线端子”相连，避免感应电动势损坏元器件。（注意：内热式电烙铁手柄内部也有“外壳接线端子”，但一般没有引出）

5）新电烙铁的使用。新电烙铁在初次加电使用时，先检查电烙铁能否正常通电。用万用表欧姆档测量电烙铁的内阻值，然后与电烙铁标称功率换算而来的等效电阻值进行比较。例如，30W 内热式电烙铁的阻值应为（$220\times220/30$）$\Omega\approx1.6k\Omega$ 左右。接下来测试电源插头与电烙铁的金属外壳是否存在漏电或短路现象，正常阻值应该为无穷大。

新电烙铁通电升温后，首先用烙铁头去加热松香，待松香烟雾飘散开后，再用焊锡丝在烙铁头表面进行镀锡处理，形成焊锡保护层，避免烙铁头表面的铜因高温氧化而生成难以粘锡的黑色氧化层。

电烙铁在使用过程中应随时保持烙铁头清洁，并经常检查烙铁头表面是否有保护锡层。

6）其他注意事项。电烙铁在使用间歇应放置于烙铁架上，这样既保证安全，也有利于散热，以保护烙铁头。使用完毕的电烙铁，一定要拔掉电烙铁的电源线，避免烙铁头因长时间通电而被“烧死”（尽管烙铁头温度很高，却不能良好粘锡）。

（2）间热式电烙铁

间热式电烙铁内部往往设计有一个变压器，电热丝接入变压器的二次侧，而没有直接连入 220V 市电。

常见的间热式电烙铁包括感应式电烙铁和低温恒压焊台两大类。

1）感应式电烙铁。感应式电烙铁也称为“快热式电烙铁”，其核心部件为一个二次侧仅有 1～2 匝的大输出电流变压器 T，如图 6-14 所示。

按钮 S 没有按下时，变压器的一次侧没有接通，电烙铁不工作，功耗为 0。按下按钮 S 使变压器的一次侧通电，变压器二次侧感应出很大的电流通过加热体，与加热体相连的烙铁头迅速升温到合适的焊接温度。

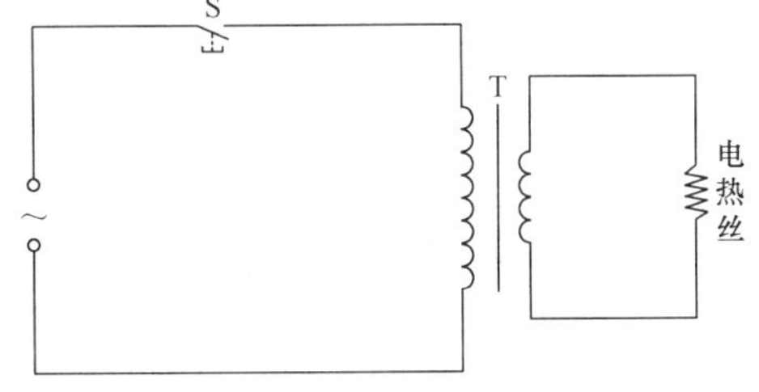

图 6-14 感应式电烙铁的内部结构示意

感应式电烙铁的特点是工作效率高，加热速度快，通电几秒钟即可进行焊接，按钮的操作模式也特别适用于生产线上高频率的断续工作。但由于电烙铁头实际处在变压器的二次侧，频繁地开关容易感应出较高电动势而损坏某些对静电敏感的芯片，不适合在大规模集成电路的焊接时使用。

2）低压恒温焊台。低压恒温焊台是一种先进的焊接工具，其原理示意图如图 6-15 所示。

与感应式电烙铁类似，低压恒温焊台内部的降压式变压器将 220V 的交流市电转换成较低的交流电压（如 24V）给电热丝供电，从而实现了“ESD SAFE”（对静电安全）。低压恒温焊台内部的温控装置根据电位器设定的等效温度值与热电偶检测到的实际温度值进行比较后，控制双向晶闸管 V 的导通角，以维持烙铁头工作温度的基本稳定。二极管 VD 给温控装置提供直流电源。

低压恒温焊台的烙铁头普遍采用了先进的合金型烙铁头，因而不能用锉刀进行修整、打磨，否则会损伤烙铁头表面的铁镍合金镀层。

当合金型烙铁头上粘锡过多时，只需将烙铁头在吸满水的专用焊接海绵表面擦拭即可除

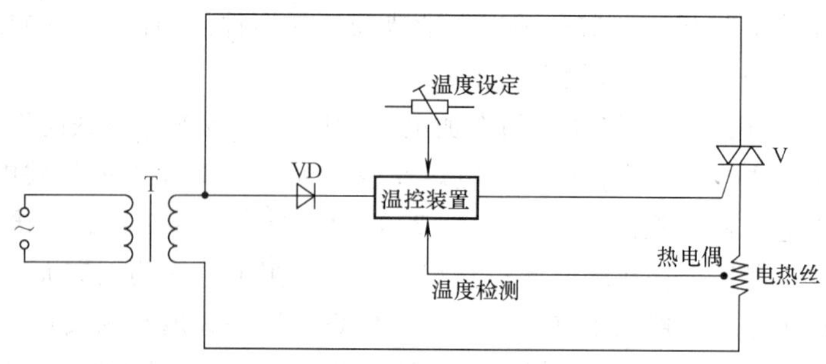


图 6-15 低压恒温焊台的原理示意图

去多余的焊锡。合金烙铁头表面如果出现轻微的氧化时，也可以通过在吸水海绵表面反复擦拭的方式除去。

合金型烙铁头的形状一般只有细尖头与小圆斜面头两种，热量集中在烙铁头尖部。低压恒温焊台产生的热量有限，不宜用于较大焊点的焊接处理。

（3）吸锡烙铁

吸锡烙铁是在普通外热式电烙铁的基础上，增加了一个负压气泵而成。吸锡烙铁的烙铁头为特殊的中空结构，与负压气泵连通。

使用吸锡烙铁前，首先按下气泵按钮，使气泵的实际容积减小。接着使用烙铁头熔化焊点上的焊锡。待焊锡全部熔化之后，弹起气泵按钮，利用负压迅速向上吸取熔化的焊锡。吸锡烙铁对于除去元器件引脚在单面板上的焊锡效果较好。

简化型吸锡烙铁没有加热功能，需要使用另外的电烙铁熔化焊点上的焊锡后再进行负压抽锡。

高性能的吸锡烙铁没有使用弹簧式负压气泵结构，而是采用电动机抽真空的方式抽取熔化的焊锡，使用效果很好但是价格偏高。

**2. 焊接辅助工具**

在使用电烙铁焊接的过程中，往往需要使用其他辅助工具，例如：使用镊子夹持元器件或引脚，使用斜口钳剪去多余引脚，使用尖嘴钳修整弯曲的引脚等。

（1）钳子

钳子的种类很多，电子行业中较为常用的钳子包括斜口钳、尖嘴钳、剥线钳、钢丝钳、压线钳等类型。

1）斜口钳。斜口钳也称为“斜嘴钳”，其外形如图 6-16 所示。

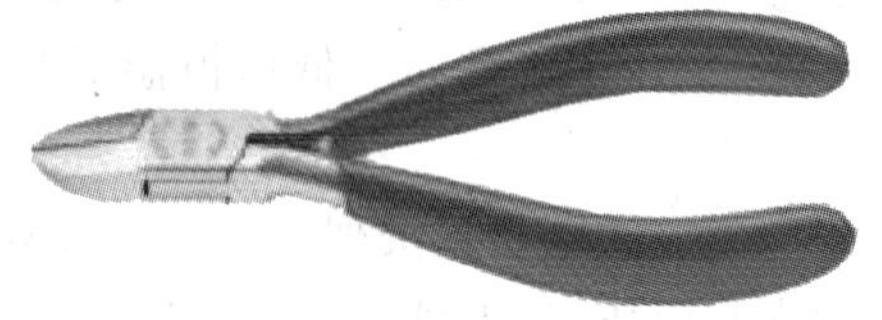

图 6-16 斜口钳的外形

装配中斜口钳的主要作用是剪断导线、修剪元器件引脚等，在不少场合中可以替代剪刀完成剪断的功能。有时候也可以使用斜口钳剥去导线的绝缘外皮：将导线置于斜口钳的两个刀口之间，刀口不完全闭拢，仅需要压住绝缘皮即可；旋转斜口钳约 60°左右的角度，然后用力外拉斜口钳即可剥去导线外部的绝缘皮。

市场上销售的斜嘴钳一般有 4#、5#、6#、7#、8#等种类，号数越大，钳口长度越长，剪断力越大。

2）尖嘴钳。尖嘴钳是使用最广泛的钳型工具，其外形如图 6-17 所示。

尖嘴钳由尖头、刀口和钳柄组成，钳柄外部包裹有防滑绝缘护管。尖嘴钳的头部较尖，因而可以在较为狭窄的空间内工作。尖嘴钳主要用来夹持、剪切小型零件，如夹持小型螺母、小直径单股硬导线的弯曲与打圈、剥塑料绝缘皮等。

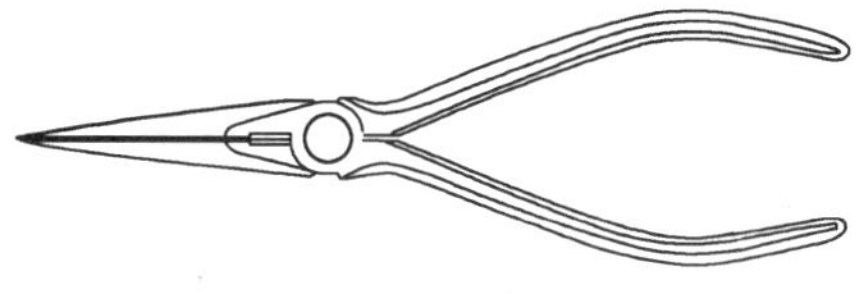

图 6-17　尖嘴钳的外形

3）剥线钳。使用尖嘴钳或斜口钳剥除多股细铜芯线的绝缘皮时，拉拔过程中往往会造成部分细芯线折断，如果使用剥线钳这类导线绝缘层专用剥除工具则不易出现上述问题。剥线钳的外形如图 6-18 所示。

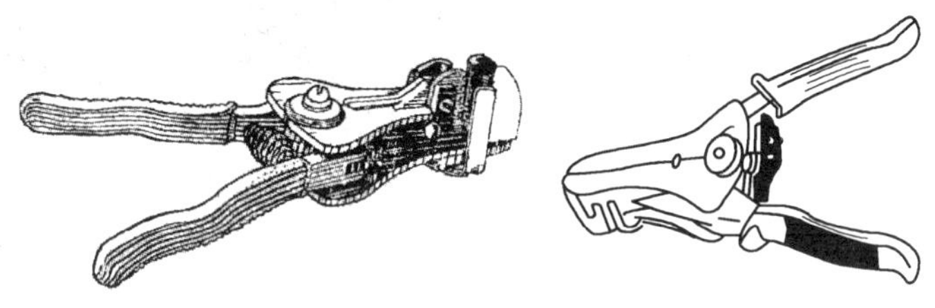

图 6-18　剥线钳的外形

使用剥线钳首先需要根据电缆线的粗细程度，选择合适的剥线刀口槽。接着根据需要剥去的绝缘皮长度，将准备好的电缆线放在剥线钳刀刃中间的刀口槽中；缓慢压紧剥线钳的手柄，剥线刀口、压线刀口依次落下，先将电缆线夹住，再缓慢用力将剥线钳的钳口张开，即可剥去电缆线外部的绝缘表皮。最后松开剥线钳的手柄，即可取出剥制好的电缆线。使用剥线钳的分解动作示意如图 6-19 所示。

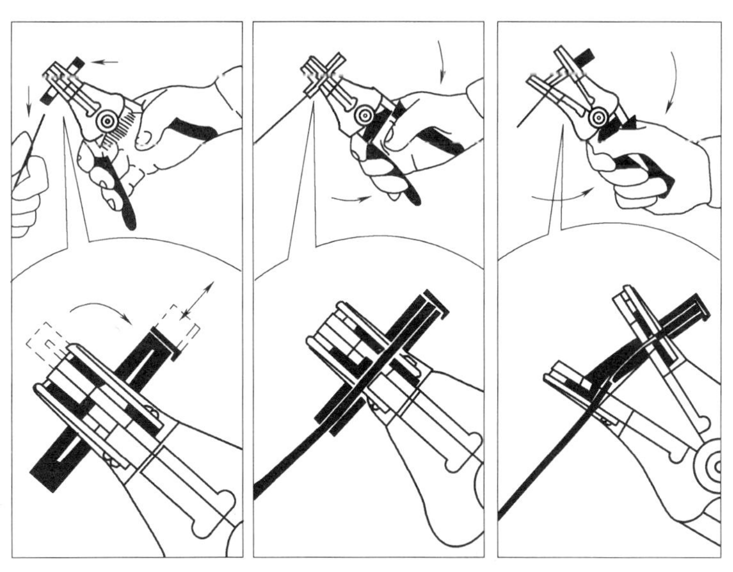

图 6-19　使用剥线钳的分解动作示意

需要注意，剥线刀口的选择比较重要，过大的刀口槽将无法去除绝缘皮，而过小的刀口槽则容易剪断部分导线。

4）钢丝钳。钢丝钳也称为“克丝钳”，在电工作业时使用较多。钢丝钳的外形如图 6-20 所示。

钢丝钳基本可以认为是尖嘴钳的强力版本，钳子头部的放大示意图如图 6-21 所示，其钳嘴比尖嘴钳宽，钳背较尖嘴钳短但是要粗很多。

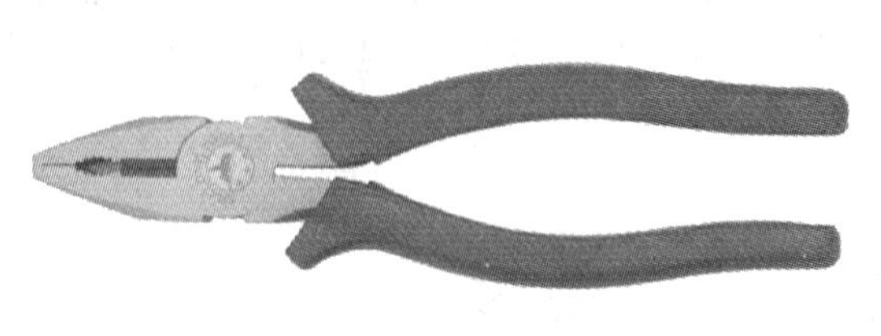

图 6-20 钢丝钳的外形

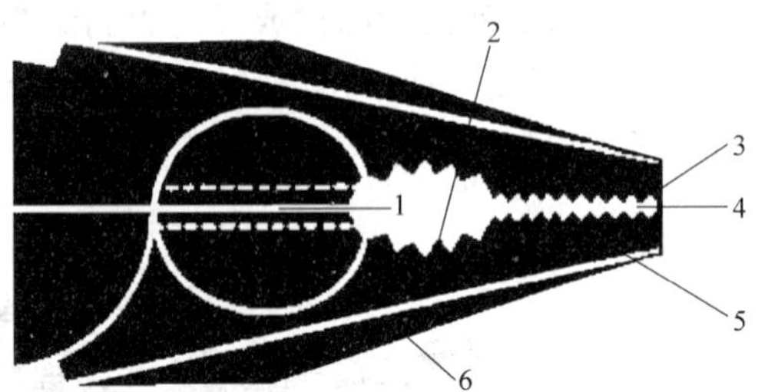


图 6-21 钢丝钳头部的放大示意图
1—刀口 2—管夹口 3—钳尖 4—钳嘴夹持区
5—钳嘴 6—钳背

相比尖嘴钳而言，钢丝钳更适用于强力夹持和拉拔作业。钢丝钳主要被用于夹持或校正片形、线形金属零件，也可以用来紧固及拧松螺母，钢丝钳刀口可用于较粗金属丝的切断。钢丝钳比较重，但是绝不能用钳背替代锤子作敲打工具使用，避免破坏钳嘴与刀口的啮合程度。

钢丝钳的手柄装有较厚的绝缘塑胶护套，具有一定的耐压能力。在进行较高电压的作业前，应首先检查护套的绝缘有无破损。

5）压线钳。压线钳主要用来实现金属导线与连接头端子的冷压连接，针对不同的连接头端子，往往需要配备不同的压线钳，常用的压线钳包括单芯杜邦头压线钳、网线压线钳、排线压线钳等。图 6-22 为一种单芯压线钳的压线工作示意图。

图 6-22 中，压线前需要将导线的绝缘皮剥去一部分，将裸露的铜芯线放入连接头的卡槽内，压下压线钳使卡槽的金属件变形，实现导线与连接头的紧密连接。

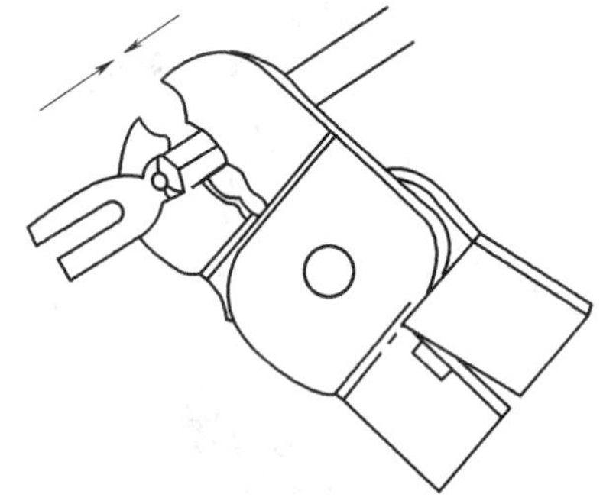

图 6-22 单芯压线钳的压线工作示意图

（2）镊子

镊子的种类很多，常见的有尖头镊子和圆头镊子两种，其外形如图 6-23 所示。尖头镊子可以插入比较狭小的工作空间，因而使用更为广泛。

焊接过程中，镊子主要用于夹持元器件引脚和细导线，以便于焊接和装配。特别在焊接某些对温度比较敏感或耐热性较差的元器件时，可用镊子将元器件的引脚夹住，使焊接产生的热量通过镊子散发，避免元器件因过热而损坏。

拆焊过程中，镊子的重要性更是不言而喻。当焊锡熔化后，用镊子夹住引脚并向下撬动元器件才能够使其顺利地脱离焊盘。

（3）螺钉旋具

螺钉旋具常常被称为“改锥”、“螺丝刀”、“起子”等，其外形如图 6-24 所示。

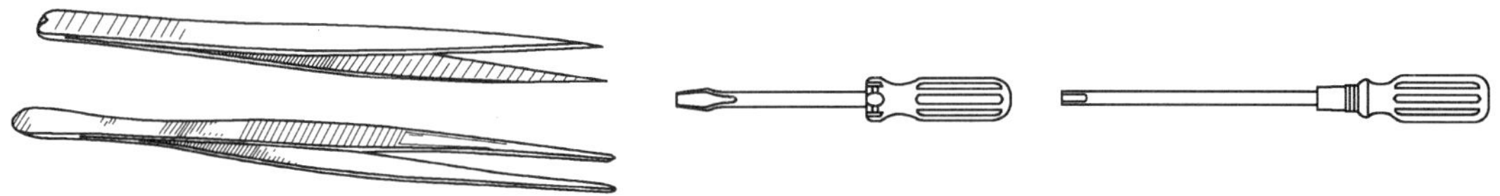

图 6-23　镊子的外形　　　图 6-24　螺钉旋具的外形

螺钉旋具是用来拧转螺钉使其就位或脱离的专用工具，螺钉旋具刀头的种类有近百种，最常用的刀头有一字形和十字形两种。

即使同为一字形或十字形的螺钉旋具，也包含着不同的刀头尺寸。使用时一定要注意根据螺钉的具体尺寸选用合适的螺钉旋具。如果选择螺钉旋具的号数偏小，极易引起螺钉槽口的滑丝，无法继续正常的螺钉装、卸。

目前市场上销售的螺钉旋具刀头绝大多数都经过磁化处理，可以用来吸住螺钉或其他小型金属铁件。

### 6.2.4　手工焊接

手工焊接是焊接技术的基础，焊接质量的好坏将影响到电子产品的质量。在掌握焊接技术的同时，还需要经常练习，以提高熟练程度。

焊锡熔化后形成的烟雾、焊剂加热挥发出的化学物质会对人体造成不同程度的伤害，因此电烙铁在工作时应距离头部至少 30cm 以上。如果距离太近，人体容易吸入过多的有害气体。建议在焊接现场安装通风换气的设备，如风扇、吸烟仪等。

焊锡丝中铅的成分比例较高，因此操作者最好佩戴手套进行工作。每次焊接、调试完毕应及时洗手，避免铅的摄入量过多而引起慢性铅中毒。

**1. 手工焊接的操作姿势**

手工焊接的基本姿势为：右手拿烙铁，左手送锡丝。右手拿电烙铁的姿势有三种，如图 6-25 所示。

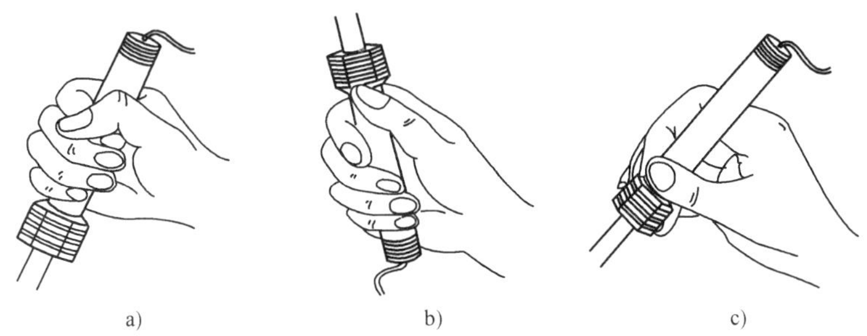


图 6-25　电烙铁的握姿

a）拄杖法　b）握剑法　c）握笔法

拄杖法与握剑法长时间操作不容易疲劳，主要用于大功率电烙铁的焊接操作。握笔法是小功率电烙铁的主要握持方法，由于与握笔的姿势基本一致，因而易于掌握，建议初学者采用。采用握笔法时，建议将烙铁手柄斜靠在虎口上，手指尽量落在烙铁的中部。在某些焊点比较密集的电路中，也可以采用毛笔式握法，直立烙铁进行焊接。

焊锡丝的握持方法如图 6-26 所示，图 6-26a 适用于成卷焊锡丝的手工送锡；图 6-26b 适用于段状焊锡丝的手工送锡。

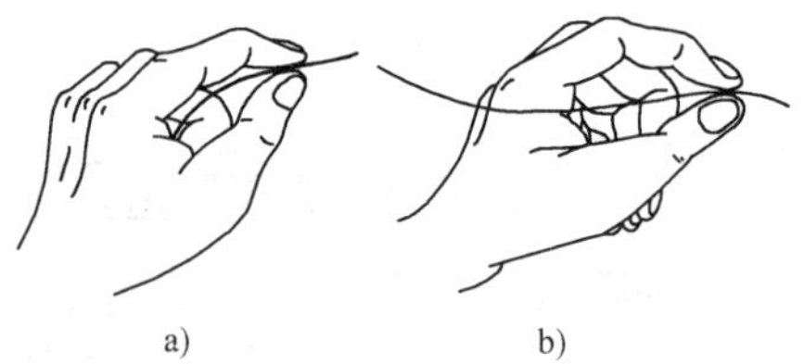


图 6-26　焊锡丝的握持方法

a）连续锡焊时　b）断续锡焊时

送锡时应注意焊锡的用量，焊锡使用过多会造成焊点太大，浪费焊锡并影响焊点质量；焊锡使用过少，容易降低焊点的机械强度，弱化焊点的粘接性、引发虚焊。

**2. 手工焊接的基本步骤**

掌握好电烙铁的温度和焊接时间，按正确的步骤进行焊接，才能得到良好的焊点。正确的手工焊接操作过程可以分解为五个步骤，俗称“五步法”，如图 6-27 所示。

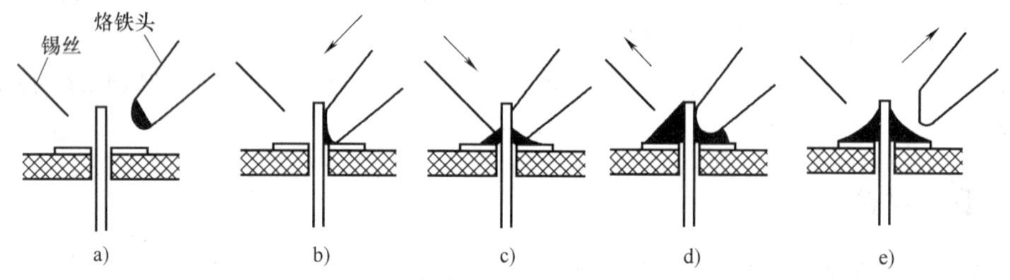


图 6-27　焊接“五步法”的分解动作

a）焊前准备　b）加热焊件　c）熔化焊料　d）移开焊锡　e）移去烙铁

（1）焊前准备

选用合适功率的电烙铁、合适的烙铁头，清洁被焊元器件处的积尘及油污，进行元器件引脚的修整。焊接新元器件前，应对元器件的引线进行镀锡处理。

（2）加热焊件

加热焊件是用烙铁头均匀加热 PCB 上的焊盘与元器件的引脚。

烙铁头把热量传递给焊点主要靠接触面积，因此用烙铁头对焊点施加压力是徒劳的，某些情况下还可能造成被焊件的损伤。例如，电位器、开关、接插件的焊接点往往都是固定在塑料构件上，加力的结果容易造成元器件失效。低压恒温焊台的烙铁头比较尖且比较脆，对烙铁头错误的施力容易折断烙铁头的尖端部位。

（3）熔化焊料

当焊件加热到能够熔化焊锡的温度后，用焊锡丝涂覆已经升温的焊盘，锡丝熔化后会自动润湿焊点。不要用烙铁头直接熔化锡丝，这样做容易将焊锡直接堆附在焊点上，可能掩盖被焊工件因温度不够或氧化严重造成的虚焊、假焊现象。

（4）移开焊锡

当焊锡丝熔化一定数量后，将焊锡丝以斜向上 45°的方向移开。

（5）移开烙铁

当焊料的扩散范围达到要求，助焊剂尚未完全挥发，覆盖在焊接点表面形成一层薄膜时，是焊接点上温度最恰当、焊锡最光亮、流动性最强的时刻，应迅速移开电烙铁。

烙铁头以斜上方 45°的方向移开会使焊点圆滑，但焊点体积可能略鼓；烙铁头沿水平方向撤离时，烙铁头可带走部分焊锡，使焊点扁平。

（6）小结

在焊料冷却、凝固前，被焊元器件的位置必须可靠地固定，不允许摆动和抖动，以免影响焊接质量。焊点自然冷却即可，必要的时候可以用嘴吹气的方式加速焊点冷却、凝固。

“五步法”是掌握手工电烙铁焊接的基本方法。对普通焊点而言，整个手工焊接的过程大约耗时 1～3s，较大的焊点也应该在 5s 以内完成。各步骤之间停留的时间对焊接质量影响较大，一定要通过亲手实践才能逐步认识与掌握。

**3. 焊点质量分析**

焊点的质量直接关系到产品的稳定性、可靠性和美观性，一个合格的焊点应具有可靠的电气连接、足够的机械强度和光滑整齐的外观。

（1）合格焊点的要求

合格焊点的外观及剖面结构如图 6-28 所示。

从外观来看，合格焊点的形状为表面略微凹陷的近似圆锥体，呈凹坡状的原因是由于焊锡冷却后收缩所致。焊点与元器件引脚、焊盘的连接面平滑、自然，接触角尽可能小。焊点表面平滑、发亮，有明显的金属光泽。

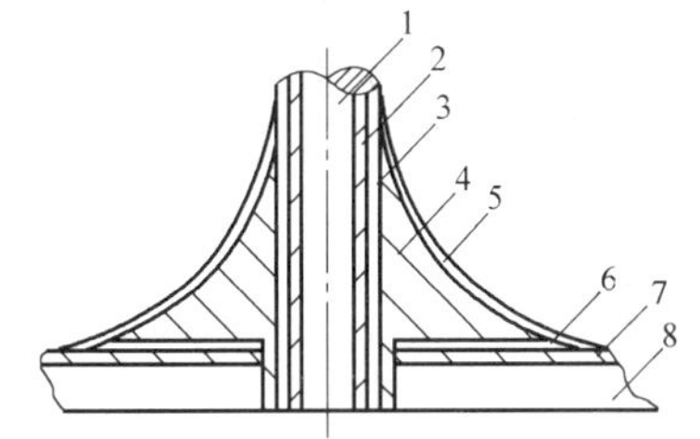


图 6-28　合格焊点的外观及剖面图
1—引脚（母材）　2—镀层　3—结合层
4—焊料层　5—表面层　6—结合层
7—铜箔　8—基板

（2）虚焊与假焊

虚焊是指有焊锡连接在元器件引脚和焊盘上，但焊锡与引线之间没有形成良好接触，电路板受振动时容易出现时通时断的情况。

假焊是指焊锡堆在元器件引脚和焊盘表面，但焊盘没有被焊锡充分浸润，因此锡料根本没焊上去，电路无法接通，严重时元器件的引脚可以从 PCB 上轻易地拔下。

造成元器件虚焊和假焊的主要原因有：

1）元器件引脚氧化严重。

2）没有清除焊盘的氧化层和污垢，或者清除不彻底。

3）焊接时间过短，焊锡没有达到足够高的温度。

4）在焊锡还未完全凝固时晃动元器件。

虚焊和假焊从外观上不容易准确识别，在进行大量焊接时，往往也无法对所有焊点都全部检测。为了减小后续的调试工作量，建议养成良好的焊接习惯，确保每一个焊点都保质保量。

虚焊、假焊的故障排查方法比较简单，直接使用万用表对疑似点进行阻值测试或通断测试即可，测试时可以结合元器件引脚晃动或对表笔施力等辅助措施。

（3）焊点的缺陷及其原因分析

初学者在进行焊接时，焊点质量往往达不到图 6-28 所示的效果，而出现或多或少的焊接缺陷。焊件、PCB、焊料、焊剂、电烙铁以及操作方法都是产生缺陷的重要原因。表 6-5 列出了 PCB 上各种焊点缺陷的外观、特点及危害，并简单分析了产生的原因。

表 6-5 PCB 上各种焊点缺陷及分析

| 焊点缺陷 | 外观特点 | 危害 | 原因分析 |
|---|---|---|---|
| 虚焊 | 焊锡与引脚、铜箔之间有明显的黑色界限，焊锡凹陷明显 | 电气连接不可靠 | ① 元器件引脚不清洁、存在氧化现象<br>② 焊盘不清洁<br>③ 焊料未充分熔化 |
| 焊料过多 | 焊点表面向外凸出 | 焊料过多，可能隐藏有焊接缺陷 | 锡丝过迟撤离 |
| 焊料过少 | 焊点面积小于焊盘的 80%，焊点没有形成平滑的过渡面 | 机械强度欠缺 | ① 焊锡流动性差或焊锡撤离过早<br>② 助焊剂不足<br>③ 焊接时间太短 |
| 松香焊 | 焊缝中夹有松香渣 | 强度不足，导通不良，可能时通时断 | ① 助焊剂过多或已失效<br>② 焊接时间不够，加热不足<br>③ 焊件表面有氧化膜 |
| 过热 | 焊点发暗、表面粗糙，焊点无金属光泽 | 焊盘容易剥落 | 烙铁功率过大，加热时间过长 |
| 冷焊 | 表面呈豆腐渣状颗粒 | 导电性能不佳 | 焊料未凝固前引脚发生晃动 |
| 浸润不良 | 焊料与焊盘间接触不平滑 | 强度低，时通时断 | ① 焊件未清理干净<br>② 助焊剂不足或质量差<br>③ 焊件未充分加热 |
| 不对称 | 焊锡未填满焊盘 | 强度不足 | ① 焊料流动性较差<br>② 助焊剂不足<br>③ 加热时间不够 |
| 松动 | 元器件引脚移动 | 接触不良 | ① 焊锡未凝固前引脚发生晃动<br>② 元器件引脚浸润较差 |
| 拉尖 | 焊点出现尖端 | 外观较差，容易引起尖端放电或短路 | ① 加热时间过长、助焊剂偏少<br>② 烙铁撤离角度不当 |
| 桥接 | 相邻焊盘出现连接 | 可能造成电气短路 | ① 焊锡过多<br>② 烙铁撤离角度不合理 |
| 铜箔翘起 | 铜箔从 PCB 上剥离 | PCB 局部损坏 | 焊接时间太长，焊接温度过高 |
| 剥离 | 焊点从铜箔上剥落 | 断路 | 焊盘氧化严重，粘锡效果较差 |

**4. 易损件的焊接**

易损件是指在安装焊接过程中因焊接温度过高而容易损坏的元器件，如注塑元器件、CMOS 集成电路等。

（1）注塑元件的焊接

目前，有机玻璃、聚氯乙烯、聚乙烯、酚醛树脂等有机材料广泛地被应用在电子元器件的制造中，形成注塑元件。通过注塑工艺可以制成各种形状复杂、结构精密的开关和插接件，成本低、精度高、使用方便。但注塑元件的最大弱点是不能承受高温。焊接时如果不注意控制加热时间，高温容易经过引线传导至塑料部位而造成有机材料的热塑性变形（软化），导致零件失效或性能降低。

注塑元件的正确焊接方法是：

1）焊接前认真作好引脚表面的清洁工作，尽量一次镀锡成功。

2）焊接时选用较尖的烙铁头，尽量减小焊接时的接触面积。

3）尽量选择调温型电烙铁，焊接温度尽可能低。

4）使用烙铁头时不要对接线片施加压力，避免接线片变形。

5）在保证润湿的情况下，焊接时间一般不要超过 2s，确保一次性焊接成功。

6）使用低熔点的焊料。

如果焊件的可焊性良好，只需要用挂上锡的烙铁头轻轻点一下焊盘与接线片即可完成焊接，切忌长时间的反复烫焊。焊接后，在引脚、塑壳冷却前不要晃动注塑元件。

（2）簧片类元件的焊接

簧片类元件主要指继电器、波段开关等，其特点是在制造时对接触簧片已施加了预应力，使之有一定的弹性，以确保电接触的可靠。焊接过程中，不能对簧片施加过大的外力和热量，以免破坏接触点的弹力，造成元件失效。

簧片类元件的正确焊接方法如下：

1）元件预处理得当。

2）在保证润湿的情况下，焊接时间尽量短。

3）焊接时不可对烙铁头施加外力。

4）焊锡用量宜少。

（3）集成电路的焊接

绝缘栅型场效应晶体管（MOSFET）由于输入阻抗很高、极间电容小，少量的输入静电荷即会感应较高的静电电压，导致器件的“栅极-源极”间击穿损坏。双极型集成电路虽然不像 MOS 集成电路那样对静电荷敏感，但由于其内部集成度高，通常管子的隔离层很薄，吸收了过多的热量后也容易造成器件损坏。所以，在焊接上述器件时，一定要非常小心并遵循相应的规则。

焊接集成电路时应注意以下几个方面：

1）取放集成电路时，尽量不要用手接触芯片的引脚，而应拿着管子的外壳，避免人体感应的少量电荷损坏集成电路。

2）焊接 MOS 集成电路时，电烙铁的外壳应良好接地，以防止烙铁头因漏电损坏集成电路。某些廉价电烙铁如果不方便接地，则必须等电烙铁温度稳定后，拔下电烙铁的电源插头，利用烙铁头的余热完成 1 ~2 个焊点的焊接。接下来再反复插、拔电烙铁，利用电烙铁的余温完成其余焊点的焊接。

3）用来焊接集成电路的内热式电烙铁功率不要超过30W，外热式电烙铁的功率不超过35W，选择尖烙铁头，以减少受热面积。注意确保电烙铁的良好接地；必要时，还要采取佩戴防静电腕带、穿防静电工作鞋等防护措施。

4）集成电路的引脚一般都经过镀金或镀锡处理，可以直接焊接。集成电路安全焊接的顺序是：接地端→输出端→电源端→输入端。

5）工作台上如果铺有橡胶、塑料等易于积累静电的材料，则芯片不宜放在台面上，以免静电损伤，最好使用防静电胶垫。

为确保集成电路不会被意外损坏，焊接时一定要遵循以上原则。不过，近年来生产的元器件在设计、生产的过程中，已经考虑了防静电措施，只要按照正确的规程操作，一般不会造成芯片的损坏。

### 6.2.5 手工拆焊

在电路的安装、调试和维修中常常需要拆下某些元器件进行检测或更换，这个过程就是拆焊。拆焊时，一般需要将焊盘上的所有焊锡全部去除后才能拆除元器件。对于电阻、电容等引脚数量较少的元器件，拆卸相对较为简单，但是对于引脚数量较多的集成电路、继电器、接插件，其实际拆焊操作难度将远远超过焊接此类元器件的难度。

拆焊时动作要快，对元器件引脚及焊盘加热时间要短，否则容易烫坏元器件或导致PCB上的焊盘起泡、剥离。

常用的拆焊工具与配件有吸锡器、排锡管、吸锡电烙铁、镊子、螺钉旋具、不锈钢针头、铜线编织带等。

**1. 拆焊的注意事项**

相对于焊接而言，拆焊的工作量与难度均要大得多。拆焊时要注意以下几个方面，避免损坏待拆元器件。

1）严格控制加热的温度与时间。因拆焊的加热时间和温度比较长，所以要严格控制加热时间和加热温度，尽量避免焊盘和印制导线因过热而出现剥离。

2）拆焊时不要用力过猛。高温状态下元器件封装的强度会下降，尤其是塑封器件、陶瓷器件、玻璃端子等，过分用力拉、摇、扭都会损坏元器件和焊盘。

3）拆焊过程中要尽量避免镊子、尖嘴钳等辅助工具造成PCB上元器件、导线的机械损伤。

**2. 拆焊的方法**

对确定已经损坏的元器件，可先将元器件的引脚全部剪断后取掉，然后再用电烙铁配合镊子去掉焊盘中的残留引脚即可。

对引脚数不多的元器件（如电阻、电容、二极管、LED、晶体管等），可用电烙铁直接拆除。用电烙铁加热并熔化待拆元器件的焊点，同时用镊子夹住元器件的引脚轻轻撬动，使元器件引脚逐步脱离焊盘。

对于引脚数较多的元器件，只有将所有引脚上的焊锡清除完毕，才能取下待拆元器件。以下为常用的拆焊方法：

（1）吸锡器拆卸法

吸锡器拆卸法是最为常用的专业拆焊方法，借助吸锡器的吸锡功能，将元器件引脚上的焊锡逐个吸走，然后用一字形螺钉旋具或镊子轻轻撬动元器件即可拆下。

拆卸时，需要等待焊盘上的锡全部熔化后才能按下气泵按钮，如果单次的吸锡效果不够理想，还可以进行第 2 次、第 3 次的操作，直到元器件的引脚已经能够在焊盘孔中轻轻晃动为止。

吸锡器在工作过程中要注意及时清洁吸锡气道，保证气泵的正常工作。

（2）空心针头拆卸法

根据元器件引脚的直径选择合适的医用不锈钢空心针头，以针头的内径能够套住引脚为宜。

拆焊时首先用电烙铁将焊盘上的焊锡熔化，同时用针头套住引脚并轻轻旋转针头，等焊锡凝固后拔出针头，即可达到元器件引脚和 PCB 的分离。按照同样的方法对所有元器件的引脚进行操作后，即可撬下被拆元器件。

（3）补锡拆焊法

信号变压器、转换开关、晶体管、接插件等元器件的引脚较多但引脚间的距离较近，对这类元器件可以采用补锡拆焊法。

给待拆卸的元器件引脚上再补充一定数量的焊锡，尽可能使引脚的焊点连成一片，以利于传热。拆焊时用电烙铁依次加热连接在一起的焊点，同时用镊子或一字形螺钉旋具轻轻撬松被拆元器件后即可拆下。

补锡拆焊法省时、高效，操作手法也比较简单，反复练习几次即可掌握拆焊要领。

（4）铁刷拆卸法

电烙铁配合铁刷拆卸需要购置一把小尺寸的金属刷。

拆卸元器件时先用电烙铁加热焊点，待达到一定的温度时将引脚上的焊锡融化，趁机用金属刷扫掉熔化的焊锡。这样就可使集成块的引脚与 PCB 分离。该方法可分脚进行也可分列进行。最后用尖镊子或一字形螺钉旋具撬下集成块。

该拆卸方法主要适用于单层板上元器件的拆卸，拆卸时动作要轻柔，避免金属刷损坏 PCB 上的焊盘与导线。

（5）多股铜芯线吸锡拆卸法

多股铜芯线吸锡拆卸法需要准备剥去塑胶外皮的多股细铜芯导线，有条件也可使用抽去内芯的网状屏蔽线。

拆焊前先在多股铜芯丝表面均匀涂覆松香酒精溶液，然后将其贴住集成电路引脚的焊点，用烙铁头隔着多股铜芯导线加热集成电路的焊点。元器件引脚上的焊锡熔化后将被铜芯导线吸附，从而带走多余的焊锡。

吸满焊锡的多股铜芯丝不能再用，需要及时剪去。重复上述的步骤即可将引脚上的焊锡全部吸走。当所有引脚上的焊锡吸完后，可用镊子或一字形螺钉旋具轻轻撬动集成电路芯片并顺利拆下。

### 6.2.6　贴片元器件的手工焊接与拆焊技术

焊接直插元器件比较容易但拆卸起来非常麻烦，而贴片元器件则恰恰相反：焊接麻烦拆卸容易。焊接贴片元器件主要麻烦在于元器件体积太小，且需要专门定位。要完全掌握贴片元器件的手工焊接和拆焊工艺，必须正确选择合适的工具与操作方法，同时经过反复摸索和练习。

**1. 焊接贴片元器件的常用工具和材料**

贴片元器件的焊接、拆焊与普通直插元器件的焊接、拆焊存在较大的区别。常用的工具和材料有：

（1）电烙铁

手工焊接元器件时，电烙铁肯定是必不可少。由于贴片元器件引脚较细，引脚排布较密集，因此必须选择烙铁头比较尖的电烙铁，有条件的情况下最好选用恒温电烙铁。

（2）焊锡丝

好的焊锡丝对贴片焊接很重要。在焊接贴片元器件的时候，尽可能使用直径较小、熔点低、流动性较好的焊锡丝，这样容易控制焊锡量，且不会浪费焊锡。

（3）镊子

镊子的主要作用在于夹起和放置贴片元器件，建议选用尖头镊子。在夹持对静电敏感的元器件时，需要选择防静电镊子。

（4）松香

松香是焊接贴片电阻、贴片电容等无源元件时最为常用的助焊剂。松香能除去焊锡中的氧化物，保护焊锡不被氧化，增加焊锡的流动性。

（5）助焊剂

对于引脚排布过密的贴片集成电路、贴片接插件应选择专用的中性助焊剂，以使焊点被充分侵润，保证焊点的圆润、亮泽与牢固。

焊接完毕后，助焊剂可以用洗板水（一种以酒精为主的溶剂）清除。

（6）吸锡带

焊接引脚密集的贴片集成电路时，较小的引脚间距因上锡过多而造成相邻的两只或多只引脚被焊锡短路，此时可以借助吸锡带去除多余的焊锡。

吸锡带是专用的空心网状扁平电缆，由很细的铜丝编织而成。

（7）热风焊台

热风焊台利用高温的热风对元器件进行焊接与拆卸。在不同的场合，对热风焊台的温度和风量都有不同的要求，温度过低容易造成元器件虚焊，温度过高则会损坏元器件及 PCB；出风量过大时容易吹跑周围的小型贴片元器件。

（8）放大镜

对于引脚细小密集的贴片集成电路，焊接完毕之后用人眼检查引脚焊接是否正常、有无短路是很费力的，此时可以借助放大镜放大后进行观测。

**2. 贴片元器件的手工定位与焊接**

相比直插元器件的焊接，贴片元器件在焊接时缺少了焊盘孔的定位作用，因而需要进行手动定位。

（1）清洁 PCB

在进行贴片元器件的焊接前需要清除 PCB 表面的油污及氧化物，以防止对焊盘粘锡的影响。企业中一般采用超声波清洗机对 PCB 进行清洗，实验室条件下可以采用弱碱性的水溶液（如稀释的肥皂液、小苏打溶液）对 PCB 进行清洗。

在条件允许的情况下，建议将被焊接的PCB固定在工作台面，以便于下一步的元器件定位。

（2）定位贴片元器件

贴片元器件的定位非常重要。对于电阻器、电容器、二极管、晶体管等引脚数量较少的贴片元器件，一般采用单脚固定法定位被焊元器件。首先在其中的一个焊盘少量上锡，然后使用镊子将被焊元器件压在焊接位置，接着使用电烙铁熔化已上锡焊盘表面的锡，对该引脚进行焊接后即可实现元器件的定位。

对于引脚数较多的贴片元器件，可以采用对脚定位法。先给处于元器件边缘的焊盘上锡，定位好元器件后焊接该引脚，然后保持元器件位置不动，再焊接处于其对角位置的引脚。两只引脚焊接完毕后，芯片基本固定。

对于引脚多且密集的贴片集成电路，引脚必须精准地对齐焊盘，如引脚没有对准，容易出现短路故障，因而需要拆下重焊。

（3）焊接

元器件定位完成后即可焊接剩余的引脚。

对于引脚数较少的元器件，可左手拿焊锡丝，右手拿烙铁，依次点焊即可。对于引脚数多而且密集的芯片，先涂抹一层助焊剂浸湿所有的引脚，再在烙铁头尖部挂上少量的焊锡，然后拖动烙铁头部的焊锡从引脚的末端拖过即可自动完成焊接。

（4）清除多余焊锡

焊接时造成相邻引脚间的短路或搭接需要及时清除。

吸锡带是去除多余焊锡的常用工具。将吸锡带涂覆上一层助焊剂或者松香酒精溶液，然后将吸锡带紧贴在焊盘表面，把没有上锡的烙铁头放在吸锡带上，慢慢从焊盘的一端向另一端轻压。焊盘表面的焊锡熔化后，会被吸附在编织铜线的宽大间隙中，只保留少量的焊锡连接在焊盘与引脚之间，形成焊点。

吸锡结束后，应将烙铁头与吸锡带同时撤离焊盘，避免出现粘连。如果吸锡带与焊盘发生了粘连，千万不要用力拖拉吸锡带，而应该用烙铁头重新加热吸锡带后再轻拉吸锡带使之离开焊盘。

如果没有专用吸锡带，也可以采用绝缘皮电线中的多股细铜丝进行自制。

在发生粘连的焊盘上涂抹少量助焊剂，再用尖头烙铁加热焊盘，也能使少量的粘连焊锡分开。

（5）洗板

多余的焊锡清除完成之后，芯片引脚的周围会残留一些白色的助焊剂残渣，虽然并不影响芯片的正常工作，但可能造成焊接质量检查时的不便，此时可采用洗板水对助焊剂的残渣进行清洗。

实验室条件下，可以采用棉签蘸取酒精的方式进行擦洗。擦洗的力度要柔和，避免擦伤阻焊层及芯片引脚。

**3. 贴片元器件的拆焊**

贴片元器件的拆卸相对直插元器件而言要轻松很多。拆焊时，调节好热风焊台的温度和风量，用热风均匀加热并熔化元器件引脚上的焊锡，同时使用镊子取下被拆元器件。为了提高效率、避免对周围贴片元器件的影响，尽量使热风气流垂直于PCB中需要拆卸元器件的引脚。

(1) 电阻器、电容器

贴片电阻器和普通的瓷介贴片电容器耐高温性能均比较好，可以用热风焊台直接进行拆焊。对于表面呈银灰色的叠层电容器以及其他不耐高温的电容器，建议不要使用热风焊台处理，避免出现引脚脱落的故障。

拆焊时，热风温度不宜太高、吹焊的时间不宜过长，以免烫坏焊盘和 PCB；焊台的出风速度不宜过大，以免吹飞附近的小型贴片元器件。当电阻器两端的焊锡融化后，迅速用镊子从电阻的两侧面夹住取下，注意不要碰到相邻元器件以免使其移位。

黄色的长方形钽电解电容器在吹焊时会有明显的变色现象，只要吹焊时间不是太长，一般不会影响冷却后的使用效果。

(2) 晶体管、集成电路

晶体管、场效应晶体管和集成电路这类元器件普遍耐热较差，加热时注意温度不要过高，时间不要过长。

在拆焊不同封装形式、不同大小尺寸的贴片集成电路时，需要更换不同的热风焊台风嘴，以提高加热效率。

(3) 塑料接插件

PCB 上使用的贴片塑料接插件的耐高温特性较差。拆焊时，一定要将热风焊台的温度调节到较低的值；吹焊时，尽量避免加热塑料部分；由于热风温度比较低，因而熔化焊盘上焊锡的时间会偏长一些，需要耐心等待。必要时可以使用尖头镊子轻轻撬动接插件，以辅助接插件与 PCB 的分离。

## 6.3 电路调试技术

电子产品整体装配完毕或单元电路焊接完成后，为使电子产品的各项性能参数满足要求并具有良好的可靠性，调试工作非常重要。

调试的目的在于：

1) 检查系统或单元电路的工作是否正常，发现设计缺陷和安装错误并加以改进与纠正，或者提出整改建议。

2) 调整电路中的元器件参数，确保产品的各项功能和性能指标达到设计要求。

### 6.3.1 电路调试基本步骤

电路调试的技术手段很多，不同产品之间的调试方法存在较大差异，但调试思路与步骤基本一致。

**1. 预检查**

对于初次组装完成、即将开始调试的电路，可能存在元器件插错、插反、型号错误等非原理性故障，因此在电路调试之前不要贸然通电，应该通过仔细的预检查，发现和纠正比较明显的安装错误和故障点，避免引发连锁性故障。

由于电源故障对系统的破坏性较强，因而建议使用万用表测试电源输入端的电阻，判断有无短路、元器件插反等故障。

对需要维修的电路进行调试时，应仔细观察电路中比较明显的元器件故障（如元器件的破损、电气连线的开路），以寻找直接的故障点。

**2. 通电调试**

通电调试包括通电观察、静态调试和动态调试等内容。不论电路的复杂程度如何，调试中都应该养成“先静态、后动态”、“分单元、分阶段”调试的良好习惯。

（1）通电观察

在进行电路调试以前，调试者应该充分熟悉被调试电路的工作原理和性能指标，明确调试内容。

接通电源后不要急于测量电气指标，要注意观察电源指示灯是否点亮，系统有无异常现象，例如：整机工作电流是否偏大，有无异常气味飘出，电路有无冒烟现象，用手或温度计触摸集成电路、晶体管、二极管等重点元器件表面以判断有无温度异常。如出现上述异常现象，说明电路内部存在故障，必须立即切断电源并排查故障。

对于复杂程度较高的电路系统，不建议一次性将电源加到所有电路单元中，可以采用分块通电或独立通电的模式进行通电观察，以明确故障所在的位置。

1）分块通电是指按照电路的功能模块，从系统的前级到后级或者从后级到前级依次接通各个单元的电源，观察有无异常情况并记录整机工作电流。分块通电主要用于单元模块间存在信号单向流动、且各个模块之间工作状态较大的情况。

2）独立通电是对各个单元模块之间进行独立的分时供电并分别测试各自的工作状态。独立通电主要适用于各个单元模块之间工作状态差别不大，特别是每个模块的工作电流均比较大的场合。

（2）静态调试

如果系统通电后基本工作情况正常，就可以使用万用表、示波器等设备进行电路的静态测试。静态调试是针对直流工作状态的测试，根据实际电路的工作情况，可以选择将输入信号接地、保持输入端悬空或者加某个固定电平信号的模式。

直流工作状态是一切电路的工作基础。直流工作点不正常，电路自然无法实现特定的电气功能。很多早期电子产品的电气原理图上，均标注有详细的直流工作点参数（如晶体管各个电极的直流电位或工作电流，集成电路各只引脚的工作电压或对地电阻），作为电路调试的参考依据。

应该注意，元器件的数值都具有一定的偏差，仪器仪表本身也具有一定的测试误差，可能会出现测试数据与参考的直流工作点不完全相同的情况，但就总体而言，它们之间的差值不应该很大，相对误差基本不会超出 ±10% 。

在静态调试阶段需要测量以下内容：

1）确定电源电压是否正常加载，确定晶振电路是否起振。

2）采用万用表测试晶体管的静态工作点、集成电路关键引脚的电压值。

3）采用电流表测量各级单元模块的静态工作电流。

4）采用示波器测试电源的纹波系数。

通过测量值与参考电压值的比对，或者结合电路工作状态的分析、预测，即可判断电路的直流工作状态是否正常，以及时发现电路中的故障点。

通过更换损坏的器件或调整电路参数，直至电路的静态工作参数符合设计要求。

（3）动态调试

电路的动态调试是建立在静态调试的基础上，当电路的静态工作参数基本调试完成之后，即可转入动态调试阶段。

动态调试需要在电路的输入端接入合适的信号，并按照信号的流向，分单元检查并调整有关元器件，检测重要观测点的输出信号，直至系统各个单元均能较好地完成预定的电气功能。

动态调试过程中如果检测到不正常现象，应综合分析产生的原因并研究故障排除方案，反复调试直到满足指标要求。如果被调试单元模块工作频率很高或者处理的信号非常微弱，则需要采取一定的屏蔽措施，防止模块的工作状态被其他信号干扰，或者对其他电路产生干扰。

在动态调试中常用的测试仪器包括信号源、示波器、逻辑分析仪、频谱分析仪、扫频仪等。

（4）电路分块调试

对于简单的电路，调试前只需要明确输入、输出关系即可。而对于复杂的电子电路，可以人为地将电路系统划分为若干个功能相对独立的子模块，然后针对每个模块进行单独调试。这种做法可以有效避免各个模块之间电信号的相互干扰，更为重要的是，如果系统存在问题时，能够通过各个模块之间的相对独立性，迅速定位故障点，缩小故障排查的范围。

在调试如图 6-29 所示的模块电路时，参考的调试步骤如下：

1）首先调试 C 单元，使其输出合适的低频锯齿波。

2）在 A 单元接入 5mV 的正弦信号，调试其输出使之达到不失真的 500mV。

3）将不失真的 500mV 正弦信号接入 B 单元的输入端，调试好方波波形输出。

当然，也可以断开 A 单元与 B 单元的电气连接关系，在 B 单元的输入端接入 500mV 的正弦输入波形，对 B 单元进行调试。

4）将方波与低频锯齿波同时输入 D 单元，调试并检测调制信号的输出。

同理，对 D 单元的调试也可以直接输入信号发生器产生的方波和低频锯齿波。

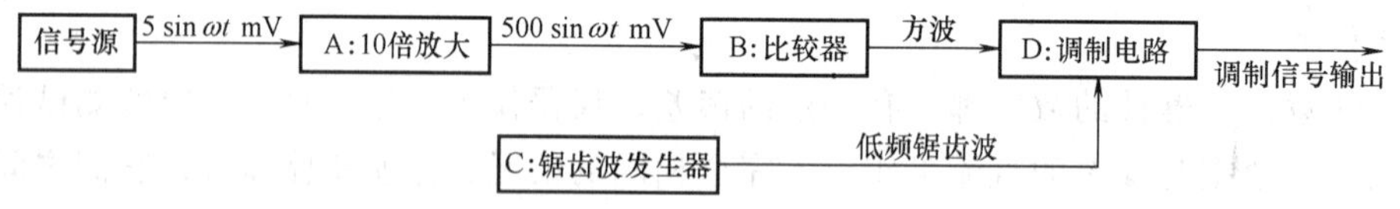


图 6-29　示例模块框图

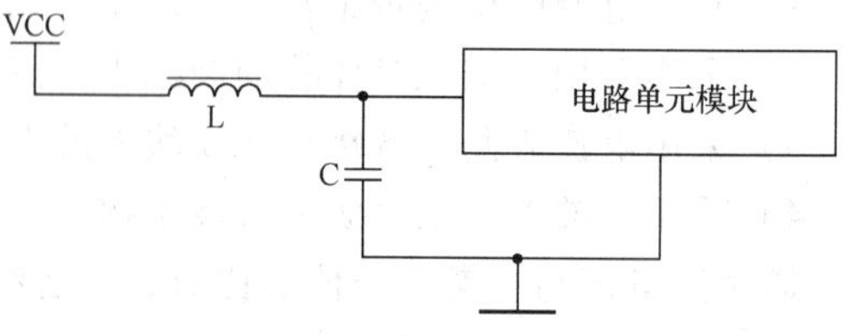


图 6-30　电源用 LC 滤波单元

为了快捷、准确地对电路功能模块进行划分，有经验的设计人员一般将归属于相同功能模块的元器件就近布置，同时在各个电路模块之间增添一些串联型隔离元器件，如电阻、跳线、开关等，给每个单元电路的供电回路中增加一个 LC 滤波单元，如图 6-30

所示。

在对图 6-30 中的电路单元模块进行调试时，将电感器 L 接入回路，而当调试其他单元模块电路时，拆焊掉电感器 L 的其中一只引脚，即可断开该单元的供电，停止其工作。

除了正在调试的电路，其他各部分都被隔离元器件断开而不工作，因此不会产生相互干扰和影响。如果电路中没有设置隔离元器件，则可以采用逐级装配和调试的方法，每个单元调试完毕后再装配、调试下一单元。

**3. 整机联合调试**

各个单元模块调试完毕后，就可以接通所有的隔离元器件，将所有断开的信号通道全部恢复正常连接，进入整机联合调试阶段。

整机联合调试，简称整机联调，是在单元电路测试正常后对整个系统进行的联合调试和检测。通过调整可调元器件参数、修改不合理的元器件参数、纠正设计缺陷、改进设计方案，确保产品的各项功能和性能指标达到设计要求。

整机联调之前，各单元模块电路应首先通过调试并处于正常工作状态。将各个单元模块逐级连接起来之后，系统可能会出现新的相互影响甚至冲突。整机联调主要针对电路系统中某些元器件参数进行调整，使系统的各项技术指标达到预期的要求。

常见的可调元器件包括电位器、微变电容、可变电感、多刀多掷开关、跳线等。可调元器件的优点是调节方便，即使电路工作一段周期以后参数发生变化，也可以重新调整。但是，可调元器件的可靠性较差，体积也比固定元器件大，在系统联调完毕之后，建议用等值的固定元器件对其进行更换。可调元器件的参数调整确定以后，为了避免因受热或振动等因素的影响，一般建议选用油漆或热熔胶固定其调整端。

整机联调是确保电路工作状态完好、工作指标合格的重要环节。整机联调的步骤，应该在调试工艺文件中明确、细致地规定出来，使调试人员易于理解并严格按照步骤执行。

在条件允许的情况下，最好能够对整机联调完毕的电路系统进行老化试验和环境试验。

## 6.3.2　电路调试常用仪器仪表

在进行电路调试时涉及的仪器仪表与工具种类较多，但并不是每个电路的调试都要用到所有的仪器仪表或工具，而应根据电路的实际工作特点进行有针对性的选择。

**1. 基本检测仪表**

在电路调试过程中，常用的基本仪器仪表种类及其功能如表 6-6 所示。

表 6-6　常用基本仪器仪表种类及其功能

| 仪表种类 | 基本功能 |
|---|---|
| 信号源 | 产生电路所需的各类信号，如方波、正弦波、三角波等 |
| 功率计 | 进行功率测量 |
| 万用表 | 测量交直流电压、电流、电阻 |
| 电桥 | 精确测量电阻、电容、电感的参数 |
| 示波器 | 观察、测试各类波形 |
| 频率计 | 测量电路的工作频率、输出频率 |

（续）

| 仪表种类 | 基本功能 |
| --- | --- |
| 相位计 | 测试两路同频信号之间的相位差 |
| 逻辑分析仪 | 观察数字电路的波形状态 |
| 失真度测试仪 | 测量放大电路的信号失真度 |
| 扫频仪 | 测量放大电路的频率特性、带宽 |
| 频谱分析仪 | 测量信号的频谱结构 |
| 晶体管测试仪 | 测量晶体管的输入、输出特性曲线 |
| 集成电路测试仪 | 检测通用型数字、模拟集成电路的性能与好坏 |

**2. 辅助工具**

除了上述的测试仪表，在进行电路测试时采用的辅助工具种类也比较多，常见的包括电烙铁、热风吹焊台、剥线钳、压线钳、导线通断测试器、镊子、尖嘴钳、斜口钳等。

**3. 电源**

进行电路调试时，电源是不可或缺的。常用的电源类型如表 6-7 所示。

**表 6-7　常用电源的类型与基本特点**

| 电源类型 | 基本特点 |
| --- | --- |
| 稳压电源 | 提供给负载稳定的输出电压，输出电压值可调，一般带有电压、电流指示，2～3 路输出的电源在调试中较为常用 |
| 恒流源 | 提供给负载稳定的输出电流，电流值可调 |
| 高压电源 | 输出电压一般在 kV 数量级以上的电源 |
| 脉冲电源 | 按照一定时间规律，对负载进行周期性的加电、断电 . |
| 隔离变压器 | 提供安全的调试用高压 |

**4. 其他专用仪表**

针对不同应用背景的具体电路，还需要配置专用的测试测量仪器，如温度测量仪、压力测量仪、流量测量仪、机械量测量仪、磁场强度测试仪、线圈匝数测试仪、照度计、激光干涉仪等，这类仪表的种类很多，专用性较强且一般不具备通用性，只能根据实际的测试对象进行配备。

### 6.3.3　故障排查方法

组装完毕的单元电路并不能保证一次性调试成功，出现故障是正常的，只要掌握了科学的故障排查技术，系统完全可以分块逐步调试成功。

总体说来，电子产品的故障主要是由电路设计的不合理性或不确定性、元器件性能与参数不匹配以及在装配工艺上存在问题等多方面因素造成的。常见的电路故障包括以下的几种类型，在进行电路的故障排查时应列为重点怀疑对象与检查对象。

1）焊接材料不合格或者焊接工艺较差，容易出现虚焊或焊点接触不良的故障。

2）电路工作环境湿度较大，引发元器件受潮、引脚霉断、绝缘等级降低甚至打火、损坏。

3）元器件的质量不达标、使用不当、超负荷工作而引起的失效。电解电容在工作过程中的逐步失效而引起电路故障的比例相当高，特别是有些电解电容的容量、耐压、温度范围常常存在虚标的情况，因而在器件选型时应加以注意。

4）开关或接插件因氧化而出现接触不良。

5）可调元器件的调整端一般采用弹簧或者簧片压接，没有形成稳定连接，容易因弹性消失或者接触点氧化、受潮而出现接触不良，造成连接开路或噪声增加等故障。

6）连接导线因机械损伤或化学腐蚀而引起断路，初次调试的电路中可能还会存在导线错接或漏接的故障。

7）电路板上元器件安装密度过大，造成元器件的引脚因振动或变形出现短路故障。

**1. 观察法**

电路出现故障后，可以通过“看”、“摸”、“闻”、“听”等人体感觉来判断电路的故障点。这种检测方法一般适用于故障现象比较明显的场合，且需要调试人员具有一定的工作经验积累。

（1）“看”故障

“看”是指通过人眼去寻找电路系统中的异常点，从而寻找到故障原因。仅凭肉眼就能够观察的常见故障现象包括以下几个方面：

1）熔断丝（亦称保险管）是否已经熔断。

2）电阻器是否有明显的烧焦、变色痕迹，电解电容器是否发生过爆裂或漏液。

3）PCB的铜箔或焊盘有无开裂、翘起、锈蚀或严重氧化。

4）PCB上的接插件、排线有无松动、脱落、断线和过电流烧毁等迹象。

5）PCB上的元器件引脚之间是否有短路现象。

6）PCB上的焊点有无松动、脱焊等现象。

7）功率晶体管、二极管、集成电路表面有无炸裂、鼓包等故障现象。

（2）“摸”故障

“摸”是指通过手指去触摸疑似故障元器件以判断其温升是否正常，用手指晃动元器件观察有无因引脚氧化造成的虚焊与松动。

使用“摸”或者晃动元器件的方法进行故障排查时，必须要确定电子产品是否处于没有安全隐患的“冷地”状态（即电路没有与电网的相线发生直接的电气连接）时才能采用。例如：开关电源的振荡单元、开关管均与电网相通，对这些部分不能采用“摸”的方式进行故障排查。

1）塑料封装的集成电路，在工作不正常时往往会出现表面温度异常升高的现象，比较容易判断。

2）大功率晶体管、大功率场效应晶体管、大功率二极管以及大功率集成电路（如功放芯片、电源芯片）一般都带有散热片，散热片温度一般比人体体温略高，如果没有温升或者温升过高，都有可能是故障的表现。

3）电源变压器在工作时由于存在铜损与铁损，因而在通电工作后会出现一定的温升，如果用手触摸时毫无温升或温升不明显，均应该怀疑其电源输出不正常。

4）晃动元器件，观察焊点有无松动。对于使用年限较长、焊点较大、焊点经常出现冷热不均的元器件容易发生焊点松动的故障。

（3）“闻”故障

当电阻性元器件承受的实际功率超过标称功率时会产生较高的热量，这会导致电阻表面的漆膜烧焦、烧臭，用鼻子可以明显地捕捉到这种异味，从而找到故障点。

对出现异味的电阻不能用较大功率的等值电阻进行替换，而应该重点检查该电阻所属的单元电路有无焊点短路、元器件装配错误、元器件参数选择错误等。

塑封集成电路承受功率过大时往往也会引起焦臭味出现，这个味道和电阻烧焦的味道有所区别，类似于塑料烧焦的臭味。

(4)“听”故障

“听”故障是指用耳朵去听 PCB 上发出的异常声响，以此发现故障点。

PCB 上一般都是静态元器件，诸如小的电动机之类的运动件较少，因而发出异常声响的可能性比较小。引发异响的主要原因有以下几种可能：

1）系统内部存在“打火”现象。打火所发出的声音一般为“劈啪”声，声音比较尖，多发生在高压、大电流的电路中，如开关电源开关管及附近，CRT 显示器的行、场扫描电路等。

2）继电器不正常的反复吸合。继电器吸合的声音为“哒哒”声。继电器在电路中主要起到状态切换的功能，很少会有电路让继电器高频率地反复吸合。继电器触头的不正常吸合往往会导致触头烧蚀、损坏，如果触头电流较大，甚至出现拉弧的现象，将会加剧触头的损坏。

3）变压器二次侧短路或者负载过重。当变压器出现二次侧短路或者负载过重的时候，其硅钢片会发出低沉的“嗡嗡”声，变压器的功率越大、二次侧短路电流越大，则“嗡嗡”声越明显。此时还伴随有明显的焦糊味，这些现象都可以共同佐证变压器故障源的存在。

4）无规律的磕碰声、摩擦声。在光驱、CD 机、录音机等电路系统中具有电动机与机械传动机构，当听到系统内部有碰撞声、冲击声以及无规律的摩擦声时，均表明系统内存在机械故障，需要及时断电检修，以防更大的故障出现。

**2. 测量法**

测量法是指调试人员充分使用各种常规测量仪器或仪表（如各类万用表、示波器、逻辑分析仪等），对电路中的关键参数进行测试、记录，判断与正常工作时的指标参数是否一致。测量法是电路故障的主要排查手段，准确性很高。

(1) 电阻检测法

利用万用表的电阻档或二极管档（通断档），测量疑似损坏元器件的阻值或正向压降，并与正常值进行比较，发现可能出现故障的元器件。

电阻检测法主要针对电阻器、电感器、二极管、晶体管、变压器、接插件、开关以及导线等元器件。

1）在线电阻的测量。进行在线电阻检测时，元器件仍然焊接在电路板上，可以使用欧姆档或二极管档（通断档）检测引脚之间阻值或者正反向压降。这种测量方法由于无法消除与被测电阻并联支路的影响，因而一般只能用来对被测元器件进行一些粗略的判断，准确度不高。

如果利用运放的“虚地”特性，将被测回路等效为“△”网络，则可以实现在线电阻的直接测量。

较为常用的在线检测电阻方式是测量元器件（主要指集成电路）引脚对地的正反向电阻值，然后与资料上提供的参考电阻范围进行比较，以分析被测元器件是否损坏。这种方法在录音机、电视机电路的检测和维修中比较常用。

无论上述哪种方法进行在线阻值检测时，均不允许在电路的通电状态下进行操作，否则容易损坏万用表。

2）离线电阻的测量。离线电阻的测量是指将电路中的元器件引脚从电路板上拆焊下来，然后再对元器件进行电阻测量的方法。离线电阻测量法消除了并联电阻的影响，因而能够准确地判断元器件的好坏，在实际的电阻测量中应用最为广泛。

（2）电压检测法

用万用表的电压档测量电路中关键点的电压值，并与正常值进行比较，以判断故障源。电压检测法由于不用断开元器件引脚，因而在实际检测过程中最为常用。

根据所选万用表的档位的不同，可以分为直流电压检测和交流电压检测两大类。

1）直流电压检测。通过关键点直流电压的测量，可以判断出单元模块电路的静态工作情况以及故障所处的范围。

直流电压的检测对象一般包括电源电压的测量、放大电路静态工作点的测量、集成电路引脚电压的测量。

2）交流电压的测量。万用表测量交流电压的频率主要局限于工频，对较高频率的交流电压测量则显得无能为力。由于很多万用表是采用对二极管整流后的平均电压值进行直流测量的方式进行读数，没有考虑二极管的死区电压，因而在测量小电压时的误差较大，在实际检测过程中很少采用。

对于各类放大器所使用的交流电压，其电压幅度不大、频率较高，对于这类交流信号的测量，必须采用专门的电子毫伏表。图6-31为指针式电子毫伏表的面板图。

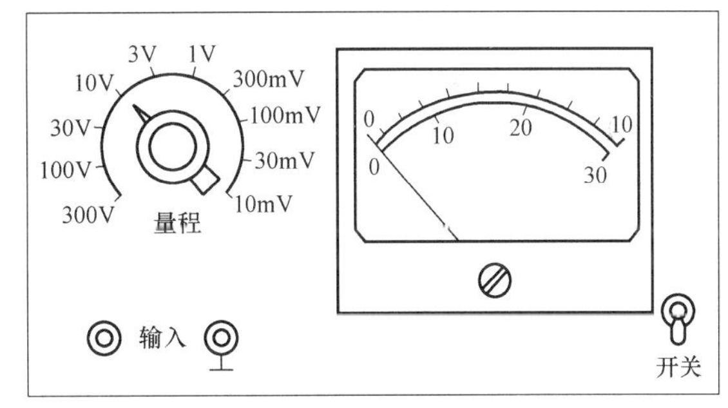


图6-31　指针式电子毫伏表的面板图

电子毫伏表与万用表的形状差别较大，但与指针式万用表的电压档基本操作方法是一致的。如果量程开关打在300V、30V、3V、300mV、30mV等档位时，则读数时需要使用刻度盘下方的示值（范围为0～30）再乘以相应的倍率；而当量程开关打在100V、10V、1V、100mV、10mV等档位时，则读数时需要使用刻度盘上方的示值（范围为0～10）再乘以相应的倍率。

（3）电流检测法

电流检测法是利用交直流电流表或万用表的电流档检测电子电路的整机电流、单元模块电路的工作电流、特定回路的工作电流、晶体管的集电极电流、场效应晶体管的漏极电流以及集成电路的工作电流等，并将测量值与参考值进行比较，以发现故障点。

采用电流检测法检测电流时千万不能将电流表并联在被测电路两端使用，而必须串入被测回路中。将电流表串入被测回路一般需要切断该回路或者拆焊掉某些元器件的部分引脚，因而操作相对比较繁琐。有经验的设计人员往往会在进行电路PCB图设计时就留出测试缺口，如图6-32所示。

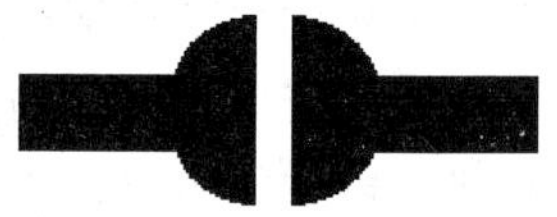
图6-32　调试用缺口

图6-32中所示的调试缺口切断了电流回路，可以比较方便地串入电流表，测试完毕之后直接用焊锡将其连通即可恢复电流回路。

电流检测法特别适合用来判断电路中是否存在短路、过载等引起的工作电流过大故障，也可以用来检测元器件的漏电流大小。电流检测法主要针对的故障现象包括：大电流引起的熔丝熔断、大功率晶体管或场效应晶体管击穿、集成电路发热量超标、电阻器及电感器或变压器过热、二极管或电解电容反接等。

（4）示波器/逻辑状态检测法

电阻、电压、电流检测倾向于电路的静态测试，如果需要观察电路的动态工作情况或波形参数，一般应使用示波器、逻辑分析仪等仪器设备。目前示波器发展很快，屏幕直读、波形存储、万用表功能等先进技术的出现，在很多情况下已经具备了取代较低精度万用表的测量工作。

用示波器、逻辑分析仪可以观察、测量出电路中关键点波形的形状、幅度、频率及相位参数，在与资料提供的参考波形进行对比后即可进行故障的寻找与判断。

使用示波器、逻辑分析仪观测波形时，一般需要与信号源配合使用。将信号源的输出加载到电路的输入端，即可按照信号的流程逐级、逐点地跟踪与测量关键点信号。例如，当前级测试点的输出波形电压正常，而下一级的输出波形消失或者出现失真，则故障点就能够被集中到这两级测试点之间的电路中。

**3. 替换法**

替换法一般用在大批量的电路调试过程中，由于备件充足，因而可以使用完好或全新的元器件直接替代疑似故障件进行测试，如果更换后故障被排除，表明怀疑有故障的元器件即为故障点。在使用替换法所遵循的基本原则是：先外围元器件再核心单元，先廉价元器件再贵重元器件。

电路中所有元器件都有出现故障的可能，对于电阻、电容、电感、二极管、晶体管等元器件，出现故障后可以对其进行性能测试以判断有无故障。但是，对于像集成电路、电路模块等无法直接测试有无故障的元器件而言，在确认外围元器件无故障后，即可对其进行直接替换。接插件的损坏往往只是其中的某一个或某几个簧片、导线出现接触不良，进行逐点检测的工作量较大，此时，采用直接替换法是最快捷的选择。

替换法的使用必须有的放矢，决不能盲目地乱换元器件。例如，某个电路的熔丝烧掉了，如果是因为熔丝自身失效而引发的故障，直接更换即可。但是如果是因为电路系统出现严重击穿、短路等故障而引发的熔丝熔断，此时再直接替换，则熔丝往往还会继续熔断，甚至引发其他的大面积连锁故障，甚至人为地增添新故障，使故障扩大化。对此，使用替换法进行故障排查时，必须先排查掉严重的恶性故障源后再进行替换。

目前由于硬件成本在电子产品中所占的比例越来越小，因而用模块替换检修已经开始成为一种技术发展趋势。将单元电路模块设计为接插件的形式，哪一个单元电路模块出现问题直接拔下更换即可，大大提高了工作效率，且降低了维护成本。

例如，在电视机电路系统中，由于系统电源的工作环境比较恶劣（高压、大电流、高温），因而故障率一直居高不下。由于开关电源的结构、原理均比较复杂，如果在调试、检修时因误操作而引起输出电压过高，往往会损坏系统中的其他元器件，扩大故障面。因而，现在比较流行的方式为：将电源单元从系统主板上独立出来成为一套批量生产的、单独的电路模块，出现问题后直接更换即可。类似的思路还出现在计算机系统的电源、显卡、内存条、网卡等诸多场合。

替换法在当今系统集成度越来越高的情况下，不失为一种快速、高效的调试和检测手段。

### 6.3.4　对调试人员的基本要求

即使使用了相同的设计方案和元器件材料，最终的产品质量可能还是具有一定的差异，这主要取决于电路的组装与调试工艺是否合理、规范，取决于调试人员对调试工艺掌握的熟练程度。

对电路调试人员的要求包括以下几个方面：

**1. 扎实的电类专业理论基础**

调试人员需要熟悉或掌握基本的电类专业理论，如“电路原理”、“模拟电子技术”、“数字电子技术”、“电子工艺”等。随着近年来电子电路的数字化程度越来越高，其中很多的电路都需要进行现场程序下载（ISP）、在应用中编程（IAP）等新技术。此外，很多的测试仪器正在向智能化、数字化、虚拟化的方向发展，传统的模拟仪器使用范围正在减少，这都给调试人员提出了更高的知识储备和技术要求。

**2. 严格遵守安全操作规程和调试工艺流程**

在某些电路的调试中，可能会接触到市电或者很高的危险电压（如 CRT 显示器行扫描电路输出级的阳极电压接近 20kV），对此调试者要特别注意安全规范，采取必要的防护措施。除了在电气设备与电源之间使用电压比为 1∶1 的隔离变压器外，还需要调试人员谨慎调试，避免出现电击事故。

**3. 正确、合理地选择与使用调试工具和测试仪器仪表**

在选择仪器仪表时一定要充分考虑测试仪器仪表的工作场合，明确测试模式（定性或定量）。例如，如果只是测试静态工作点的电压、电流，就完全没有必要选用 4 位半或 5 位半的高精度数字仪表。

在使用仪器仪表进行测试之前，需要熟悉各种仪表的性能指标和操作规程，并检查仪器仪表操作的安全性，杜绝事故隐患。错误的操作往往会造成仪器仪表损坏，例如将万用表的电阻档去测试带电回路的阻值、用电流档去测量电压等。另外，某些设备在使用时需要进行阻抗匹配（如示波器、扫频仪），错误的阻抗匹配会造成读数错误甚至设备损坏。

**4. 注意调试总结与调试经验的积累**

电路调试涉及的知识面、技术面都比较广，一般需要调试者在调试工作中多总结、多积累，逐步掌握科学、准确的调试方法，并形成成熟的调试风格。

## 习　题

6-1　简述直插式元器件卧式插装和立式插装的特点。

6-2　哪些直插式集成器件需要插装在 IC 座上使用？

6-3 分析元器件插装过程中常见的故障及发生的原因。

6-4 锡铅合金在锡和铅为什么比例时熔点最低，最低熔点为多少？

6-5 简述助焊剂的作用。在进行电子产品的手工焊接时常用的助焊剂是哪种？

6-6 普通烙铁头和长寿型烙铁头出现不沾锡时应该怎样处理？

6-7 手工焊接的五步法分别是哪五个步骤？

6-8 列举5种焊接的常见缺陷，并说明造成缺陷的原因。

6-9 简述拆焊的操作要求。

6-10 简述调试的基本步骤。

6-11 列举5种调试中常用的仪器仪表，并说明它们在电路检测中的主要功能。

6-12 简述电路中常见故障的排除方法。

# 参考文献


[1] 潘永雄，沙河．电子线路 CAD 实用教程［M］.2 版．西安：西安电子科技大学出版社，2004.

[2] 三宅和司．电子元器件的选择与应用［M］．张秀琴，译．北京：科学出版社，2006.

[3] 曹文．修改模型参数创建 Multisim 8 元件［J］．电子制作，2007（7）：50-52.

[4] 谢自美．电子线路综合设计［M］．武汉：华中科技大学出版社，2006.

[5] 赵晶．电路设计与制板—Protel 99 高级应用［M］．北京：人民邮电出版社，2000.

[6] 李敬伟，段爱莲．电子工艺训练教程［M］.2 版．北京：电子工业出版社，2009.

[7] 曹文．MOSFET 实用检测技巧［J］．电子报，2004（44）．

[8] 廖芳．电子产品生产工艺与管理［M］.2 版．北京：电子工业出版社，2007.

[9] 王卫平．电子产品制造技术［M］．北京：清华大学出版社，2005.

[10] 骆新全，黄玲玲．电路仿真与 PCB 设计［M］．北京：北京航空航天大学出版社，2004.

[11] 柯节成．简明电子元器件手册［M］．北京：高等教育出版社，1991.

[12] 刘建清．从零开始学电路仿真 Multisim 与电路设计 Protel 技术［M］．北京：国防工业出版社，2006.

[13] http：//baike. baidu. com

[14] http：//www. elektor. com